대학교재 및 현장 실무 이론

설비진단기술

최부희 저

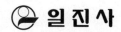 일진사

머리말

이 책은 대학에서 설비 진단 또는 진동·소음을 공부하는 학생들의 주 교재나 비전공 학생들의 참고용 교재로 활용할 수 있도록 가능한 복잡한 이론식은 배제하고 현장성 있는 내용으로 쉽고 간결하게 구성하였다.

설비진단기술은 대표적인 장치산업인 석유화학, 철강 및 발전설비 등에서 사용되는 회전 기계의 결함을 분석하고 진단하는 기술을 말하는데, 연속공정에서 사용되는 이 회전 기계들은 대부분 24시간 작동되므로 중요한 부분의 고장으로 정지될 경우에는 큰 손실이 발생하게 된다. 따라서 체계적인 정비계획과 보조설비 등의 관리가 요구된다. 우리나라의 중견기업 이상의 기업에서는 설비보전의 여러 방법 중 예지보전의 방법을 사용하고 있는데, 이 방법의 핵심이 바로 설비진단기술이다.

이 책은 본문을 11장으로 분류하여 구성하였다. 제1장~제5장은 설비진단의 개요, 진동 이론 및 측정, 진동 신호 처리와 진동 방지 기술을 다루었으며, 제6장~제9장은 소음 이론, 소음 방지 기술, 소음 측정 및 평가, 소음 진동 공정 시험 방법을 다루었다. 제10장~제11장은 회전 기계의 진단과 현장에서의 정밀진단 사례를 간략하게 정리하여 기술하였다.

이 책의 구체적인 특징은 다음과 같다.
- 진동 및 소음에 대한 기초적인 이론과 측정기술을 다루었다.
- 회전 기계의 정밀 진단 기술을 실무에 적용할 수 있도록 기술하였다.
- 각 장별로 핵심문제와 연습문제를 다루었다.
- 그리스 문자 기호와 SI 단위계의 변천사를 수록하였다.

이 책은 저자가 대학에서 설비진단 이론과 설비진단 실습을 오랫동안 강의하면서 준비한 강의노트와 수많은 설비진단 연구자들의 연구 자료와 기술 자료를 체계적으로 정리하여 엮은 것이다. 국내외 훌륭한 선배님들의 주옥같은 많은 서적과 논문을 참고로 인용하였으므로 인용한 문헌의 저자님께 심심한 감사를 드린다. 또한, 저자가 가능한 쉽게 설명하려 하였으나 부족한 점이 많으리라 생각되며 앞으로 설비진단분야에서 높은 학식과 덕망 있는 선배님들의 아낌없는 충고와 지도편달을 바라며, 끝으로 이 책의 출판에 지원을 아끼지 않으신 도서출판 **일진사** 여러분께 깊은 감사를 드린다.

저자 씀

제1장 설비 진단의 개요

제2장 진동 이론

제3장　진동 측정

제4장 진동 신호 처리

제7장   소음 방지 기술

제8장 소음 측정 및 평가

1. 개 요

2. 소음 측정 기술

3. 소음 평가

4. 소음 규제

제9장 소음 진동 공정 시험 방법

1. 소음편

제10장 회전 기계의 진단

제11장 정밀 진단 사례

1. FFT 분석기에 의한 정밀 진단

2. 최근의 정밀 진단

설비 진단의 개요

▨▨ 1. 설비 진단 기술

1-1 설비 진단 기술의 정의

장치 산업의 대표적인 석유 화학, 시멘트, 전력 및 철강 산업 등에서 사용되고 있는 설비 진단(machine fault diagnostic)은 주로 회전 기계의 결함을 분석하고 진단하는 것을 말하며, 대기업에서의 이 회전 기계들은 대부분 24시간 작동되고 있다. 따라서 이 기계류 중에 중요한 부분의 고장으로 정지될 경우에 큰 손실이 발생하므로 체계적인 정비 계획과 보조 설비 등의 관리가 요구된다. 우리나라의 중견 기업 이상의 기업에서는 설비 보전의 여러 방법 중에서 예지 보전(predictive maintenance)의 방법을 사용하고 있는데, 이 방법의 핵심이 바로 '설비 진단'이라고 할 수 있다. 즉 설비가 고장 나기 전에 미리 설비가 어느 정도 견딜 수 있는지, 혹은 어느 정도의 상태인지를 알 필요가 있다는 것이다.

따라서 플랜트 및 기계 설비를 효율적으로 유지하기 위한 보전 비용도 기업 경영에서는 큰 비중을 차지하고 있다. 이와 같이 중요한 설비 보전을 가장 효율적으로 하기 위해서는 우선 그 대상이 되는 설비의 열화, 고장의 상태 또한 열화의 원인인 스트레스 등을 정확하게 알 필요가 있다. 설비의 상태를 정확히 알고 기술적 근거에 기초로 하여 다음과 같은 설비 관리의 중요 업무를 행해야 한다.

① 보수나 교환의 시기나 범위의 결정
② 수리 작업이나 교환 작업의 신뢰성 확보
③ 예비품 발주 시기의 결정
④ 개량 보전 방법의 결정

설비 보전의 모든 활동을 효율 좋게 정확히 행하기 위해서는 설비의 열화나 고장, 성능이나 강도 등을 정량적으로 관측하여 그 장래를 예측하는 설비 진단 기술(Machine Condition Diagnosis Technique : CDT)이 필요하다.

설비 진단 기술이란 '설비의 상태, 즉 ① 설비에 걸리는 스트레스 ② 고장이나 열화 ③ 강도 및 성능 등을 정량적으로 파악하여 신뢰성이나 성능을 진단 예측하고 이상이 있으면 그 원인, 위치, 위험도 등을 식별 및 평가하여 그 수정 방법을 결정하는 기술'이라고 말할 수 있다. 따라서 설비 진단 기술은 단순한 점검의 계기화나 고장 검출 기술이 아니라는 점에 주의해야 한다.

[그림 1-1]은 설비 진단 기술의 개념을 나타낸 것이다.

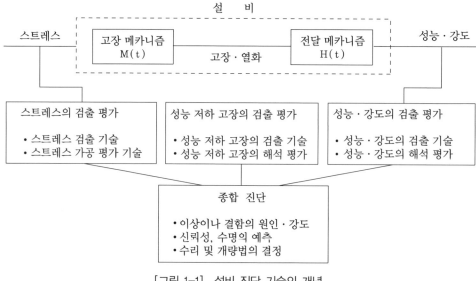

[그림 1-1] 설비 진단 기술의 개념

1-2 설비 진단 기술의 구성

(1) 설비 진단 기술의 기본 시스템

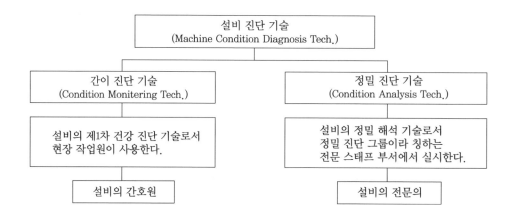

(2) 정밀 진단 기술의 기능

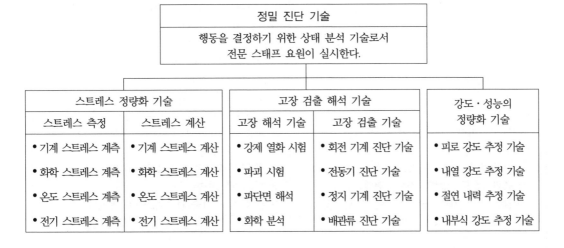

1-3 설비 진단 기술의 성격

설비 진단 기술은 내용면에서 다음 두 가지 성격이 있다.
① '설비의 상태 파악'을 위한 센서 기술
② '이상의 예지'를 위한 해석 · 평가 기술
이 두 가지 기술은 자동차의 양 바퀴와 같은 것으로, 어느 한쪽이라도 결함이 있다면 충분한 효과를 발휘하는 것이 곤란하다. 또 이 성격을 별도의 면에서 보면 센싱 기술, 해석 기술이라는 수단 · 방법에 속하는 기술과 평가라는 노하우 경험에 의한 기술로 분류할 수 있다.
설비 진단 기술을 적용할 때는 이러한 경험에 의해 성격의 일면을 잘 인식하는 것이 필요하다. 그러면 진단이란 어떤 기법이 자주 사용되는지 진단에서 사용되는 센싱 기술을 철강업을 예로서 [표 1-1]에 나타냈다. 이것을 보면 진단 목적에 따라 각종 센서가 적용되지만 그 중에서도 진동법, 오일 분석법, 응력법이 실용적인 기법으로 폭넓게 사용되고 있음을 알 수 있다.

1-4 설비 진단 기술의 필요성

(1) 설비 데이터에 의한 신뢰성
① 설비의 대형화, 다양화에 따른 오감 점검 불가능
② 설비의 대형화, 다양화에 따른 고장 손실 증대
③ 설비의 신뢰성 설계를 위한 데이터의 필요성

[표 1-1] 주요 설비의 진단 기술 예

회 전 계	구 조 계
1. 회전 기계 장치 종합 진동 진단 기술 　• 대상 장치 예 　　－펌프 · 유압 펌프 · 송풍기 · 터빈 　　－모터 · 감속기 · 롤러 · 스크린 등 　• 간이 진단 기술~정밀 진단 기술 　• 저속 회전(10rpm 이하)~고속 회전 영역 　• 회전체 밸런싱 조정 2. 각종 파라미터 계측~통합 해석 기술 　• 계측 바로미터 예 　　－진동(변위, 속도, 가속도) · 토크 　　－응력 · 온도 · 압력 · 전류 · 전압 　• 윤활유 진단 기술 등과 조합한 진동 진단	1. 각종 파라미터 계측~평가 기술 　• 계측 바로미터 예 　　－토크 · 응력 · 압력 · 온도 등 　• 정지 응력 · 잔류 응력 계측 기술 　• FEM 해석 기술 2. 피로 수명 평가(예측) 기술 　• 응력 등 발생 빈도 계측 · 해석 기술 　• 균열 발생~균열 진전 수명 해석 기술 3. 균열 · 결함, 부식 평가 기술 　• NDT 기술(MT, ET, UT 등) 　• AE 계측 기술 　• 부식 진단 기술(와류법, 극치 통계법)
윤활 · 마모계	전기기기 · 제어계
1. 윤활유 열화 평가 기술 　• 대상 : 작동유, 베어링유, 기어유 등 　• 진단 항목 : 점도, 수분, 협잡물, 전산가 등 2. 이상 마모 진단 기술 　• 페로그래피 분석 기술 　• 그리스 중 철분 농도 계측에 의한 저속 회전 　　역의 베어링 이상 진단 3. 유압 실린더의 리크 진단 기술	1. 전기기기 열화 진단 기술 　• 고압 교류 전동기 절연 진단 기술 　• 대형 직류 전동기 절연 · 정류 진단 기술 　• 전력 케이블 절연 진단 기술 　• 유압 변압기 유중 가스 분석 기술 　• 교류 전동기로터바 절손 검출 기술 2. 자동 제어계 진단 · 조정 기술 　• 아날로그 제어계 진단 · 조정 기술 　• 제어계 주파수 특성 해석 기술

(2) 크레임 방지

① 고장에 의한 제품 불량의 통제

② 고장에 의한 납기 지연, 크레임 방지

③ 생산 단위 대형화로 인한 고장 손실이 많아질 때

(3) 고장의 미연 방지

① 과잉 정비 지양

② 인위적 고장 방지 및 전문 기술자 확보의 필요성

③ 설비 진단에 의한 재고 기간 단축

④ 고장의 미연 방지 및 확대 방지

(4) 정량적 설비 관리

① 정량적인 점검이 불가능할 때

② 열화 상태의 부품 파악이 곤란할 때

③ 기술 축적과 설비 대책이 곤란할 때

(5) 우수 점검자 확보

① 대형 · 고속 기계의 진단 곤란

② 데이터에 의한 기록 유지 곤란

③ 점검자의 기술 수준에 따른 격차

④ 점검 개소의 증대

⑤ 우수 점검자의 확보 미흡

(6) 에너지 자원 절약

① 설비의 수명 연장(고장 조기 발견)

② 에너지 절약(가벼운 고장 시 수리하여 고장 확대 방지)

(7) 환경 오염 및 재해 방지

① 설비 고장에 의한 환경오염 방지

② 설비 고장에 의한 재해사고 방지

1-5 설비 진단 기술의 도입 효과

(1) 일반적인 효과

① 점검원이 경험적인 기능과 진단기기를 사용하면 보다 정량화할 수 있어 누구라도 능숙하게 되면 동일 레벨의 이상 판단이 가능해진다. 예를 들면 청음 봉으로 베어링의 이상 판단을 할 경우 전문가가 설비의 이상이라고 판단할 때의 진동치를 한계치로 기준하여 진동을 측정하면 누구라도 이상 측정이 가능하다.

② 경향 관리를 실행함으로써 설비(부위)의 수명을 예측하는 것이 가능하다. 이에 따라 계획 수리가 가능해지고 생산 계획의 유연한 대응이 가능해지며, 효율적인 예비품 관리가 가능하게 된다.

③ 정밀 진단을 실행함에 따라 설비의 열화 부위, 열화 내용 정도를 알 수 있기 때문에 오버홀이 불필요해진다.

④ 중요 설비, 부위를 상시 감시함에 따라 돌발적인 중대 고장 방지를 도모하는 것이 가능해진다.

(2) 설비 진단 효과의 예

설비 진단 기술의 도입과 CBM화의 확대에 따른 효과적인 보기로서 [그림 1-2]는 보수비의 저감 효과의 예시(회전 기계 대상)를 나타낸 것이다.

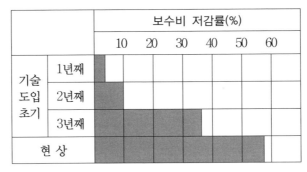

[그림 1-2] 설비 진단을 통한 보수비 저감 효과

2. 설비 진단 기법

회전 기계나 생산 설비의 고장 원인을 분석하고 효율적인 유지 관리를 위한 진단 기법은 과거에는 오감에 의하여 진단하여 왔으나 설비가 자동화되고 대형화됨에 따라 진동 분식법, 오일 분석법, 응력법, 마모 입자 분석법, 열화상 분석법 및 비파괴 분석법 등이 있다.

2-1 진동 분석법

설비에 이상이 발생하면 그에 따라 설비 이상 부위의 진동 상태가 정상 시와 다르다는 것은 예전부터 잘 알려진 사실이다.

이 진동에서는 설비 상태에 관한 여러 가지 정보를 얻을 수 있으므로 현재의 진단 기술 중에서는 진동법이 가장 폭넓게 이용되고 있다.

여기서 말하는 진동이란 크게는 설비 전체가 진동하는 것으로부터 소리로 듣는 것까지, 더 나아가 귀로 들을 수 없는 초음파 영역까지를 포함하고 있다. 진동법을 응용한 진단 기술로는 다음의 것이 실용화 수준이다.

① 회전 기계에 생기는 각종 이상(언밸런스·베어링 결함 등)의 검출, 평가 기술
② 송풍기, 팬 등의 밸런싱 기술
③ 유압 밸브의 리크 진단 기술
④ 진동 이외의 파라미터(온도, 압력 등)의 설비 이상 원인의 해석 기술 등

2-2 오일 분석법

베어링 등 금속과 금속이 습동하는 부분의 마모에 대한 진행 상황을 윤활유 중에 포함된 마모 금속의 양, 형태, 재질(성분) 등으로 판단하는 방법이다. 여기에 사용되는 진단 기법으로는 페로그래피법과 SOAP법이 잘 알려져 있다.

(1) 페로그래피법

페로그래피법은 자석에 의해 마모분 입자를 검출하여 현미경으로 마모입자의 크기, 형상, 또는 간편히 열처리한 재질 등을 관찰하여 이상 부위, 원인에 대한 규명을 한다.

(2) SOAP법

오일 SOAP법은 채취한 시료유를 연소 시 발생되는 금속 성분의 발광 또는 흡광 현상을 분석하여 오일 중 마모 성분과 농도를 검출하는 방법이다.

2-3 응력법

설비 구조물에서는 균열 발생이 문제가 된다. 균열은 과대한 응력, 반복 응력에 의한 피로 축적 등이 원인으로 되는 것이 많다. 응력법은 이러한 문제에 대하여 다음 순서로 해결을 도모한다.
① 각 부재에 실제 응력을 측정한다.
② 설비 내부에 실제 응력의 분포를 해석한다.
③ 설비의 피로에 의한 수명을 해석한다.

(1) 응력 측정

일반적인 부재에 가해진 응력에 대하여 직접 안다는 것은 곤란하고 응력의 존재에 의해 생기는 변형량으로 알 수 있다. 이것은 탄성 한계 영역에서는 응력과 변형이 비례한다고 하는, 이른바 훅의 법칙에 의거하고 있다.

변형 측정법의 하나로서 금속 저항 변형 게이지(strain gauge)가 널리 사용되고 있다. 이것은 굽힘 게이지가 변형을 받으면 그 내부의 금속 저항선의 전기 저항이 변화하는 성질을 이용한 것이다.

[그림 1-3]은 굽힘 게이지의 구조와 측정 원리를 나타낸 것이다.

$$응력 \ \sigma = E \cdot \varepsilon = E \cdot \frac{1}{K} \cdot \frac{\Delta R}{R}$$

$$E : 영률$$
$$\varepsilon : 변형률$$

K : 게이지율

R : 변형이 걸리지 않을 때의 금속의 저항

ΔR : 변형이 걸릴 때 금속의 저항 변화분

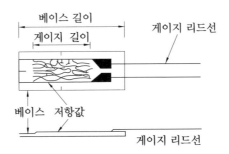

[그림 1-3] 변형 게이지에 의한 응력 측정 원리

(2) 응력 분포 해석

변형 게이지를 이용한 방법은 설비의 일정 응력을 구하는 것이지만 구조물에 하중을 가할 때 그 점이 가장 높은 응력치를 나타내는 것은 아니다. 이러한 때는 구조물의 응력 분포를 구할 필요가 있다. 응력 분포를 구하는 방법으로 유한 요소법(F.E.M)이 널리 사용된다.

유한 요소법의 응용 분야는 상당히 넓고 응력 해석, 열 해석, 전자장 해석, 유체 해석 등에 이용되고 있다. 구조 해석에서는 부재의 각종 단면(곡면 포함), 3차원 연속체, 3차원적으로 조합된 구조물의 응력 분포를 계산할 수 있다.

(3) 피로 수명 예측

구조물의 수명에는 크게 나누어 2가지 방법이 있다.

① 균열 발생 수명 : 균열이 몇 개 발생하는지를 예측한다.

② 균열 진전 수명 : 발생한 균열이 어떻게 진전되고 어느 설비가 파괴되는지를 예측한다.

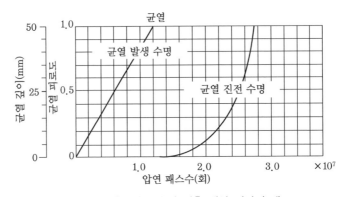

[그림 1-4] 피로 수명 예측 계산 결과의 예

3. 진동 상태 감시

3-1 개 요

기계의 진동 상태 감시(vibration condition monitoring)는 진동을 측정하고 분석한다는 점에서는 정밀 진단과 맥을 같이하고 있으나 우선 목적과 작업을 행하는 전문가가 정밀 진단과는 완전히 다르다. 진동 상태 감시의 주요한 목적은 기계의 작동 상태에 있어서 보호와 예지 보전(predictive maintenance)을 위한 정보를 제공하는 데 있다.

진동 상태의 감시는 다음과 같은 목적에 대한 정보를 제공한다. ① 설비 보호의 강화 ② 인간에 대한 안전성의 향상 ③ 보전 순서의 향상 ④ 문제의 조기 발견 ⑤ 조기 고장의 연장 ⑥ 설비 수명의 연장 ⑦ 작동 능력의 향상 등이다.

상태 감시에서 진동 계측은 매우 간단한 것에서부터 복잡한 많은 형태가 있으며, 진동 거동의 변화는 주로 다음에 의하여 발생된다.

① 불평형(unbalance)
② 축 정렬 불량(misalignment)
③ 베어링, 저널의 손상 및 마모
④ 기어 손상
⑤ 축, 날개 등의 균열
⑥ 과도 운전
⑦ 유체 유동의 교란 및 전기 기계의 과도한 여자
⑧ 접촉(rubbing)

3-2 진동 상태 감시의 순서

예지 보전 시스템에 있어서는 진동 분석, 윤활유 분석, 온도 및 전류 상태 감시 등이 수행된다. 각종 기계 설비들은 여러 기준에 의해 상태 감시의 대상으로 선정되며 상세한 계획안이 수립되기 전에 기계 감시를 위한 우선 순위가 결정된다. 진동 상태 감시의 순서는 다음과 같다.

① 명부와 목록 작성
② 설비의 정보 수집
③ 설비 보전 자료 수집
④ 측정 경로의 선택
⑤ 측정 파라미터와 측정점 설정
⑥ 기준 데이터의 설정

⑦ 데이터 수집 주기 설정
⑧ 경향 분석
⑨ 보고서 작성

3-3 온라인 상태 감시

온라인 상태 감시 시스템이란 기계의 작동 중 진동의 계측이 상시 기록되고 연속적으로 저장되는 시스템이다. 계측된 데이터는 이전에 취득한 데이터와 비교하여 실시간(real time)으로 처리하며, 기계의 데이터를 전송하는 원격지에 설치할 수 있다. 온라인 상태 감시 시스템은 다음과 같은 요인이 고려될 때 적당한 시스템이다.
① 기계 운전의 위험 정도
② 기계가 갑자기 정지할 경우 손실 정도
③ 기계의 보전과 수리의 접근성
④ 고장 메커니즘이 시간으로 예기되는 경우

3-4 불연속 상태 감시

불연속 상태 감시 시스템(potable monitoring system)은 온라인 시스템과 유사한 기능을 수행하지만 데이터는 자동 또는 수동으로 주기적으로 수집되므로 비용면에서는 경제적이다. 이와 같은 형태는 주기적 상태 감시이므로 기계 위에 사전에 선정된 위치에서 주간 또는 월간의 주기적인 간격으로 휴대용 진단 계측기를 이용하여 측정 데이터를 수집하고 처리하는 시스템이다.

|핵|심|문|제|

1. 간이 진단 기술과 정밀 진단 기술을 비교 설명하시오.

2. 회전 기계의 설비 진단 기법의 종류를 설명하시오.

3. 회전 기계에서 발생하는 이상 현상을 설명하시오.

4. 오일 분석법의 종류를 분류하시오.

5. 페로그래피법의 원리를 설명하시오.

|연|습|문|제|

1. 설비 진단 기술의 필요성과 관련이 먼 것은?
   ㉮ 에너지면 자원 절약   ㉯ 안전면 사고, 오염 방지
   ㉰ 설비 관리면 정량적   ㉱ 생산량 증대와 이윤

2. 설비 진단 기술을 이용하여 예측할 수 없는 것은?
   ㉮ 설비에 부하되는 스트레스의 검출
   ㉯ 설비 진단 기기의 고장 및 내구성 평가
   ㉰ 설비의 고장이나 열화의 예측
   ㉱ 강도 및 성능 등의 정량적 파악

3. 설비 진단 기본 시스템 구성에서 간이 진단 기술이란?
   ㉮ 정밀 진단   ㉯ 고장 해석   ㉰ 응력 해석   ㉱ 1차 건강 진단

4. 회전 기계에서 발생하는 이상 현상 중 언밸런스나 베어링 결함 등의 검출에 널리 사용되는 설비 진단 기법은?
   ㉮ 페로그래픽법   ㉯ 진동법   ㉰ 응력 해석법   ㉱ 오일 분석법

5. 설비 진단 기술의 필요성 중 연결이 잘못된 것은?
   ㉮ 정비 계획면 – 고장의 미연 방지   ㉯ 설비 관리 측면 – 정수적
   ㉰ 설비 측면 – 데이터에 의한 신뢰성   ㉱ 조업면 – 크레임 방지

해답   1. ㉱   2. ㉯   3. ㉱   4. ㉯   5. ㉰

5. 채취한 윤활유를 연소시켜 금속 성분 특유의 발광 또는 흡광 현상을 분석하는 오일 분석법이 아닌 것은?
㉮ 원자 흡광법　　㉯ 회전 전극법　　㉰ 페로그래피법　　㉱ ICP법

6. 설비 진단 기법 중 SOAP법과 거리가 먼 것은?
㉮ 원자 흡광법　　㉯ 회전 전극법　　㉰ ICP법　　㉱ 정량 페로그래피법

7. 다음 중 회전 기계의 진단을 위하여 적용되는 기술은 무엇인가?
㉮ FEM 해석　　㉯ 진동 진단　　㉰ 잔류 응력 측정　　㉱ 정지 응력 측정

8. 회전 기계에서 발생하는 불균형(unbalance)이나 축 정렬 불량(misalignment) 시 널리 사용되는 설비 진단 기법은?
㉮ 진동법　　㉯ 페로그래피법　　㉰ 오일 SOAP법　　㉱ AE법

9. 설비 진단 기술을 이용하여 예측할 수 없는 것은?
㉮ 설비에 걸리는 스트레스의 검출 및 평가
㉯ 설비의 고장이나 열화의 예측
㉰ 강도 및 성능 등의 정량저 파악
㉱ 설비 진단 기기의 고장, 내구성 검출 및 평가

10. 설비 진단 기술의 필요성 중 거리가 먼 것은?
㉮ 생산량 증대　　㉯ 조업면 크레임 방지
㉰ 설비 관리면 정량적　　㉱ 에너지면 자원 절약

11. 설비 진단 기법 중 베어링 등 금속과 금속이 습동하는 부분의 마모에 대한 진행 상황을 윤활유 중에 포함된 마모 금속의 양, 형태, 재질 등으로 판단하는 방법을 무엇이라 하는가?
㉮ 진동법　　㉯ 오일 분석법　　㉰ 응력법　　㉱ 목측법

12. 효율적인 설비 보전 활동을 위하여 설비의 열화나 고장, 성능 및 강도 등을 정량적으로 관측하여 그 장래를 예측하는 기술은?
㉮ 신뢰성 기술　　㉯ 설비 진단 기술　　㉰ 정량화 기술　　㉱ 트러블슈팅 기술

1. 진동의 개요

1-1 진동의 정의와 역사적 배경

물체가 정지된 기준 위치로부터의 어떤 시간 간격을 두고 계속 반복되는 떨림 현상을 진동(vibration 또는 oscillation)이라 하며, 진자의 흔들림과 인장력을 받고 있는 현의 운동 등이 진동의 전형적인 예이다. 이러한 진동은 때로는 유용한 경우도 있지만 대부분 원하지 않는 공해 진동으로서 인간의 생리적 장해와 심리적 불쾌감을 주고 쾌적한 생활환경을 파괴할 뿐만이 아니라, 기계 자체의 수명과 건축 구조물 수명에 나쁜 영향을 준다.

공해 진동의 진동수 범위는 1~90Hz이며 진동 레벨로는 60~80dB까지가 많고 사람이 느끼는 최소 진동 가속도 레벨은 55±5dB 정도이다.

진동은 대개 물리계에서 나타나지만 생물이나 사회 현상에도 나타나는 현상이며 소리를 들을 수 있는 것도 공기가 진동하기 때문이다. 또한 진동은 계에 작용한 내부 또는 외부의 가진 또는 힘에 대한 계의 응답이며, 측정될 수 있는 3가지 중요한 매개 변수, 즉 진폭, 주파수 및 위상각을 가진다.

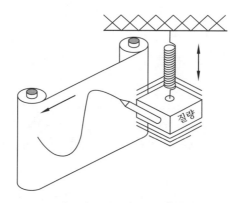

[그림 2-1] 질량의 진동

진동이 논리적으로 전개되기 시작한 역사적 배경은 갈릴레오의 연구로부터 시작되었다. 그는 1584년에 등시성 진자의 원리를 올바르게 정립하였으며, 독일의 수학자 하겐 (1629~1695)은 그 원리를 시계에 응용하였다. 그 후 갈릴레오는 낙하체의 법칙을 발견하고 증명함으로써 실험 물리학에 큰 공헌을 하였고, 운동과 가속에 관한 그의 연구는 뉴턴 (1642~1727)이 제시한 운동 법칙의 기초가 되었다.

그 후 200년간에 걸쳐 진동학에서는 진자의 주기, 전체의 운동, 조류 현상 등에 관심을 가지고 연구해 왔으며, 산업 혁명 후 기계 공업의 발달과 함께 19세기 말경부터 기계 진동을 포함한 많은 진동 문제들이 고속 기계에서 제기되었다.

레일리히(1842~1919)는 기계 진동학을 체계화하여 발전시킴으로써 현대 진동학의 기초를 이룩하는 데 커다란 공헌을 하였다.

1-2 진동의 분류

(1) 자유 진동과 강제 진동

① 자유 진동

어떤 계(系)가 외부로부터 힘이 가해진 후에 스스로 진동하고 있다면 이 진동을 자유 진동(free vibration)이라 한다. 이때의 진동수를 고유 진동수라고 하며, 진자의 진동이 자유 진동의 한 예이다.

② 강제 진동

임의의 동력계에 외부로부터 반복적인 힘에 의하여 발생하는 진동을 강제 진동(foeced vibration)이라 하며, 모터의 회전에 의하여 발생되는 진동이 대표적인 예이다.

(2) 규칙 진동과 불규칙 진동

진동계에 작용하는 가진 값이 시간이 지남에 따라 진폭이 규칙적으로 발생할 때의 진동을 규칙 진동(deterministic vibration)이라 한다. 규칙 진동은 진폭이 시간과 함께 규칙적으로 되는 진동으로 주기 진동으로도 불린다. 회전부에 생기는 불평형(unbalance), 커플링부의 중심 어긋남(misalignment) 등이 원인으로 발생하는 진동은 규칙 진동이다.

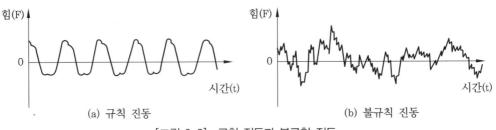

(a) 규칙 진동   (b) 불규칙 진동

[그림 2-2] 규칙 진동과 불규칙 진동

불규칙 진동(random vibration)은 시간이 지남에 따라 진폭이 불규칙적으로 발생하는 진동을 말하며, 기어나 베어링의 마모나 유체기계에서 유체 중에 포함된 기포의 발생이나 소멸 등에 의해서 발생하는 진동은 불규칙 진동으로 된다. 불규칙 진동은 진동수가 넓은 범위에서 존재하는 경우와 좁은 진동수 범위로 존재하는 경우가 있고, 전자를 광대역 불규칙 진동, 후자를 협대역 불규칙 진동이라고 한다.

(3) 선형 진동과 비선형 진동

진동하는 계의 모든 기본 요소(스프링, 질량, 감쇠기)가 선형 특성일 때 생기는 진동을 선형 진동(linear vibration)이라 부른다. 한편, 기본 요소 중의 어느 하나가 비선형적일 때의 진동을 비선형 진동(nonlinear vibration)이라 부른다. 선형과 비선형 진동계를 지배하는 미분 방정식은 각각 선형과 비선형이다. 만약 진동이 선형이면 중첩의 원리를 적용할 수 없고 해석 방법도 잘 알려져 있지 않다. 진동의 진폭이 증가함에 따라 모든 진동계가 비선형적으로 운동하기 때문에 어느 정도의 비선형 진동에 대한 지식을 갖추는 것이 바람직하다.

(4) 비감쇠 진동과 감쇠 진동

진동하는 동안 마찰이나 다른 저항으로 에너지가 손실되지 않는다면 그 진동을 비감쇠 진동(undamped vibration)이라 한다. 그러나 에너지가 손실되면 그 진동을 감쇠 진동(damped vibration)이라 한다.

2. 진동의 기본량

진동 현상을 표현할 때 일반적으로 진폭, 주파수, 위상 등의 물리량을 사용한다.

2-1 진 폭

진동의 심한 정도를 나타내는 특성인 진동 진폭은 여러 방법으로 정량화될 수 있다. 기계 내부에 이상이 발생하면 대부분의 경우 진동 크기와 기계적 성질의 변화를 가져온다. 따라서 진동을 측정하여 분석함으로써 기계를 정지 또는 분해하지 않고 기계의 열화나 고장 상태를 파악할 수 있다. [그림 2-3]에서와 같이 정현파의 진동 진폭을 나타내는 방법으로는 양진폭(peak to peak), 편진폭(peak), 실효값(root mean square) 및 평균값(average) 등이 있다.

（34 제2장 진동 이론）

(1) 양진폭(peak to peak) : 정(+)측의 최대값에서 부(-)측의 최대값까지의 값인 $2A_P$이다.
파의 최대 변화를 나타내기에 편리하며, 기계 부속이 최대 응력 혹은 기계 공차 측면에서
진동 변위가 중요시될 때 사용된다.

(2) 편진폭(peak) : 진동량의 절대값 A_P이다. 짧은 시간 충격 등의 크기를 나타내기에 특히
유용하다. 그러나 [그림 2-3]에서처럼 이 값은 단지 최대값만을 표시할 뿐이며 시간에 대해
변화량은 나타나지 않는다.

(3) 실효값(Root Mean Square : RMS) : 진동의 에너지를 표현할 때 적합한 값으로 정현파
의 경우 $A_P/\sqrt{2}$ 배이다. 시간에 대한 변화량을 고려하고, 진동의 파괴적 능력을 나타내는
에너지량과 직접 관련된 진폭을 표시하므로 진동 크기의 표현에 가장 적절하다.

(4) 평균값(AVE) : 진동량의 평균값으로 정현파의 경우 $2A_P\sqrt{\pi}$ 배이다. 파의 시간에 대한
변화량을 표시하지만 어떤 유용한 물리적 양과는 직접 관련이 없기에 실제적으로 사용 범위
가 국한되어 있다.

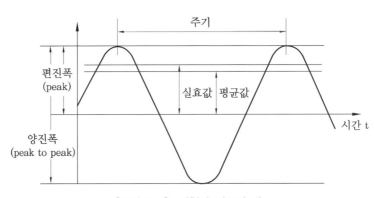

[그림 2-3] 정현파 진동의 예

[표 2-1] 정현파 신호에서의 진동 크기

	양진폭	편진폭	실효값	평균값
양진폭	1.000	2.000	2.828	3.142
편진폭	0.500	1.000	1.414	1.571
실효값	0.354	0.707	1.000	1.111
평균값	0.318	0.636	0.900	1.000

2-2 주파수

진동 주파수란 1초당 사이클 수를 말하며 그 표시 기호는 f, 단위는 Hz이다. 또한 진동의 완전한 1사이클 동안의 시간을 진동 주기라 한다. 진동 주파수는 기계에 결함이 발생했을 때 어떠한 결함 원인에 의하여 진동이 발생하는지 결함 성분을 분석하는 데 매우 중요한 양이다. 일반적으로 기계에서 발생되는 진동 성분은 축 정렬 불량, 언밸런스, 베어링 및 기어 등 많은 진동 성분이 센서를 통하여 검출되므로 복합 신호를 각각의 성분으로 분석하기 위해서는 주파수 분석법이 널리 사용된다.

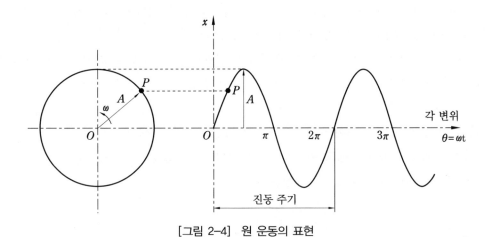

[그림 2-4] 원 운동의 표현

진동 주기 $T = \dfrac{2\pi}{\omega}$ (s/cycle)

$\qquad T$: 진동 주기(s/cycle), ω : 각 진동수(rad/s)

진동 주파수 $f = \dfrac{1}{T} = \dfrac{\omega}{2\pi}$ $(cycle/s \;\; or \;\; Hz)$

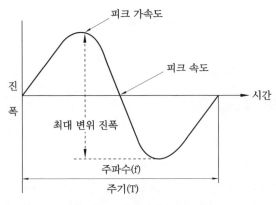

[그림 2-5] 진동 주파수와 주기

축의 분당 회전수 N(rpm)은 다음과 같이 주파수로 표현할 수 있다.

$$f = \frac{N}{60}(\mathrm{Hz})$$

예를 들어 N=1800rpm으로 회전하는 모터에서 발생하는 회전 주파수는

$$f = \frac{N}{60} = \frac{1800}{60} = 30(\mathrm{Hz})$$가 된다.

2-3 위 상

진동 위상(phase)이란 다른 진동체상의 고정된 기준점에 대하여 어느 진동체의 상대적 이동이다. 즉 순간적인 위치 및 시간 지연(time delay)이다.

다음 그림에서 질량 A_1과 A_2는 180° 위상차로 진동하는 두 개의 질량이며, 질량 B_1와 B_2는 90° 위상차로 진동하는 두 개의 질량이다. 또한 질량 C_1과 C_2는 0° 위상으로 동일한 진동을 하는 두 개의 질량을 나타내고 있다.

예를 들어 양쪽 베어링 사이의 두 축 정렬이 불량한 경우 위상차가 크게 나타나고, 볼트의 풀림이나 기초가 불량 시에도 위상차가 나타난다. 또한 불평형 수정 시에는 축의 기준점에 대한 불평형 위치를 나타낼 때 사용된다.

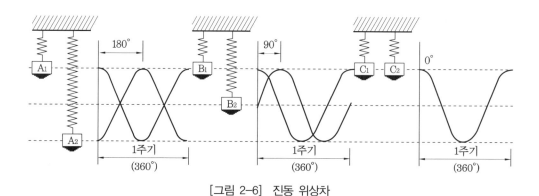

[그림 2-6] 진동 위상차

3. 진동 측정 파라미터

기계 진동의 크기를 나타낼 경우 진동 진폭의 평가에는 진동 변위, 진동 속도 및 진동 가속도를 진동 측정 파라미터로 사용하도록 ISO에서 권장하고 있다.

3-1 진동 변위

진동 변위(displacement)는 기계, 구조물 또는 회전체의 운동, 응력에 관계되며, 기준 축에 대하여 어떤 질점의 변화량을 의미한다. 일반적인 기계 운동이 +피크값과 −피크값이 다른 비조화 진동이기 때문에 변위는 양진폭(peak-peak)의 최대값으로 표시된다.

진동변 위의 편진폭을 A로 표시할 때 표기 기호는 D(mm)로 표시하며, 설비 진단에 있어서는 비접촉형 변위 센서 또는 속도 센서의 신호가 적분 회로를 통하여 측정된다. 또한 가속도 센서의 신호를 2중 적분하여도 변위를 측정하는 것은 가능하지만 신뢰성을 떨어진다. 진동 변위의 단위는 μm, mm 등이 널리 사용된다.

기계 시스템에서 감지할 수 있는 진동 변위는 일반적으로 600rpm(10Hz) 이하의 낮은 주파수에서 발생하므로 변위로 진동을 평가하는 경우는 낮은 진동 주파수의 범위에 한하므로 변위 측정은 정밀 모터의 미소 떨림 측정 등 제한된 경우에 측정되며, 회전 기계 부분에서 불평형(unbalance)의 지표로 자주 사용된다. 또한 진동 분석에 의한 설비 진단의 경우 진동 변위의 측정만으로는 설비의 노화를 진단할 수 없다.

3-2 진동 속도

진동 속도(velocity)는 시간의 변화에 대한 진동 변위의 변화율을 나타내며, 속도로 측정되는 진동 진폭은 시간 함수이므로 기계 시스템의 피로 및 노후화와 관련이 크다. 진동 속도는 단위 초당 변위량으로 V(mm/sec, cm/sec)로 표시하며, 혹은 가속도형의 진동 신호를 적분함으로써 얻을 수 있다.

진동 속도와 진동 가속도라는 개념은 감각적으로 파악하기 어려운 면이 있지만, 이것은 진동이 베어링 등을 통하여 전달하는 빠르기이므로 이 속도가 빠르면 빠른 만큼 열화가 진행되고 있음을 의미한다. 변위값의 경우는 회전수에 의하여 평가가 변하는 데 반하여, 속도는 변위와 회전수를 곱한 값을 직접 측정하는 시간 개념의 진동 픽업을 사용하기 때문에 그 회전 기기의 회전수가 명확하지 않아도 열화의 정도를 평가할 수 있으므로 간이 진단에 의한 경향 관리에 널리 사용된다. 일반적으로 측정 가능한 진동 주파수는 10~1000Hz 범위이다.

3-3 진동 가속도

진동 가속도(acceleration)는 시간의 변화에 대한 진동 속도의 변화율을 나타내며, 진동 변위나 진동 가속도에 비하여 높은 진동 주파수 측정에 널리 사용된다. 진동 가속도의 단위는 $a(mm/sec^2)$로 표시하며 가진력과 관계된 기어나 베어링 등 회전 기계의 정밀 진단에 널리 사용된다.

설비 진단에 있어서 진동 진폭을 나타낼 때 어느 진동 파라미터를 사용하는 것이 적당한가는 중요한 문제이며 낮은 주파수 특성을 가진 트러블은 변위, 중간 주파수는 속도, 높은 주파수 특성을 지닌 트러블은 가속도를 일반적으로 측정한다.

3-4 변위, 속도, 가속도 관계

(1) 개요

단순한 스프링-질량계에서 1차원으로 운동하는 절점(particle)의 기본적인 운동량을 나타내는 파라미터는 변위, 속도 및 가속도이다. 진동의 가장 간단한 형태의 조화 운동(harmonic motion)을 하는 정현파 주기 진동에서 시간 t에 대한 변위 x(t)는 다음과 같이 표시된다.

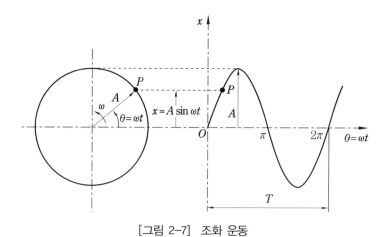

[그림 2-7] 조화 운동

$$x(t) = A \sin \omega t \quad \cdots\cdots\cdots\cdots\cdots\cdots\cdots\cdots\cdots\cdots\cdots\cdots\cdots\cdots\cdots\cdots\cdots\cdots\cdots \quad (2\text{-}1)$$

여기서 A는 변위 편진폭을 나타내며 $\omega = 2\pi f$로서 각 진동수이다. 이 진동의 진동 속도와 진동 가속도는 각각 위 방정식의 1차와 2차 도함수에 의하여 구할 수 있다.

$$V(t) = \frac{dx}{dt} = \omega A \cos \omega t$$

$$a(t) = \frac{d^2 x}{dt^2} = -\omega^2 A \sin \omega t \quad \cdots\cdots\cdots\cdots\cdots\cdots\cdots\cdots\cdots\cdots\cdots\cdots\cdots\cdots\cdots \quad (2\text{-}2)$$

위 식에서 진동 진폭의 최대 변위, 최대 속도 및 최대 가속도를 각각 D, V, a라고 하면 다음과 같이 정리된다.

최대 변위 편진폭 $D = A$

최대 속도 편진폭 $V = \omega A = (2\pi f)A$

최대 가속도 편진폭 $a = \omega^2 A = (2\pi f)^2 A$ ·· (2-3)

이와 같이 D, V, a를 통상은 변위, 속도, 가속도로 표현하고 있다. 변위, 속도, 가속도로서는 각각 μm, mm/s, g(=9800mm/s^2)로 하면, 식(2-3)은 다음과 같이 표현된다.

$$D = A(\mu m)$$
$$V = 2\pi f D \times 10^{-3}(\text{mm/s})$$
$$a = \omega^2 A = (2\pi f)^2 A = \frac{(2\pi f)\cdot V}{9800}(g)$$

여기서 $2\pi f$는 주어진 각속도 ω이다. 위 식에서 보면 변위는 주파수와 관계가 없고 속도는 A가 일정하므로 주파수와 비례하며 가속도에서는 주파수의 자승에 비례한다.

위 식에 의해 단진동이 발생한 경우 D, V, a와 f 중 2개의 값을 알면 다른 두 가지 양의 값을 구할 수 있으며 다음과 같은 사실을 알 수 있다.

① 속도는 변위×진동수에 비례하고 ② 가속도는 변위×(진동수)^{2}에 비례한다. 이것은 변위가 같은 값이라면 진동수가 높을수록 속도, 가속도의 값이 크게 되는 것을 나타내고 있다. 즉 정현파 진동의 경우에는 변위, 속도, 가속도 중에서 한 가지를 알면 나머지 양들은 ω로 곱하든가 나누든가 해서 결정된다. 일반적인 비정현파 진동의 경우에는 이와 같은 간단한 관계식이 성립하지 않는다. 그러나 이 경우에도 한 가지 양을 알면 나머지는 이 양의 미분 혹은 적분을 취하여 결정할 수 있다. 많은 상품화된 진동계들은 자체 내의 전자 회로에 의해서 측정량의 선택을 자유로이 할 수 있도록 되어 있다.

(2) 진동 측정량의 ISO 단위

[표 2-2]는 ISO에 의한 진동 측정량의 단위를 보여 준다.

여러 개의 주파수 성분으로 구성된 신호를 측정할 때는 파라미터의 선택이 중요하다. 식(2-3)에 의하면 가속도의 진폭은 주파수의 자승에 비례한다. 따라서 가속도를 파라미터로 한 진동 측정은 고주파 성분의 영향을 강조하는 경향이 있다. 반면에 변위를 파라미터로 하는 경우에는 저주파 성분이 상대적으로 강조된다. 기계 진동의 주파수 분석에는 일반적으로 속도 혹은 가속도를 파라미터로 사용한다.

[표 2-2] 진동 측정량의 ISO 단위

진동 진폭	ISO 단위	설 명
변 위	m, mm, μm	회전체의 운동(10Hz 이하의 저주파 진동)
속 도	m/s, mm/s	피로와 관련된 운동(10~1000Hz의 중간 주파수)
가속도	m/s^2	가진력과 관련된 운동(고주파 진동 측정이 용이)

[표 2-3] 변위, 속도, 가속도의 관계

	변 위[μm]	속 도[mm/sec]	가속도[g]
변 위(D)	D	$V = 2\pi f D \times 10^{-3}$ $= 6.28 f D \times 10^{-3}$	$a = \dfrac{(2\pi f)^2 D}{9.81} \times 10^{-6}$ $= 4.30 f^2 D \times 10^{-6}$
속 도(V)	$D = \dfrac{V}{2\pi f} \times 10^3$ $= \dfrac{1.56}{f} \times 10^2$	V	$A = \dfrac{2\pi f V}{9810}$ $= 6.41 f V \times 10^{-4}$
가속도(a)	$D = \dfrac{a}{(2\pi f)^2} \times 10^6$ $= \dfrac{2.48}{f^2} a \times 10^5$	$V = \dfrac{9810}{2\pi f} a$ $= \dfrac{1560}{f} a$	a

가속도 신호를 속도와 변위로 변환시킬 수 있는 전자 적분기의 사용으로 인해 진동을 검출함에 있어 하나의 변수로만 측정하지 않는다. 현대의 진동 계측기는 대부분 3가지 변수들을 모두 측정할 수 있도록 장치되어 있다.

하나의 넓은 주파수 대역 진동을 측정할 때 그 신호가 여러 개의 주파수 성분을 가진다면 매개 변수의 선택이 중요하다. 변위의 측정은 낮은 주파수 성분에서 가중되고, 반대로 가속도 측정은 높은 주파수 성분에서 가중된다.

(3) 진동 측정량의 dB 단위

진동 측정량을 ISO 단위가 아닌 dB 단위로 표현하면 진동 측정값을 대수로 표현하는 데 유용하게 사용할 수 있다.

(가) 진동 변위 D의 dB 단위

$$L_D = 20 \log_{10} \left(\frac{D}{D_o} \right) \ [\text{dB}]$$

여기서, 측정된 진동 변위 : $D[\mu\text{m}]$

기준 진동 변위 : $D_o = 10[\text{pm}] = 10^{-5}[\mu\text{m}]$

(나) 진동 속도 V의 dB 단위

$$L_V = 20 \log_{10} \left(\frac{V}{V_o} \right) \ [\text{dB}]$$

여기서, 측정된 진동 속도 : $V[\mu\text{m/s}]$

기준 진동 속도 : $V_o = 10[\text{nm/s}] = 10^{-2}[\mu\text{m/s}]$

(다) 진동 가속도 a의 dB 단위

$$L_A = 20 \log_{10}\left(\frac{a}{a_o}\right) \ [\text{dB}]$$

여기서, 측정된 진동 가속도 : $a[\mu\text{m}/\text{s}^2]$

기준 진동 가속도 : $a_o = 10[\mu\text{m}/\text{s}^2]$

예제 문제 1

진동 주파수 f=100Hz에서 진동 가속도 a=0.1g(1g=9.8m/s²)일 때 진동 속도와 진동 변위(편진폭)를 계산하시오.

풀이

$D = A$(변위를 편진폭으로 계산할 경우)

$V = \omega A = (2\pi f)A$

$a = \omega^2 A = (2\pi f)^2 A$에서

f=100Hz, a=0.1g=0.98m/s² 이므로

속도 $V = \omega A = a/\omega = a/(2\pi f) = \dfrac{0.98}{2 \times \pi \times 100} = 1.56 \times 10^{-3}(\text{m/s}) = 1.56(\text{mm/s})$

변위 $D = A = a/\omega^2 = a/(2\pi f)^2 = \dfrac{0.98}{(2 \times \pi \times 100)^2} = 2.48 \times 10^{-6}(\text{m}) = 2.48(\mu\text{m})$

예제 문제 2

$x = 4\sin\left(0.5\pi t + \dfrac{\pi}{3}\right)$으로 표시되는 조화 운동의 진동 주파수를 계산하시오.

풀이

$f = \dfrac{\omega}{2\pi}$ 이므로 ω를 구하면 $\omega = 0.5\pi$이므로

$f = \dfrac{\omega}{2\pi} = \dfrac{0.5\pi}{2\pi} = 0.25 [\text{Hz}]$가 된다.

예제 문제 3

진동 주파수가 20Hz이고 최대 진동 가속도가 20m/s²인 조화 운동의 진폭은?

풀이

f=20Hz, $\omega = 2\pi f = 2\pi \times 20 = 40\pi[\text{rad/s}]$

$a = \ddot{x}_{max} = \omega^2 D = 20\text{m/s}^2$ 이므로

진폭 $D = \dfrac{\ddot{x}}{\omega^2} = \dfrac{20}{40\pi^2} = 0.05066\text{m} = 50.66\text{mm}$

예제 문제 4

진폭이 $150\mu m$ 이고 주기가 200ms인 조화 운동의 최대 가속도는 몇 mm/s^2 인가?

풀이

$$\omega = \frac{2\pi}{T} = \frac{2\pi}{0.2} = 0.1\pi(\text{rad/s}), \quad D = 150\mu m = 0.15\text{mm}$$

$$a = \ddot{x}_{max} = \omega^2 D = (0.1\pi)^2 \times 0.15 = 0.0148\text{mm/s}^2$$

4. 고유 진동과 강제 진동

4-1 고유 진동

고유 진동(proper vibration)이란 진동체의 기준이 되는 진동으로서 진동체에 대한 몇 가지 물리량이 주어졌을 때 그 진동체가 갖는 특정한 값을 가진 진동수와 파장만 허용된다. 이 진동을 고유 진동이라 하며, 이때의 진동수를 고유 진동수라고 한다. 하나의 물체에 대하여, 고유 진동은 1개뿐이 아니고 무수히 있지만, 그 중 진동수가 가장 작은 진동을 기본 진동이라 한다.

현(絃)이나 관(管)의 진동은 그 형태가 아무리 복잡해 보이더라도 결국 단진동 운동을 하는 여러 정상파가 겹친 진동이라고 할 수 있다. 이처럼 각 성분의 단진동 운동에 의한 진동인 경우 진동수는 작은 것부터 차례로 기본 진동, 제1배 진동, 제2배 진동…이라 하고, 이들 진동수 전부를 고유 진동수라고 한다.

그런데 계의 내부 조건에 의해 진동수가 결정된다. 만약 계에 손실이 없다면 진동 진폭은 시간에 관계없이 일정한 비감쇠 진동을 하게 되지만 계에 손실이 있으면 시간과 더불어 진폭이 감소하여 감쇠 진동을 하게 된다. 예를 들면 벽시계는 시계추의 고유 진동에 의해 시간을 알리고, 수정 발진기는 수정판의 고유 진동에 의해서 정해진 고주파를 발생한다.

4-2 강제 진동

강제 진동(forced vibration)이란 임의의 진동계에 외부로부터 주기적인 힘이 가해짐으로써 발생하는 진동 현상으로서 예를 들면 모터의 회전 진동을 말한다. 외력이 가해지기 때문에 자유 진동과는 다른 진동 특성이 나타나게 된다. 진동계에 주기적 외력이 연속적으로 가해지면 처음에는 자유 진동과 강제 진동이 합쳐진 진동이 일어나지만 시간이 흐름에 따라서 자유 진동은 저항, 마찰 등의 제동으로 진폭이 점차 감소하고 일정한 시간이 지난 후에는 작용한 진동수의 강제 진동만 남게 된다.

강제 진동은 흔히 소리의 경우에 볼 수 있는데, 시계의 추나 활시위의 진동 등도 이에 해당한다. 강제 진동의 진폭은 작용한 외력의 진폭에 비례하며, 자유 진동의 주기에 접근할수록 커진다.

4-3 공 진

고유 진동수란 각 물체가 가지는 고유한 진동 특성을 말하는 것으로, 만일 진동계가 고유 진동수와 동일한 진동수를 가진 외력을 주기적으로 받으면 그 진폭이 크게 증가하게 된다. 이렇게 물체가 갖는 고유 진동수와 외력의 진동수가 일치하게 되어 진폭이 증가하는 현상을 공진(resonance) 현상이라고 하며 좋은 예로 미국의 타코마 다리의 붕괴를 들 수 있다.

기계를 설계할 때 공진을 고려하지 않고 설계한다면 타코마 다리의 붕괴와 같은 일이 일어날 수도 있으므로 공진을 고려한 설계가 중요하다. 이와 같이 공진은 시스템에 공진이 발생하면 큰 진동 진폭으로 인하여 시스템이 불안해지지만 공진을 이용하는 경우도 많이 있다. 예를 들면 초음파 세척기, 악기 등이 공진을 이용한다.

공진은 다른 말로 공명이라고도 하는데 이것은 주로 음향(공기의 진동)과 화학(단일 결합과 이중 결합의 중간적인 결합 구조) 분야에서 쓰이는 용어이며, 기계 공학이나 전기 전자 공학에서는 공진이란 표현을 많이 쓴다.

공진의 물리적 의미는 어떠한 물체에 가해지는 외력의 진동수(1초에 가해지는 외력의 횟수)가 그 물체의 고유 진동수(1초에 진동하는 횟수)와 같아질 때, 외력에 의한 물체의 움직임이 점점 누적되어 물체 운동의 진폭이 커지는 것을 의미하며, 이때의 진동수를 공진 주파수(resonant frequency)라 한다.

4-4 위험 속도

위험 속도(critical speed)란 축의 굽힘이나 비틀림으로 인하여 변형이 발생하면 이것을 회복시키려는 에너지가 생기게 된다. 이때 발생된 운동 에너지는 축의 회전과 더불어 축선을 중심으로 하여 변동한다. 이와 같이 축에 작용하는 굽힘 모멘트나 토크의 변동 주기가 축의 고유 진동수와 일치되었을 때의 속도를 위험 속도 또는 임계 속도라 한다. 이 상태에서는 공진이 발생하여 진동이 심하게 나타나서 축의 파괴를 초래한다.

위험 속도는 축의 편심, 자중, 하중에 의해 편심이 발생하고 회전 속도가 커질수록 진동이 크게 발생하므로 베어링 간격이 큰 터빈, 압축기 및 펌프 등은 회전자의 중량이나 자중에 의한 휨 진동을 고려하여 설계해야 한다.

▇▇▇ 5. 1자유도계의 자유 진동

1자유도계는 하나의 질점이 한쪽 방향으로만 운동하는 가장 간단한 시스템을 의미하며, 그림과 같이 탄성 요소(스프링)에 연결된 질량으로 구성된다. 이 1자유도계에는 질량에 가해지는 외력이 없으므로 초기 기진으로 발생되는 진동은 자유 진동이 된다. 따라서 질량이 진공 상태에서 운동할 때 운동의 진폭이 일정한 비감쇠계가 된다. 만약 공기 저항이라도 있으면 진동 진폭이 시간이 지남에 따라 감소하므로 감쇠 진동을 하게 된다.

많은 기계 진동 문제는 질량(mass), 스프링(spring) 및 감쇠(damper)로 구성된 단순 진동자에 의해서 설명이 가능하다. 실제의 기계를 단순 진동자로 단순화하기 위해서는 진동 발생 메커니즘에 대한 이해가 필요하다.

일반적으로 스프링 상수는 기계 프레임(frame) 혹은 진동 발생 부품의 감성에 의해서 결정되고, 댐핑은 기계 재료의 내부 댐핑과 연결 부품 사이의 마찰에 의한 동적 댐핑으로 구성된다. 여기서는 기계 진동을 단순 진동자 운동으로 단순화하였다고 가정하였고, 기계 진동 특성 이해와 궁극적으로는 진동 제어를 위한 기초를 논술하고자 한다.

5-1 비감쇠 자유 진동

[그림 2-8]과 같이 1자유도의 스프링-질량계에서 스프링 자체의 질량을 무시하면 물체의 질량을 m, 스프링 상수를 k라 할 때 x 방향으로 질량에 가해지는 힘은 스프링 힘뿐이므로 x 방향 힘의 총합은 뉴턴의 운동 법칙에 따라 질량에 가속도를 곱한 값과 같다.

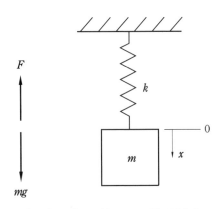

[그림 2-8] 1자유도 스프링-질량계

따라서 스프링-질량계에 대하여 점성력이 존재하지 않는 비감쇠 진동인 경우 다음과 같은 운동 방정식을 얻을 수 있다.

$$m\ddot{x} = -kx \quad \text{(2-1)}$$

위 식(2-1)에서 $\ddot{x}$는 변위 x를 2차 미분한 가속도에 해당되며 다음과 같이 표현된다.

$$m\frac{d^2x}{dt^2} + kx = 0 \quad \text{(2-2)}$$

여기서 x는 평형 위치로부터의 진동자의 변위이고, k는 스프링 상수로서 시스템의 강성을 나타낸다.

$$x = A\sin(\omega_n t + \phi) \quad \text{(2-3)}$$

$$v = \frac{dx}{dt} = \dot{x}(t) = \omega A\cos(\omega_n t + \phi) \quad \text{(2-4)}$$

$$a = \frac{d^2t}{dt^2} = \ddot{x}(t) = -\omega^2 A\sin(\omega_n t + \phi) \quad \text{(2-5)}$$

위 식에서 A를 진폭, ϕ를 초기 위상, ω_n을 고유 각 진동수라고 하며, 식(2-3)의 진동을 조화 진동(harmonic vibration)이라고 한다. 또 외부로부터 힘이 작용하지 않기 때문에 자유 진동(free vibration)이라고 한다.

위 식에서 진동 변위, 속도 및 가속도의 최대값을 취하면, $x = A$, $v = \omega_n A$, $a = -\omega_n^2 A$가 되므로 $m\frac{d^2x}{dt^2} + kx = 0$에 대입하면 $-m\omega_n^2 A + kA = 0$가 된다.

따라서 고유 각 진동수는 다음과 같이 정리된다.

$$\omega_n = \sqrt{\frac{k}{m}} \quad \text{(2-6)}$$

고유 진동 주파수 $f_n = \frac{\omega_n}{2\pi}$이므로

$$f_n = \frac{\omega_n}{2\pi} = \frac{1}{2\pi}\sqrt{\frac{k}{m}} \quad \text{(2-7)}$$

가 된다.

즉 단순 진동자의 운동과 같은 정현파에 대해서는 진동자의 변위, 속도 및 가속도가 주파수의 단순 함수로서 상호 연결되어 있어서 이들 중 하나를 알면 나머지 두 개는 자동적으로 구할 수 있다.

예제 문제 5

질량과 스프링으로 이루어진 진동 시스템에서 스프링의 정적 처짐이 2mm인 경우 이 시스템의 진동 주기는 얼마인가?

풀이

진동 주기 $T = \dfrac{2\pi}{\omega_n} = 2\pi \sqrt{\dfrac{\delta}{g}} = 2\pi \sqrt{\dfrac{2}{9810}} = 0.0897 \text{sec} = 89.7 \text{m/sec}$

예제 문제 6

정적 처짐이 9.81mm인 비감쇠 자유 진동의 고유 진동 주파수는 얼마인가?

풀이

고유 진동 주파수 $f_n = \dfrac{1}{2\pi} \sqrt{\dfrac{g}{\delta}} = \dfrac{1}{2\pi} \sqrt{\dfrac{9810}{9.81}} = 5\text{Hz}$

5-2 감쇠 자유 진동

[그림 2-9]는 1자유도의 스프링-질량계에 질량 m의 운동 속도에 비례하는 점성 감쇠력이 작용하는 감쇠 진동 시스템을 나타내고 있다. 비감쇠계에서는 정상 상태의 정현파 진동으로 표현하였으나 실제의 진동체는 항상 어느 정도의 내부 마찰이나 감쇠에 의해서 그 진동 에너지의 일부를 잃게 되어 진폭이 점차 감소하게 된다.

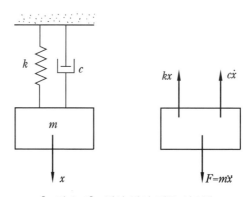

[그림 2-9] 점성 감쇠 진동 시스템

이 시스템의 힘의 평행은 $m\ddot{x} = -c\dot{x} - kx$ 이므로 우변의 항을 좌변으로 이항하면 다음과 같은 운동 방정식을 얻는다.

$$m\ddot{x} + c\dot{x} + kx = 0$$

$$m\frac{d^2x}{dt^2} + c\frac{dx}{dt} + kx = 0 \quad\text{(2-8)}$$

여기서 c는 감쇠 계수이다.

이 방정식의 해를 구하기 위해서 $x(t)$가 다음과 같은 형태로 된다고 가정하면

$$x(t) = Ae^{\lambda t} \quad\text{(2-9)}$$

여기서 A와 λ는 0이 아닌 미결정 상수이다. 식(2-9)를 계속 미분하여 식(2-8)에 대입하면 $(m\lambda^2 + c\lambda + k)Ae^{\lambda t} = 0$이 된다.

따라서 특성 방정식은

$$m\lambda^2 + c\lambda + k = 0 \quad\text{(2-10)}$$

이므로, λ는

$$\lambda_1,\,\lambda_2 = -\frac{c}{2m} \pm \frac{1}{2m}\sqrt{c^2 - 4mk} \quad\text{(2-11)}$$

가 되고, 식(2-8)의 해는

$$x(t) = A_1 e^{\lambda_1 t} + A_2 e^{\lambda_2 t} \quad\text{(2-12)}$$

가 된다. 여기서 A_1, A_2는 초기 조건에 따라 결정되는 임의의 상수이다.

더욱이 λ_1, λ_2는 $c^2 - 4mk$의 값에 따라 실수 혹은 허수가 됨을 알 수 있다.

$c = 2\sqrt{mk}$일 때 임계 감쇠 계수(critical damping coefficient) c_c라 하며 다음과 같이 표시한다.

$$c_c = 2\sqrt{mk} \quad\text{(2-13)}$$

감쇠비 ζ는 다음과 같이 정의된다.

$$\zeta = \frac{c}{c_c} = \frac{c}{2\sqrt{mk}} \quad\text{(2-14)}$$

따라서 특성 방정식의 근 λ_1, λ_2는 다음과 같이 정리된다.

$$\lambda_1,\,\lambda_2 = -\zeta\omega_n \pm \sqrt{\zeta^2 - 1}\,\omega_n \quad\text{(2-15)}$$

(1) 부족 감쇠$(0 < \zeta < 1)$

부족 감쇠(under damped)란 감쇠비가 $\zeta < 1$ 또는 $c < c_c$인 경우이며, 특성 방정식의 근 $\lambda_1, \lambda_2 = -\zeta\omega_n \pm \omega_n\sqrt{\zeta^2 - 1}$ 는 허근이 되므로 복소수의 쌍이 된다.

$$\lambda_1, \lambda_2 = (-\zeta \pm j\sqrt{1 - \zeta^2})\omega_n \cdots\cdots\cdots\cdots\cdots\cdots\cdots\cdots\cdots\cdots (2\text{--}16)$$

여기서 $j = \sqrt{-1}$ 이며, 감쇠계에서 고유 각진동수를 ω_d라 하면

$$\omega_d = \sqrt{1 - \zeta^2}\,\omega_n \cdots\cdots\cdots\cdots\cdots\cdots\cdots\cdots\cdots\cdots\cdots\cdots (2\text{--}17)$$

가 된다.

따라서 부족 감쇠계에서 방정식의 해는

$$
\begin{aligned}
x(t) &= A_1 e^{\lambda_1 t} + A_2 e^{\lambda_2 t} \\
&= A_1 e^{(-\zeta + j\sqrt{1 - \zeta^2})\omega_n t} + A_2 e^{(-\zeta - j\sqrt{1 - \zeta^2})\omega_n t} \cdots\cdots\cdots\cdots\cdots (2\text{--}18)
\end{aligned}
$$

가 된다.

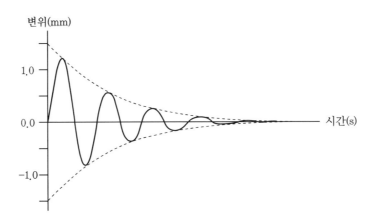

[그림 2-10] 부족 감쇠계의 응답$(0 < \zeta < 1)$

(2) 임계 감쇠$(\zeta = 1)$

임계 감쇠(critical damped)란 감쇠비 $\zeta = 1$ 또는 $c = c_c$인 경우이며, 이 경우 특성 방정식의 근 λ_1, λ_2는

$$\lambda_1 = \lambda_2 = -\omega_n \cdots\cdots\cdots\cdots\cdots\cdots\cdots\cdots\cdots\cdots\cdots\cdots\cdots (2\text{--}19)$$

가 된다.

따라서 임계 감쇠계에서는 중근이므로 방정식의 해는

$$x(t)= (A_1 + A_2 t)e^{-\omega_n t} \text{ ·················· (2-20)}$$

가 된다. 이 경우 초기 조건 $x(t=0)=x_0$와 $\dot{x}(t=0)=\dot{x_0}$를 적용하면
$A_1 = x_0$, $A_2 = \dot{x_0}+ \omega_n x_0$가 되므로, 임계 감쇠계에서 방정식의 해는

$$x(t)= [x_0 + (\dot{x_0}+ \omega_n x_0)t]e^{-\omega_n t} \text{ ·················· (2-21)}$$

가 된다.

임계 감쇠계는 비주기적 운동을 일으키는 최소값의 감쇠율을 나타내며 $t = \infty$일 때 운동
은 0으로 사라진다.

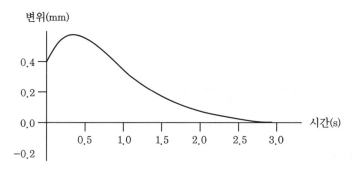

[그림 2-11] 임계 감쇠계의 응답($\zeta=1$)

(3) 과도 감쇠 ($\zeta > 1$)

과도 감쇠(over damped)란 감쇠비 $\zeta > 1$ 또는 $c > c_c$인 경우이므로 특성 방정식의 λ_1,
λ_2는 실수로서 음($-$)의 값을 갖게 되므로 다음과 같이 서로 다른 값을 갖는다.

$$\lambda_1 = (-\zeta + \sqrt{\zeta^2 - 1})\omega_n < 0 \text{ ·················· (2-19)}$$
$$\lambda_2 = (-\zeta - \sqrt{\zeta^2 - 1})\omega_n < 0 \text{ ·················· (2-20)}$$

따라서 과도 감쇠계에서 방정식의 해는

$$\begin{aligned}
x(t) &= A_1 e^{\lambda_1 t} + A_2 e^{\lambda_2 t} \\
&= A_1 e^{(-\zeta + \sqrt{\zeta^2 - 1})\omega_n t} + A_2 e^{(-\zeta - \sqrt{\zeta^2 - 1})\omega_n t} \text{ ·················· (2-21)}
\end{aligned}$$

가 된다.

과도 감쇠인 경우 초기 조건에 관계없이 운동의 주기성이 없고 진동 현상을 나타내지 않으므로 무주기 운동이라고도 하며 시간에 따라 지수 함수적으로 감소한다.

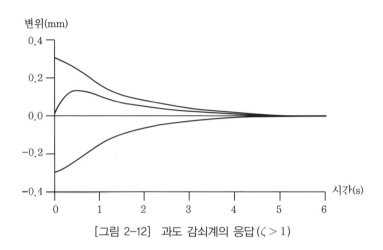

[그림 2-12] 과도 감쇠계의 응답($\zeta > 1$)

6. 1자유도계의 강제 진동

6-1 비감쇠 강제 진동

질량이 m인 어떤 물체에 주기적으로 변하는 외력(가진력)이 작용하면 처음에는 자유 진동과 함께 외력의 진동수를 갖는 강제 진동을 하게 된다. 비감쇠 강제 진동이란 감쇠비 $\zeta = 0$이므로 감쇠 계수 $c = 0$인 경우를 의미한다.

질량 m에 외력 $F(t) = F\sin\omega t$인 주기적 가진력이 작용하면 비감쇠 강제 진동의 운동 방정식은 다음과 같다. 단, F는 외력을 의미한다.

$$m\ddot{x} + kx = F\sin\omega t \quad\cdots\cdots\cdots\cdots\cdots\cdots\cdots\cdots\cdots\cdots\cdots\cdots\cdots\cdots\cdots\cdots (2-22)$$

위 식에서,

$x = X\sin\omega t$이므로 동적 변위 x를 두 번 미분하면 $\ddot{x} = -X\omega^2\sin\omega t$가 되므로 위 식에 대입하면

$$-mX\omega^2\sin\omega t + kX\sin\omega t = F\sin\omega t \quad\cdots\cdots\cdots\cdots\cdots\cdots\cdots\cdots\cdots\cdots (2-23)$$

가 된다.

따라서 질량 m에 대한 동적 변위 진폭 X는

$$X = \frac{F}{k - m\omega^2} \quad \cdots\cdots\cdots\cdots\cdots\cdots\cdots\cdots\cdots\cdots\cdots\cdots\cdots\cdots \quad (2\text{-}24)$$

위 식에 $m = \dfrac{k}{\omega_n^2}$ 을 대입하면

$$X = \frac{F}{k - (\frac{k}{\omega_n^2})\omega^2} = \frac{F}{k}\frac{1}{1 - (\frac{\omega}{\omega_n})^2} \quad \cdots\cdots\cdots\cdots\cdots\cdots\cdots \quad (2\text{-}25)$$

스프링의 정적 변위 진폭을 δ_{st}라 하면 $\delta_{st} = \dfrac{F}{k}$이므로 위 식에 대입하면,

$$X = \frac{\delta_{st}}{1 - (\frac{\omega}{\omega_n})^2} \quad \cdots\cdots\cdots\cdots\cdots\cdots\cdots\cdots\cdots\cdots\cdots\cdots \quad (2\text{-}26)$$

가 된다. 위 식에서 $\dfrac{\omega}{\omega_n} = \dfrac{f}{f_n} = r$ 이며 주파수 비를 의미한다.

또한, 동적 변위 진폭 X와 정적 변위 진폭 δ_{st}와의 비를 진폭비(amplitude ratio) 또는 진폭 배율(magnification factor)이라 하면 진폭비 R은

$$R = \frac{X}{\delta_{st}} = \frac{X}{F/k} = \frac{1}{1 - (\omega/\omega_n)^2} = \frac{1}{1 - (f/f_n)^2} \quad \cdots\cdots\cdots\cdots \quad (2\text{-}27)$$

가 된다.

위 식의 진폭비는 시스템에서 발생한 진동이 기초로 전달되는 경우 진동 전달률 T와 같게 된다. 진동 전달률 T는

$$T = \left| \frac{진동\ 전달력}{외부\ 작용력} \right| = \frac{kx}{F\sin\omega t} = \left| \frac{1}{1 - (\omega/\omega_n)^2} \right| \quad \cdots\cdots\cdots\cdots \quad (2\text{-}28)$$

가 된다.

[그림 2-13]은 주파수비와 진폭비 관계를 나타내고 있다.

이 그림에서 진주파수비가 0인 경우 진폭비가 1이 되어 가진력이 정적 질량 m에 가한 경우와 같게 되지만 주파수비가 1일 때에는 감쇠비에 따라 진폭비가 크게 달라진다. 즉, 비감쇠 진동인 경우 감쇠비 $\zeta = 0$이므로 진폭비가 매우 크게 나타난다. 이런 현상을 공진(resonance)이라 한다.

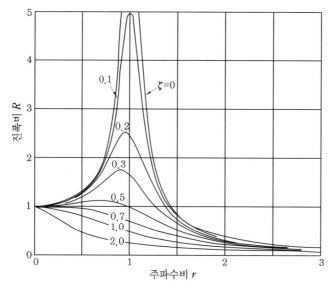

[그림 2-13] 주파수비$(r = \dfrac{f}{f_n})$와 진폭비$(R = \dfrac{X}{F/k})$의 관계

6-2 감쇠 강제 진동

[그림 2-14]와 같이 진동계에 외부로부터 주기적으로 변화하는 외력(F)이 작용하는 경우 운동 방정식은 다음과 같이 표현된다.

$$m\ddot{x} + c\dot{x} + kx = F\sin\omega t \quad\cdots\cdots\cdots\cdots\cdots\cdots\cdots\cdots\cdots\cdots\cdots\cdots\cdots\cdots\cdots (2\text{-}29)$$

위의 운동 방정식은 우측 항이 0일 때 자유 진동의 해와 강제 진동의 외력 $F\sin\omega t$에 대

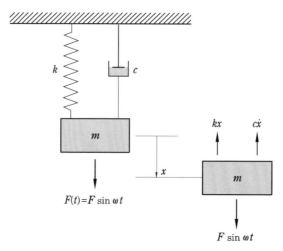

[그림 2-14] 외력이 작용하는 1자유도계

한 특수해의 합으로 구할 수 있다. 따라서 위 미분 방정식에서 $\sin\omega t$의 특이해의 형태는

$$x = A\sin\omega t + B\cos\omega t = X\sin(\omega t - \phi) \quad\text{(2-30)}$$

가 되고, x의 미지수 A와 B 혹은 X와 ϕ를 구하려면 위 식을 미분 방정식에 대입한다.

$$\dot{x} = \omega X\cos(\omega t - \phi) \quad\text{(2-31)}$$

$$\ddot{x} = -\omega^2 X\sin(\omega t - \phi) \quad\text{(2-32)}$$

따라서 $-m\omega^2 X\sin(\omega t - \phi) + c\omega X\cos(\omega t - \phi) + kX\sin(\omega t - \phi) = F\sin(\omega t)$

$$\quad\text{(2-33)}$$

다시 쓰면

$$(k - m\omega^2)X(\sin\omega t\cos\phi - \cos\omega t\sin\phi)$$
$$+ c\omega X(\cos\omega t\cos\phi + \sin\omega t\sin\phi) = F\sin\omega t \quad\text{(2-34)}$$

따라서 $(k - m\omega^2)X\cos\phi + c\omega X\sin\phi = F$ $\quad\text{(2-35)}$

$$-(k - m\omega^2)X\sin\phi + c\omega X\cos\phi = 0 \quad\text{(2-36)}$$

가 되고, 위상각ϕ는

$$\tan\phi = \frac{c\omega}{(k - m\omega^2)}$$

$$\phi = \tan^{-1}\left(\frac{c\omega}{k - m\omega^2}\right) \quad\text{(2-37)}$$

가 되고, 강제 진동의 동적 변위 진폭 X는

$$X = \frac{F}{(k - m\omega^2)\cos\phi + c\omega\sin\phi}$$

$$= \frac{\dfrac{F}{(k - m\omega^2)\cos\phi + c\omega\sin\phi}}{\sqrt{(k - m\omega^2)^2 + (c\omega)^2}} = \frac{F}{\sqrt{(k - m\omega^2)^2 + (c\omega)^2}}$$

$$= \frac{F/k}{\sqrt{[1 - (\omega/\omega_n)^2]^2 + [2\zeta(\omega/\omega_n)]^2}} \quad\text{(2-38)}$$

가 된다. 따라서 감쇠계의 동적 변위 진폭 X와 정적 변위 진폭 F/k와의 비 R은

$$R = \frac{X}{F/k} = \frac{1}{\sqrt{[1 - (\omega/\omega_n)^2]^2 + [2\zeta(\omega/\omega_n)]^2}} \quad\text{(2-39)}$$

가 된다.

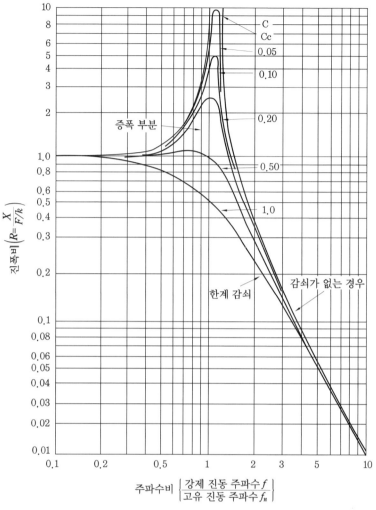

[그림 2-15] 감쇠계에서 주파수비$(r = \dfrac{f}{f_n})$와 진폭비$(R = \dfrac{X}{F/k})$의 관계

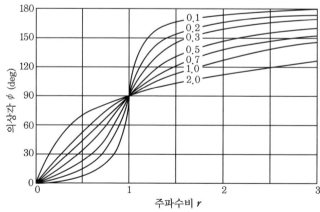

[그림 2-16] 감쇠계에서 주파수비$(r = \dfrac{f}{f_n})$와 위상각(ϕ)의 관계

6-3 감쇠계의 힘 전달률

회전 기계에서 발생하는 진동은 기계가 설치된 설치대를 통하여 진동이 전달되어 주위의 건물이나 장치 등에 큰 영향을 미친다. 따라서 잔동을 전달하는 기초나 구조물 사이에 진동 절연 장치를 설치하여 진동 전달을 감소시킬 필요가 있다. [그림 2-17]과 같이 스프링과 댐퍼로 구성된 진동 절연기로 지지된 단순 진동자의 질량 m에 기진력 $F = \sin\omega t$가 작용할 경우 이 힘이 설치대로 전달되는 과정을 살펴보기로 하자.

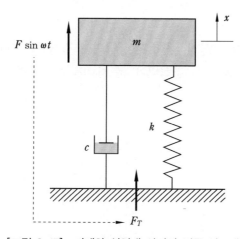

[그림 2-17] 기계와 설치대 사이의 진동 시스템

기계에서 발생하는 힘 F에 의하여 [그림 2-17]의 스프링과 감쇠계는 각각 그 평형 위치로부터 움직이는 힘을 받게 되며, 이 힘이 설치대로 전달되는 힘 F_T는 스프링력과 감쇠력의 합이 된다.

전달력의 크기는 $F_T = c\dot{x} + kx$ ·································· (2-40)

가 된다. 여기서 각각의 힘 $c\dot{x}$와 kx는 90°의 위상차가 생기므로 전달력은

$$|F_T| = \sqrt{c^2 \dot{x}^2 + k^2 x^2} = X\sqrt{(c\omega)^2 + k^2}$$ ···················· (2-41)

가 되므로 $X = \dfrac{F}{\sqrt{(k - m\omega^2)^2 + (c\omega)^2}}$를 식 2-41에 대입하면

$$F_T = \frac{F\sqrt{k^2 + (c\omega)^2}}{\sqrt{(k - m\omega^2)^2 + (c\omega)^2}}$$

$$= F\frac{\sqrt{1 + (2\zeta \cdot \omega/\omega_n)^2}}{\sqrt{[(1 - (\omega/\omega_n)^2)^2] + (2\zeta \cdot \omega/\omega_n)^2}}$$ ···················· (2-42)

가 된다. 따라서 진동 전달력 F_T와 기계에서 발생하는 힘 F와의 비를 힘의 전달률 (transmissibility) T라 하면

$$T = \frac{F_T}{F} = \frac{\sqrt{1 + (2\zeta \cdot \omega/\omega_n)^2}}{\sqrt{[(1 - (\omega/\omega_n)^2]^2 + (2\zeta \cdot \omega/\omega_n)^2}}$$ ·································· (2–43)

가 된다. [그림 2-18]은 주파수 비와 힘의 전달률과의 관계를 나타내고 있다. 주파수비 (ω/ω_n)에 대한 힘의 전달률 T의 변화는 주파수비가 $\sqrt{2}$일 때 감쇠비에 관계없이 T=1이 된다. 스프링 강재와 같이 비감쇠$(c = 0)$인 경우 주파수비가 $\omega/\omega_n = 1$일 때 공진이 발생하여 힘의 전달은 최대가 된다. 따라서 시스템이 공진이 발생한다거나 힘의 전달률이 1보다 큰 경우에는 주철이나 주강과 같은 감쇠비가 큰 재료를 사용하면 효과적이다.

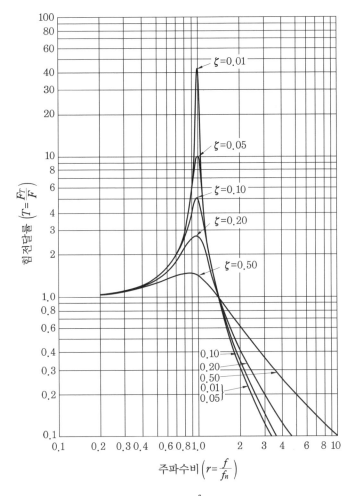

[그림 2-18] 주파수비$(r = \dfrac{f}{f_n})$와 힘 전달률 관계

|핵|심|문|제|

1. 고유 진동과 강제 진동을 비교 설명하시오.

2. 진동의 크기를 표현하시오.

3. 정현파 신호에서 피크값, 실효값, 평균값과의 관계를 설명하시오.

4. 1자유도계 진동 시스템에서 비감쇠 진동일 때 고유 진동 주파수를 수식으로 표현하시오.

5. 진동변의 진동 속도, 진동 가속도 진폭의 특징을 비교 설명하시오.

6. 진동 주파수 비와 진동 전달률과의 관계를 설명하시오.

|연|습|문|제|

1. 마찰이나 저항 등으로 인하여 진동 에너지가 손실되는 진동은?
   ㉮ 감쇠 진동   ㉯ 자유 진동   ㉰ 규칙 진동   ㉱ 선형 진동

2. 진동 한 개의 사이클에 걸린 총 시간을 무엇이라 하는가?
   ㉮ 주파수   ㉯ 주기   ㉰ 진폭   ㉱ 진동수

3. 일정한 정점에 대하여 다른 정점의 순간적인 위치 및 시간의 지연을 나타내는 것을 무엇이라 하는가?
   ㉮ 변위   ㉯ 위상   ㉰ 댐핑   ㉱ 주기

4. 단위 시간당 사이클의 횟수를 나타내는 것은?
   ㉮ 진폭   ㉯ 주기   ㉰ 변위   ㉱ 주파수

5. 양진폭(피크-피크)을 Vp-p라 할 때 실효값(V_{RMS})은 얼마인가?
   ㉮ $V_{RMS} = 2 V_{p-p}$ ㉯ $V_{RMS} = \dfrac{1}{2\sqrt{2}} V_{p-p}$
   ㉰ $V_{RMS} = 2\sqrt{2} V_{p-p}$ ㉱ $V_{RMS} = \pi V_{p-p}$

6. 시간에 대한 변화량을 고려하고, 에너지량과 직접 관련된 진폭을 표시하는 것은?
   ㉮ 피크-피크값   ㉯ 실효값   ㉰ 평균값   ㉱ 최대값

7. 속도와 변위(μm)의 관계식이 바르게 표현된 것은?(단, V : 속도, 변위 : D, 주파수 : f)
   ㉮ $V = 2\pi f D \times 10^{-3}$ ㉯ $V = \dfrac{1.59}{f} \times 10^{2}$

해답 1. ㉮ 2. ㉯ 3. ㉯ 4. ㉱ 5. ㉯ 6. ㉯ 7. ㉮ 8. ㉮

$$\text{㉰ } V = \frac{D}{(2\pi f)^2} \times 10^6 \qquad\qquad \text{㉱ } V = \frac{(2\pi f)^2 D}{9.81} \times 10^{-6}$$

8. 진동수로서 적합한 것은?

㉮ $\omega = 2\pi f$ ㉯ $f = 2\pi/\omega$ ㉰ $T = \omega/2\pi$ ㉱ $\omega = 2\pi T$

9. 다음 중 가속도(a : 1g=9.8m/s²)를 구하는 공식은?(단, 변위 D:μm, 속도 V : mm/sec 임)

㉮ $a = (2\pi f)^2 \dfrac{D}{9.81} \times 10^{-6}$ ㉯ $a = \dfrac{2\pi f D}{9.81} \times 10^{-3}$

㉰ $a = 9.81 \dfrac{D}{2\pi f} \times 10^{-3}$ ㉱ $a = \left(\dfrac{980}{2\pi f}\right)^2 V \times 10^{-3}$

10. 속도(mm/s)를 V라 할 때 변위 D(μm)를 구하는 공식은?

㉮ $D = \dfrac{1}{2\pi f} V \times 10^{-3}$ ㉯ $D = 2\pi f V \times 10^{-3}$

㉰ $D = \dfrac{980}{2\pi f} V \times 10^6$ ㉱ $D = \dfrac{1}{2\pi f} V \times 10^3$

11. 1200RPM의 모터에 발생하는 회전 주파수는?

㉮ 12Hz ㉯ 60Hz ㉰ 20Hz ㉱ 1200Hz

12. 600RPM의 모터가 발생시키는 정현파 신호의 주기는?

㉮ 0.1초 ㉯ 0.2초 ㉰ 10초 ㉱ 600초

13. 공진을 피하기 위하여 고유 진동수를 낮추고자 할 때 올바른 방법은?

㉮ 구조물의 강성을 작게 하고 질량을 크게 한다.
㉯ 구조물의 강성을 크게 하고 질량을 줄인다.
㉰ 구조물의 강성과 질량을 줄인다.
㉱ 구조물의 강성과 질량을 최대한 크게 한다.

14. 순간 순간의 신호의 레벨을 서로 더해 측정 시간으로 나눈 값은?

㉮ 양진폭값 ㉯ 편진폭값 ㉰ 실효값 ㉱ 평균값

15. 진동의 에너지를 표현하는 것에 적합한 값은?

㉮ 피크값 ㉯ 평균값 ㉰ 피크-피크값 ㉱ 실효값

16. 고유 진동수와 강제 진동수가 일치할 경우에 진동이 크게 발생되는데 이 현상을 무엇이라 하는가?

㉮ 공진 ㉯ 울림 ㉰ 상호 간섭 ㉱ 외란

해답 **9.** ㉮ **10.** ㉱ **11.** ㉰ **12.** ㉮ **13.** ㉮ **14.** ㉱ **15.** ㉱ **16.** ㉮

진동 측정

█████ 1. 진동 측정 시스템

1-1 개 요

진동은 측정하고자 하는 위치에 올바른 센서를 선택하여 적절한 부위에 센서를 설치한 후 측정 순서에 의하여 진동을 측정하여야 올바른 데이터를 획득할 수 있다. 따라서 올바른 진동을 측정하기 위해서는 다음과 같은 사항에 대한 올바른 지식이 필요하게 된다.

① 측정 절차
② 측정 위치
③ 측정 방향
④ 센서 선정
⑤ 센서 설치

이와 같은 방법으로 획득한 측정 데이터는 대상 시스템의 진동 특성을 올바르게 나타낼 수 있도록 측정 장비의 올바른 선택이 필요하며 이를 취급할 수 있는 능력이 있어야 한다. 또한 측정하고자 하는 양의 물리적 의미에 대한 이해가 필요하며, 측정 위치의 선정과 측정 절차에 대한 체계적인 이해가 선행되어야 한다. 끝으로 측정 데이터에 대한 의미를 이해하고 평가할 수 있는 능력이 필요하다.

1-2 진동 측정 시스템

진동 측정 시스템은 기본적으로 다음과 같이 구성된다. 기계 설비의 진동 측정에 있어서 기계적인 신호를 전기적인 신호로 바꾸어 주는 변환기(transducer)를 사용한다. 종래에는 변환기를 센서(sensor), 픽업(pick-up) 및 프로브(prove) 등으로 불려 왔으나 국제규격 (ISO)에서는 변환기로 사용하고 있다. 본 교재에서는 통용하는 센서로 통일하여 기술한다.

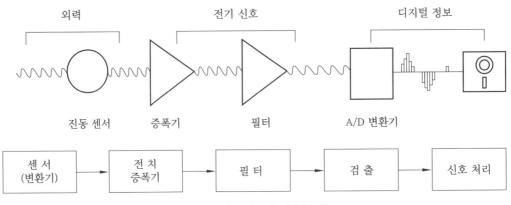

[그림 3-1] 진동 측정 시스템

(1) 진동 센서(변환기)의 감도

감도(sensitivity)란 대상으로 하는 기기에 있어서 어떤 지정된 출력량과 입력량과의 비를 의미한다. 진동계는 진동 센서와 변환기로 구성되어 있어 감도가 규정되어 있다.

진동 센서 중에서 가장 널리 쓰이는 가속도계(accelerometer)의 특성은 전하 감도(pC/g)와 전압 감도(mV/g)로 주어진다. 이들의 선택은 사용하는 증폭기의 기능에 의해서 결정된다.

(2) 전하 감도

전하 감도(charge sensitivity)는 센서나 변환기가 단위 물리량에 대해 발생시키는 전하를 말한다. 전하 가속도계의 감도는 전하 감도를 표시한다.

① 전하 감도 = $10pC/ms^{-2}$일 때

: 외부의 $1m/s^2$의 가속도에 대하여 10pC의 전하를 출력

(a) 가속도계(4084 type)

(b) 가속도계 교정 차트

[그림 3-2] 전하(charge) 출력 방식의 가속도계

② 전하 감도 = $100pC/g$일 때

　　　　: 외부의 $1g(9.81m/s^2)$의 가속도에 대하여 100pC의 전하를 출력

③ pC(pico Coulomb) : 전기량의 단위로서 $1pC = 10^{-12}C$

전하 감도의 가속도계는 용량성 부하의 영향을 받지 않으므로 케이블의 길이가 변해도 감도는 변하지 않으나 전압 감도의 가속도계는 케이블의 길이가 용량에 영향을 받으므로 감도가 변한다.

[그림 3-2]와 같이 B&K 4384 모델은 전하 출력 방식의 진동 가속도계로서 전하 감도는 $0.994pC/ms^{-2}$이며 $9.74\ pC/g$와 같다.

(3) 전압 감도

전압 감도(voltage sensitivity)는 센서나 변환기가 단위 물리량에 대해 발생시키는 전압을 말한다. 압전형 가속도계의 경우 일반적으로 전하 감도를 표시하지만 케이블과 가속도계 자체의 정전 용량(capacitance)이 일정하다면 전하 감도를 정전 용량으로 나눈 값으로 전압 감도를 표시하기도 한다.

① 전압 감도 = $10mV/ms^{-2}$일 때

　　　　: 외부의 $1m/s^2$의 가속도에 대하여 10mV의 전압을 출력

② 전압 감도 = $100mV/g$일 때

　　　　: 외부의 $1g(9.81m/s^2)$의 가속도에 대하여 100mV의 전압을 출력

[그림 3-3]에서 B&K 4508B 모델은 전압 출력 방식의 진동 가속도계로서 전압 감도는 $9.996mV/ms^{-2}$이며 $98.03mV/g$와 같다.

(a) 가속도계(4508B type)　　　　(b) 가속도계 교정 차트

[그림 3-3] 전압(voltage) 출력 방식의 가속도계

(4) 전치 증폭기

전치 증폭기의 기능은 크게 다음의 두 가지로 요약될 수 있다.

① 센서로 탐지될 약한 신호의 증폭

② 센서와 주 증폭기 사이에서의 임피던스 결합

전치 증폭기에는 전하 증폭기와 전압 증폭기의 두 종류가 있다. 전하 증폭기는 센서로부터의 입력 전하에 비례하는 출력 전압을 발생시키고 전압 증폭기는 입력 전압에 비례하는 출력 전압을 발생시킨다. 이 관계가 [그림 3-4]에 나타나 있다.

[그림 3-4] 전하 증폭기와 전압 증폭기의 차이

이 두 종류 전치 증폭기의 선택에는 다음과 같은 중요한 차이가 있다. 전하 증폭기를 사용할 경우 진동 측정 시스템을 연결하는 케이블 길이에 따른 케이블 용적의 변화는 무시될 수 있어서 측정 오차를 줄일 수 있다. 반면에 전압 증폭기는 이러한 케이블 용적 변화에 매우 민감하다. 또한 전압 증폭기의 입력 저항은 일반적으로 무시할 수 없기 때문에 저주파 성분 측정에 영향을 줄 수 있다. 반면에 전압 증폭기는 구조가 간단하여서 가격이 싸고 유지가 간편하며 가동 신뢰도가 높은 장점이 있다. 따라서 전치 증폭기의 선택은 이들 요소를 감안해서 이루어져야 한다.

(a) 2634type   (b) 2635type

[그림 3-5] 전하 증폭기(charge amplifier) : B & K

진동 센서에서 나오는 출력 방식이 전하 방식인 경우 [그림 3-6]과 같은 전하 변환기 (charge converter)를 연결하면 전압으로 출력이 된다. 예를 들어 B&K 4384모델은 전하 방식의 진동 가속도계이므로 전압 방식으로 변환하여 진동 분석기(FFT Analyzer, PULSE 등)에 신호를 보내야 한다. 이 경우 그림과 같은 전하 변환기를 통하면 전하 감도가 0.994 pC/ms^{-2}인 센서는 전압 감도 $0.774\ mV/ms^{-2}$으로 출력된다.

[그림 3-6] 전하 변환기(charge converter)

(5) 증폭 및 분석기

전치 증폭기의 출력은 주 증폭기에 입력 처리되어 지시계에 그 결과를 나타낸다. 이때 여러 가지 필요한 신호 처리를 할 수 있다. 신호 처리는 진동의 단순한 rms값으로부터 전 주파수 대역에 대한 순간적인 주파수 분석에 이르기까지 다양하게 할 수 있다. 주파수 분석은 흔히 일정 밴드폭 혹은 일정 백분율 밴드폭으로서 수행된다. 일정 밴드폭 분석에서는 전체 주파수 범위를 일정한 주파수폭으로 나누어서 진동 스펙트럼을 결정한다. 기계의 진동 분석에서는 일반적으로 FFT 분석기를 이용하며, [그림 3-7]은 B&K사의 진동 분석기를 나타내고 있다. 최근 여러 채널에 신호를 입력하여 다양한 분석이 가능한 펄스(PULSE) 타입의 진동 분석기가 널리 사용되고 있다.

(a) DOS type(3550)

(b) PULSE type(3560B)

[그림 3-7] 진동 분석기

2. 진동 센서의 종류

설비에 대한 정확한 진단을 하기 위해서는 우선 대상으로 하는 기계의 진동을 정확하게 측정할 필요가 있다. 이를 위해서는 우선 ① 기계의 진동 성질을 예측하고 ② 정확한 측정 시스템을 구성하는 것이 필요하다.

진동 센서는 다음과 같이 접촉형과 비접촉형으로 분류되며, 가속도계, 속도계 및 변위계의 세 종류로 구별된다.

(1) 접촉형

① 가속도계(압전형, 스트레인 게이지형, 서보형)

② 속도계(동진형)

(2) 비접촉형

① 변위계(와전류형, 용량형, 전자 광학형, 홀소자형)

2-1 변위계

변위계는 진동의 변위를 측정하기 위하여 사용된다. 형식은 와전류식, 전자 광학식, 정전 용량식 등이 있으며 축의 운동과 같이 직선관계 측정 시 비접촉형인 와전류형(eddy current proximity) 변위계가 사용된다.

변위계는 축과 마운트 사이에 발생되는 진동이나 축 표면의 흠집, 표면 거칠기 등의 측정에 사용되지만 설치가 매우 까다로운 단점이 있다.

(1) 원리

[그림 3-8]은 와전류형 변위계의 측정 원리를 나타낸다. 발진기에서 생긴 수 MHz의 정현파 코일에서 교류자계가 발생된다. 이로 인하여 센서 끝단에 발생된 와전류가 진동하고

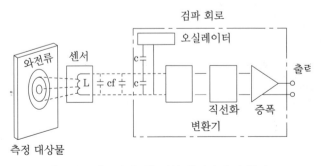

[그림 3-8] 와전류형 변위 센서의 측정 원리

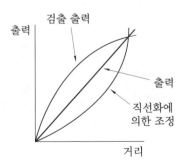

[그림 3-9] 직선화의 방식

있는 도체로 된 측정물에 근접할 경우 도체가 전기장에 영향을 미치게 되므로 전류의 변화가 발생한다.

이 와전류는 자계(磁界)를 약하게 반발하는 자계를 발생시키므로 그 결과 코일의 임피던스가 변화하게 된다.

와전류의 세기는 코일과 측정물의 거리에 따라 변하므로 코일의 임피던스 변화에서 거리를 구할 수 있다. 이를 이용하여 진동 변위를 측정하게 된다.

(2) 특징

① 축의 미소 진동 측정에 사용한다.

② 변위와 출력이 비례하여 신호 처리가 용이하다.

③ 저주파수 이외에는 측정이 불가능하다.

(a) 갭 센서

(b) 갭 캘리브레이터

(c) 갭 디텍터

(d) 센서 설치대

[그림 3-10] 비접촉식 와전류 변위계

2-2　속도계

속도계는 기계 진동을 감시하는 실용적 센서로 사용되고 있으며 진동을 규제하는 규격에서 속도계로 측정된 기준들이 제시되고 있다. 속도계는 동전형 속도계가 널리 사용되며 측정 주파수 범위는 보통 10~1000Hz 범위이다.

(1) 원리

가동 코일이 붙은 추가 스프링에 매달려 있는 구조로 진동에 의해 가동 코일이 영구 자석의 자계 내를 상하로 움직이면 코일에는 추의 상대 속도에 비례하는 기전력이 유기된다.

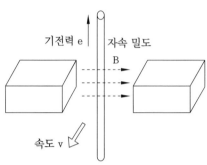
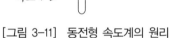

[그림 3-11] 동전형 속도계의 원리

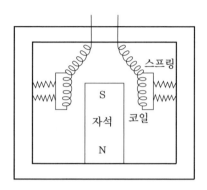

[그림 3-12] 동전형 속도계의 구조

[그림 3-11]은 동전형 속도계의 측정 원리를 나타낸다. 이것은 Faraday's의 전자 유도 법칙을 이용한 것으로 발생하는 기전력 e는 다음 식으로 나타낼 수 있다.

$$e \propto B \times V$$

여기서, e : 발생 기전력, B : 자속 밀도, V : 도체의 속도

(2) 특징

① 중저주파수 대역 (1kHz 이하)의 진동 측정에 적합하다.
② 다른 센서에 비해 크기가 크므로 자체 질량의 영향을 받는다.
③ 감도가 안정적이다.
④ 외부의 전원이 없어도 영구 자석에서 전기 신호가 발생한다.
⑤ 변압기 등 자장이 강한 장소에서는 사용할 수 없다.
⑥ 출력 임피던스가 낮다.

2-3 가속도계

가속도계로서 현재 널리 사용되고 있는 것은 압전형(piezo electric type) 가속도계이다. 소형으로 측정 가능 주파수 범위가 넓고 작은 진동에도 예민하게 측정할 수 있기 때문이다.

(1) 원리

기본 원리는 압전 소자(수정 또는 세라믹 합금)에 힘이 가해질 때 그 힘에 비례하는 전하

가 발생하는 압전 효과를 이용하고 있다. 일반적인 압전형 가속도계는 압전 소자, 볼트로 고정된 질량 및 압전 소자를 누르는 스프링으로 구성되어 있다. 가속도계에서 출력되는 값은 기계 내부에서 발생되는 힘에 비례하므로 기계의 진동을 측정하는 데 가장 많이 사용된다.

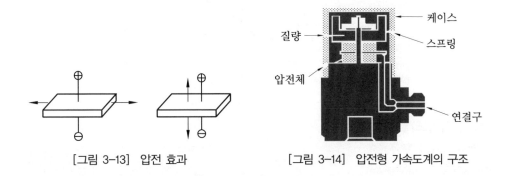

[그림 3-13] 압전 효과   [그림 3-14] 압전형 가속도계의 구조

(2) 특징

압전형 가속도계의 특징은 적은 출력 전압에서 가속도 레벨이 낮아지는 취약성과 높은 주파수 대역에서는 저주파 결함이 나타난다. 또한 마운팅에 매우 고감도이므로 손으로 고정할 수 없고 정교하게 나사나 밀랍으로 고정해야 한다.

① 중고주파수 대역(10kHz 이하)의 가속도 측정에 적합하다.

② 소형 경량(수십 gram)이다.

③ 충격, 온도, 습도, 바람 등의 영향을 받는다.

④ 케이블의 용량에 의해 감도가 변화한다.

⑤ 출력 임피던스가 크다.

2-4 가속도계의 분해도

(1) 압축형 가속도계

[그림 3-15] 압축형 가속도계의 분해 과정

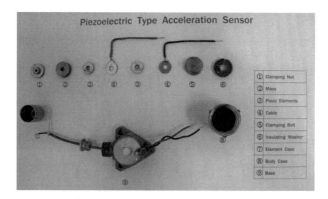

[그림 3-16] 압축형 가속도계의 분해도

(2) 서보형 가속도계

[그림 3-17] 서보형 가속도계의 분해도

(3) 전단형 가속도계

[그림 3-18] 전단형 가속도계의 분해도

(4) 각종 센서

(a) 전하 출력형(charge type)   (b) 전압 출력형(voltage type)

[그림 3-19] 1축형 가속도계

3. 진동 센서의 선정과 설치 69

 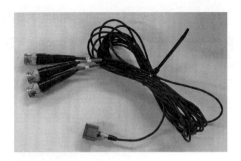

[그림 3-20] 3축형 가속도계

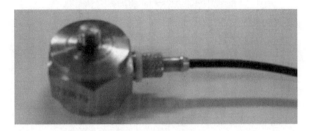

[그림 3-21] 힘 센서

3. 진동 센서의 선정과 설치

3-1 진동 센서의 선정

① 축이 돌출되었을 때 또는 플렉시블 로터-베어링 시스템에서 시간 신호를 해석할 경우 변위계를 사용한다.

② 축이 돌출되지 않은 경우(기어 박스 내에 있는 내부 축등) 또는 로터-베어링 시스템이 강성일 때는 속도계나 가속도계를 사용한다.

③ 주요 진동이 1kHz 이상의 주파수이면 가속도계를 사용하고, 10~1000Hz이면 속도계나 가속도계를 사용한다.

가속도계를 선택할 때는 측정하고자 하는 대상물의 주파수 범위와 가속도계의 감도 (sensitivity)를 고려하여야 한다. 만약 구조물이나 빌딩과 같이 저주파 진동 특성을 측정하기 위해서는 $1000mV/g$ 정도의 매우 높은 감도를 갖는 가속도계를 선정해야 하며, 10g(1g $=9.81m/s^2$) 이상의 큰 충격이나 진동을 측정할 경우 $10mV/g$ 이하의 감도를 갖는 가속도계를 선정해서 사용해야 한다.

[그림 3-22]는 진동 센서의 작동 범위를 나타내고 있으며, [그림 3-23]은 진동 센서의 압전 소자의 직경 크기에 따른 전하 감도와 주파수 응답 특성을 비교하고 있다. 센서의 직

경이 클수록 전하 감도가 높으나 사용 주파수 대역폭은 좁은 것으로 나타남을 알 수 있다. 가속도계는 저주파 특성이 취약하였으나 최근 0.01Hz까지 측정이 가능한 가속도계가 개발되어 특수한 경우를 제외하고는 가속도계가 널리 사용된다.

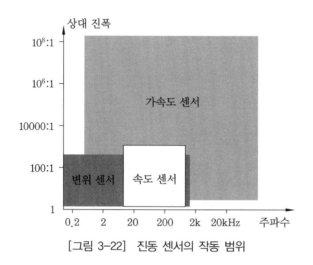

[그림 3-22] 진동 센서의 작동 범위

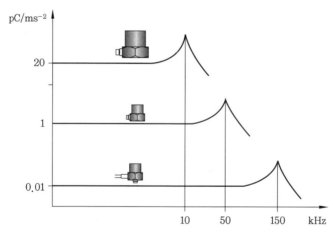

[그림 3-23] 진동 센서의 직경 크기에 따른 감도와 주파수 특성

3-2 진동 센서의 특성 비교

가속도계를 이용하여 측정된 가속도 신호는 미분 회로를 통하여 속도 및 변위 신호 형태를 분석할 수 있다. 그러나 가속도와 속도 신호는 측정하는 방법이 유사하므로 동일한 신호라 할 수 있으나, 변위계로 측정된 신호는 측정 방법과 여러 가지의 오차로 인하여 가속도계나 속도계로 측정한 신호와는 근본적으로 다르다.

가속도계는 고주파 성분이 탁월하게 잘 나타나므로 기계의 결함 성분의 추출에 탁월하고, 속도계로 측정된 진동 신호는 설비의 열화 상태의 경향 관리에 적절하다. 변위계로 측정된 진동 신호는 저주파 특성이 탁월하므로 저속으로 회전하는 대형 기계의 밸런싱 작업에 유용하게 활용된다.

3-3 진동 센서의 설치

(1) 변위계

와전류형 변위계의 설치는 [그림 3-24]의 (a)에 나타난 바와 같이, 회전축과 적당한 초기 변위 d_0만큼 떨어져 붙인다. 따라서 센서가 진동체인 회전축과 함께 움직이지 않는다.

보통, 변위계의 출력은 같은 그림 (b)에 나타난 바와 같이 변위 d가 크게 됨에 따라서 부하 전압이 커지게 되도록 설계되어 있다. 변위의 측정은 이 그림의 직선 부분에서 하며, 그 초기 변위 d_0를 그 중심선에 일치하도록 설정할 필요가 있다.

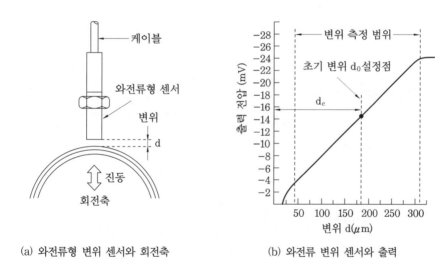

(a) 와전류형 변위 센서와 회전축   (b) 와전류 변위 센서와 출력

[그림 3-24] 와전류형 변위계의 부착법

그런데 회전 기계의 진단을 행할 경우, 그 회전축의 중심이 어느 위치에 있고 어떠한 운동을 하는가를 알 필요가 있다. 그를 위해서는 회전축의 반경 방향의 진동 범위를 서로 90° 떨어진 2개의 변위계로 측정해야 한다.

[그림 3-25]의 (a)와 (b)는 시계 방향의 회전 경우와 가역 회전인 경우에 센서의 부착 위치를 나타낸 것이다.

변위 측정에 있어서는 베어링이나 디지털(digital)의 강성 등에 의해 측정 포인트를 깊이 생각하지 않으면 오차가 발생하게 된다.

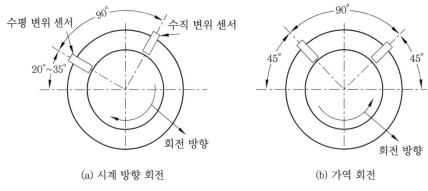

(a) 시계 방향 회전   (b) 가역 회전

[그림 3-25] 와전류 변위계의 부착 위치

(2) 속도계

[그림 3-26]은 동전형 센서의 부착법과 접촉 공진 주파수 fc를 나타내고 있다. 이 타입의 센서는 통상 1,000Hz 이하에서 사용되지만 그림 (b), (c)와 같은 부착법을 사용할 때는 우선 접촉 공진을 고려할 필요가 있다.

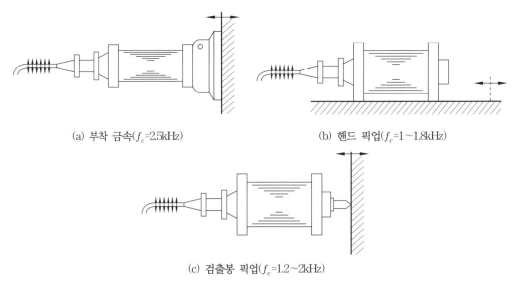

(a) 부착 금속(f_c=2.5kHz)   (b) 핸드 픽업(f_c=1~1.8kHz)

(c) 검출봉 픽업(f_c=1.2~2kHz)

[그림 3-26] 동전형 센서의 부착법과 접촉 공진 주파수

(3) 가속도계

가속도계는 원하는 측정 방향과 주 감도축이 일치하도록 부착되어야 한다. 가속도계는 교차 방향의 진동에도 어느 정도 민감하나, 일반적으로 교차 방향의 감도는 주축 방향의 감도에 비해 1% 정도이므로 무시될 수 있다.

어떤 물체에 대한 진동 측정의 목적은 측정점의 위치를 결정해 준다. 예로서 그림의 베어링 하우징을 보자. 여기에서 가속도 측정의 목적은 축과 베어링의 운전 상태를 점검하는 것이다. 가속도계는 베어링으로부터의 진동에 대해 직접적인 통로에 설치되어야 한다.

[표 3-1] 압전형 가속도계의 부착법과 특징

부착 방법	특 징
철제 고정	최적의 부착법으로 주파수 특성은 거의 센서 자체의 그것으로 보면 좋다.
절연체, 절연 나사	절연나사에 의한 고정 전기적 절연이 필요한 때에 이용한다.
강성이 강한 전용 금속판 접착제	접착제에 의한 고정 절연과 동일하게, 주파수 특성을 10kHz까지 기대할 수 있다.
강성이 높은 왁스	왁스에 의한 고정 주파수 특성은 좋으나 온도에 약한 것이 단점이다.
검출단과 전기적으로 절연시킨 자석	자석에 의한 고정 주파수 특성은 1~2kHz까지밖에 기대할 수 없다.
검출봉	손에 의한 고정 주파수 특성은 수백 Hz까지밖에 기대할 수 없다.

측정점에 가속도계를 고정하는 방법은 실제 진동 측정으로부터 정확한 결과를 얻기 위한 결정적인 요소 중의 하나이다. 부적절한 고정은 공진 주파수의 감소를 초래하여 가속도계의

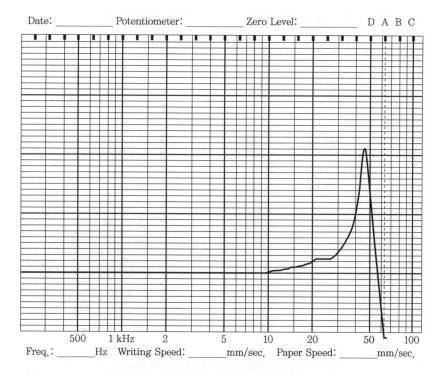

[그림 3-27] 속도계의 접촉 공진 주파수

유용 주파수 한계를 제한하므로 주의해야 한다. 이상적인 고정 방법은 평탄하고 매끈한 표면에 나사로 고정한다. 가속도계를 설치하여 고정시키기 전에 고정면 사이에 얇은 실리콘 그리스나 왁스를 첨가한다면 고정 강성이 증대될 수 있다.

(가) 나사 고정

나사 고정을 위하여 센서의 설치 부위에 탭 구멍은 그 나사못이 가속도계의 베이스 속으로 힘을 가하지 않도록 충분히 깊도록 가공한다.

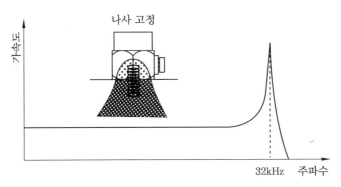

[그림 3-28] 나사 고정 시 접촉 공진 주파수

① 사용 주파수 영역이 넓고 정확도 및 장기적 안정성이 좋다.
② 가속도계의 이동 및 고정 시간이 길다.
③ 먼지, 습기, 온도의 영향이 적다.
④ 고정 시 구조물에 탭 작업이 필요하다.

(나) 에폭시 시멘트 고정

영구적으로 가속도계를 기계에 설치할 경우 드릴이나 탭을 사용하여 구멍을 뚫을 수 없을 때 사용한다.

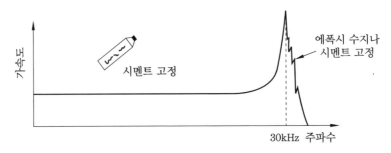

[그림 3-29] 시멘트 고정 시 접촉 공진 주파수

① 고정에 빠르다.

② 사용 주파수의 영역이 넓고 정확도와 정기적 안정성이 좋다.

③ 먼지와 습기는 접착에 문제를 발생시킬 수 있다.

④ 에폭시를 사용할 경우 고온에서 문제가 발생할 수도 있다.

⑤ 가속도계를 뗄 때 구조물에 에폭시가 남아 있다.

(다) 밀랍 고정

밀랍(bees-wax)의 얇은 막을 사용하여 고정면에 가속도계를 고정한다. 온도가 높아지면 밀랍이 녹아 부드러워지므로 사용 범위를 40℃ 이하로 제한한다.

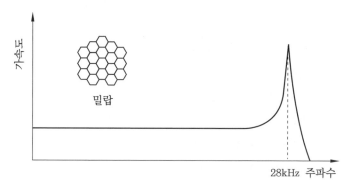

[그림 3-30] 밀랍 고정 시 접촉 공진 주파수

① 가속도계의 고정 및 이동이 용이하다.

② 적당한 사용 주파수 영역과 정확성

③ 장기적 안정성이 안 좋다.

④ 먼지, 습기, 고온은 접착에 문제를 발생시킨다.

⑤ 사용 후 구조물의 접착면을 깨끗이 할 수 있다.

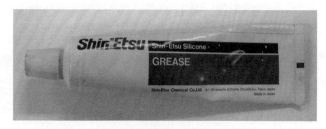

(a) 왁스   (b) 실리콘 그리스

[그림 3-31] 센서의 부착제

(라) 자석 고정

영구자석은 측정 지침이 평탄한 자성체일 때 쓰이는 간단한 부착 방법이다.

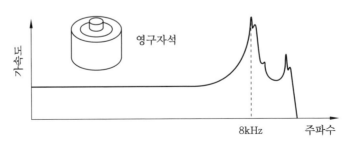

[그림 3-32] 영구자석 고정 시 접촉 공진 주파수

① 가속도계의 고정 및 이동이 용이하다.
② 사용 주파수 영역이 좁고 정확도가 떨어진다.
③ 작은 구조물에는 자석의 질량 효과가 크다.
④ 습기는 문제가 없다.
⑤ 먼지와 고온은 접착력을 약화시킨다.
⑥ 측정 구조물에 손상을 주지 않는다.

(마) 절연 고정

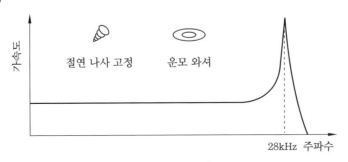

[그림 3-33] 절연 나사못과 운모 와셔로 고정 시 접촉 공진 주파수

운모 와셔와 나사못은 가속계의 몸체가 측정물로 부터 전기적으로 절연되어야 하는 곳에 사용된다. 이것은 접지 루프를 방지하는 역할을 하며 주위의 영향을 받는 곳에서는 더욱 필요하다. 두꺼운 운모 와셔로부터 얇은 막을 벗겨내어 사용한다.

(바) 손 고정

꼭대기에 가속도계가 고정된 막대 탐촉자(hand-hold probe)는 빠른 측정에는 편리하나, 손의 흔들림으로 인해서 전체적인 측정 오차가 생길 수 있어 반복되는 측정 결과의 신뢰성

4. 진동 센서의 영향   77

이 결여된다.

　　① 가속도계의 이동이 용이하다.

　　② 사용 주파수 영역이 매우 좁고 정확도가 떨어진다.

　　③ 일정한 하중을 가하기 힘들므로 측정 오차가 크다.

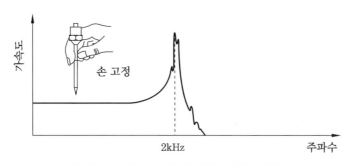

[그림 3-34]   손 고정 시 접촉 공진 주파수

4.　진동 센서의 영향

4-1　온도의 영향

　가속도계 사용 환경의 온도가 급격히 변하면 온도 영향이 가속도계의 출력(output)으로 나타나는 수가 있다. 그러나 델타 전단형(delta shear type)의 가속도계에서는 이 영향이 매우 작게 나타난다. 이러한 이유는 온도 변동의 대체로 압전 소자(piezoelectric material)의 극성 방향에 수직인 표면에만 나타나게 되어 구조상 영향이 미약하게 된다. 이 점이 델타 전단형 가속도계를 주로 선택하게 되는 이유 중의 한 가지가 된다.

4-2　마찰 전기 잡음

　가속도계 사용 도중 가속도계의 케이블이 진동하게 되면 케이블 내부의 철망(screen)이 내부 절연체(insulation around inner core)로부터 벗어나게 되며, 이때 철망과 내부 절연체 사이에 전기장이 발생하여 이것이 철망에 전류를 유도하여 가속도계를 사용할 때 잡음 성분으로 나타나게 된다. 따라서 잡음 발생이 적은 전용 케이블을 사용하며, 가속도계 사용 시 케이블을 피측정물 표면에 접착 테이프 등으로 부착하여 움직이지 않게 하면 방지할 수 있다.

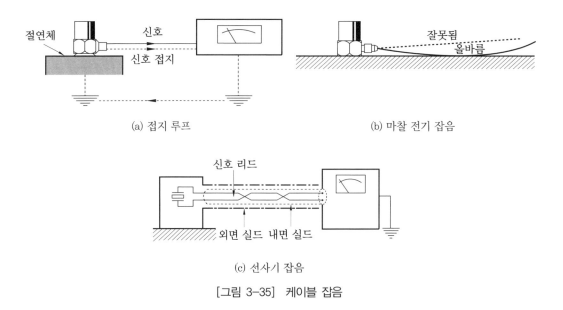

(a) 접지 루프   (b) 마찰 전기 잡음

(c) 선사기 잡음

[그림 3-35] 케이블 잡음

4-3 환경 조건의 영향

(1) 기저부 응력 상태(base strain)

기저부의 응력에 의한 영향은 가속도계의 기저부를 두껍게 설계하여 줄일 수 있다.

(2) 습기(humidity)

가속도계 자체는 기밀이 아주 잘 유지된 상태이지만 커넥터와의 연결 부위에서 문제가 생길 우려가 있으므로 습기가 많을 때는 실리콘 접착제를 연결 부위에 도포해 주는 것이 좋다.

(3) 음향(acoustic)

가속도계가 측정하는 진동 신호에 비해 그 영향은 무시될 수 있다.

(4) 내식성(corrosive substances)

가속도계의 외곽은 부식성 물질에 대한 내식성이 강한 재질로 만들어져 있다.

(5) 자기장(magnetic field) :

기장에 대한 민감도(sensitivity)는 0.01~0.25ms-2/k Gauss 이하이다.

(6) 방사능 강도(gamma radiation)

10kRad/h 이내 및 누적 조사량 2MRad 이내의 환경에서는 거의 영향 없이 사용될 수 있다.

4-4 진동 센서의 측정 방향

일반적으로 진동 센서를 이용하여 기계 설비의 진동을 측정하는 경우에 수평 방향(H), 수
직 방향(V), 축 방향(A)으로 베어링에 대하여 세 방향의 값을 측정한다.

이처럼 한 개의 측정점에 대하여 세 방향의 값을 관리하는 방법은 1방향 값만을 관리하는
것에 비하여 좋을 수 있지만, 진동 계측에 의해 기계 설비를 경향 관리법에 의하여 열화를
관리하는 경우에는 1개의 측정점에 대한 1방향만의 값을 감시해도 충분할 수도 있다. 이것
은 점검 작업이나 기록 관리의 효율화의 점에서도 유리하다.

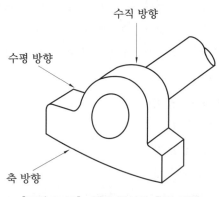

[그림 3-36] 진동 센서의 측정 방향

물론 1개의 측정점에 대하여 1방향 값 이외는 측정하지 않는 경우라도 그 방향을 결정하
기 위해서는 세 방향의 진동 측정을 실시하고 그 값을 비교 검토하여야 한다.

어떤 방향에 진동 센서를 붙이는 것이 좋은가는 열화의 종류와 열화에 의한 진동이 전달
되기 쉬운지에 따라 다르지만 기본적인 것은 [그림 3-37]과 같다.

베어링이 스러스트를 받고 있는 경우 진동 센서는 A 방향에 부착되는 쪽이 감도가 좋다.
또 상하에 경사진 형상을 가진 베어링 상자의 진동은 V 방향보다도 H 방향 쪽에서 측정하
는 것이 좋다.

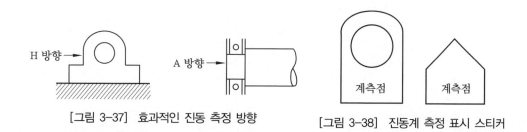

[그림 3-37] 효과적인 진동 측정 방향　　[그림 3-38] 진동계 측정 표시 스티커

4-5 진동 측정 시 주의 사항

실제로 기계 설비의 진동을 측정하여 그 값이 크거나 작아서 기계 설비의 상태를 논하게 될 때 주의해야 할 사항이 몇 가지가 있다. 전회 측정 시보다도 진동이 크게 보이는 경우에도 자세히 조사해 보면 측정 조건이 전회와 다르다는 것이 원인임을 잘 알 수 있다. 실제 측정 시 주의해야 할 점 중에서 가장 중요한 것은 항상 동일 조건으로 측정하여야 하는 것이다.

조건의 제일은 앞서도 언급한 진동 센서의 부착 문제이다.

① 언제나 동일 포인트로 부착할 것(장소, 방향)

② 언제나 동일 센서의 측정기로 사용할 것

[그림 3-41]과 같은 스티커를 붙이거나 표시를 해 두는 것도 하나의 아이디어이다. 이때 센서 부착면의 상태에도 주의해야만 한다. 즉, 센서 부착 면에 먼지나 녹이 있으면 이것을 제거하여 센서를 부착하는 것이 좋다. 그렇지 않으면 먼지나 녹 때문에 센서의 특성이 크게 변하여 측정 오차의 원인이 된다.

제2의 조건은 측정 조건에 관한 것이다.

① 항상 같은 회전수일 때에 측정할 것

② 항상 같은 부하일 때에 측정할 것

③ 윤활 조건을 항시 같게 유지할 것

일반적으로 진동의 크기는 회전수의 2승에 비례하여 커진다. 따라서 ①의 조건과 같이 항시 같은 회전수로 계획하는 것이 중요한 의미를 갖는다. 최근에는 교류 전동기로도 회전수 가변 전동기가 많으므로 특히 주의가 필요하다.

|핵|심|문|제|

1. 진동 측정용 센서에 대하여 종류를 들고 설명하시오.

2. 전치 증폭기에서 전하 방식과 전압 방식의 차이점을 설명하시오.

3. 와전류형 비접촉식 변위 센서의 측정 원리를 설명하시오.

4. 압전형 가속도 센서의 부착 방법과 그에 따른 접촉 공진 주파수 특성을 비교하시오.

5. 모터 축의 떨림을 측정하고자 할 때 적합한 진동 센서를 선정하고 센서의 설치 방법을 설명하시오.

6. 진동 센서의 설치 시 주위 환경의 영향을 설명하시오.

7. 진동 센서에 의한 진동 신호의 측정 방향을 그림으로 그려서 나타내고 각 방향에 다른 결함 신호의 검출 특성을 설명하시오.

|연|습|문|제|

1. 회전기계 주축의 1분간 회전수를 N이라 할 때 이 주축이 회전할 때 발생되는 회전 주파수 (Hz)는?

㉮ N ㉯ 60N ㉰ $\dfrac{N}{60}$ ㉱ $\dfrac{60}{N}$

2. 진동을 측정할 때 진동 센서의 부착 위치가 올바른 것은?

㉮ 베어링 하우징 ㉯ 커플링의 연결 부분
㉰ 플라이 휠(fly wheel)의 외주 부분 ㉱ 맞물림 기어의 구동 부분

3. 주파수 응답이 가장 좋은 가속도계 부착 방법은?

㉮ 비왁스 ㉯ 마그네틱 ㉰ 손 고정 ㉱ 나사 고정

4. 베어링의 결함 유무를 측정하고자 할 때 사용되는 진동 측정용 센서는?

㉮ 변위계 ㉯ 속도계 ㉰ 가속도계 ㉱ 레벨계

5. 주파수, 진폭 및 위상이 같은 두 진동이 합성되면 어떠한 진동 형태로 되는가?

㉮ 주파수, 진폭 및 위상이 두 배로 증가한다.
㉯ 주파수와 위상은 변동 없고 진폭만 두 배로 증가한다.

해답 1. ㉰ 2. ㉮ 3. ㉱ 4. ㉰ 5. ㉯ 6. ㉯

    ④ 주파수와 진폭은 변하지 않고 위상이 변한다.

    ④ 진폭과 위상은 변동 없고 주파수만 두 배로 증가한다.

6. 와전류형 변위 센서의 특징을 올바르게 설명한 것은?

    ㉮ 마그네틱 방식으로 미소 변위의 측정이 가능하지만 측정 주파수 대역이 좁다.

    ㉯ 비접촉식 방식으로 미소 변위 측정이 가능하지만 설치상 기술이 요구된다.

    ㉰ 접촉식 방식으로 미소 변위의 측정이 가능하다.

    ㉱ 비접촉식 방식으로 큰 진동 변위와 고주파수 성분의 진동 측정에 널리 사용된다.

7. 다음 중 변위 센서에 해당하는 것은?

    ㉮ 압전형   ㉯ 서보형   ㉰ 동전형   ㉱ 와전류형

8. 회전 기계 장치에서 베어링의 결함 유무를 측정하고자 할 때 가장 적합한 센서는?

    ㉮ 속도계   ㉯ 변위계   ㉰ 가속도계   ㉱ 레벨계

9. 가속도 센서를 물체에 고정할 때 밀랍 고정의 장점이 아닌 것은?

    ㉮ 고정 및 이동이 용이하다.

    ㉯ 장기적 안정성이 좋다.

    ㉰ 적당한 사용 주파수 영역과 정확성이 좋다.

    ㉱ 주위 온도에 영향을 받지 않는다.

10. 가속도 센서의 부착 방법 중 세너마그네틱 고정 방식의 특징이 아닌 것은?

    ㉮ 가속도계의 고정 및 이동이 용이하다.

    ㉯ 작은 구조물에는 자석의 질량 효과가 크다.

    ㉰ 습기에는 문제가 많다.

    ㉱ 장기적인 안정성이 좋다.

11. 베어링이 트러스트를 받고 있는 경우 진동 센서는 어느 방향으로 부착하는 것이 좋은가?

    ㉮ 수직 방향   ㉯ 수평 방향   ㉰ 축 방향   ㉱ 45° 방향

12. 비감쇠 1자유도 진동 시스템에서 스프링 상수 k(kgf/mm), 질량 m(kg)일 때 고유 진동 주파수 f에 대한 수식을 올바르게 나타낸 것은?

    ㉮ $f = \dfrac{1}{2\pi}\sqrt{\dfrac{k}{m}}$ ㉯ $f = \sqrt{\dfrac{k}{m}}$ ㉰ $f = \dfrac{1}{2\pi}\sqrt{\dfrac{m}{k}}$ ㉱ $f = 4.98\sqrt{\dfrac{k}{m}}$

13. 시스템의 고유 진동 주파수 f를 2배로 증가시키기 위한 정적 처짐량 δ의 값은?

    ㉮ 2배로 증가   ㉯ 1/2로 감소   ㉰ 4배로 증가   ㉱ 1/4로 감소

해답   7. ㉱   8. ㉰   9. ㉱   10. ㉱   11. ㉰   12. ㉮   13. ㉱

제4장

진동 신호 처리

▐ 1. 개요

    기계 상태를 판단하기 위하여 수집한 데이터는 매우 복잡한 특성을 가지므로 신호 처리가 요구되며, 필요에 따라 시간 대역과 주파수 대역에서 해석을 통하여 필요한 신호를 분석하게 된다. 이와 같은 신호는 한 개 이상의 독립 변수를 수학적 함수로 표시하며 신호는 다음과 같이 분류할 수 있다.

    ① 연속 신호(continuous-time signal) : 연속적인 시간 t에 의하여 정의되는 신호

    ② 이산 신호(discrete-time signal) : 특정한 시간에서 간헐적으로 나타나는 신호

    ③ 불규칙 신호(random signal) : 신호의 특성을 함수로 표현할 수 없어 확률 밀도 함수나 통계값(평균값, 분산값)으로 나타내는 신호

    ④ 디지털 신호(digital signal) : 연속 신호를 샘플링하여 이산 신호로 양자화하여 변환하여 얻은 신호

    진동 신호는 오실로스코프를 이용하면 실시간으로 변화하는 진동 현상을 관측할 수 있다. 이것은 진동을 진폭 대 시간으로 취하는 것이며 시간을 중심으로 하는 해석이 된다. 그런데 이러한 시간 영역의 해석에서는 주파수를 정량적으로 파악할 수 없다. 이것은 대부분의 진동은 단일 주파수로 구성되어 있는 것이 아니고 많은 주파수 성분이 서로 중복되어서 진동 현상을 나타나고 있기 때문이다. 따라서 진동 센서를 통하여 신호를 검출하여 변환기로 1차 처리한 데이터를 해석할 때에 시간 영역, 주파수 영역, 진폭 영역의 세 가지 관측면에서 표현 방법을 취할 수 있다.

    시간 영역의 표시란 이들의 신호를 오실로스코프(oscilloscope)에 입력하여 관측하는 경우와 같으나 신호의 진폭이 시간과 함께 어떻게 변화하는가를 나타내는 표시방법이다. 디지털 FFT분석기에는 시간 영역을 표시하는데 덧붙여서 그 신호로부터 나오는 특징적인 성분을 각 주파수마다 레벨(level)로 분해하고 표시하는 주파수 영역도 표현할 수 있게 된다.

[그림 4-1] 신호 처리 장치 B & K(PULSE)

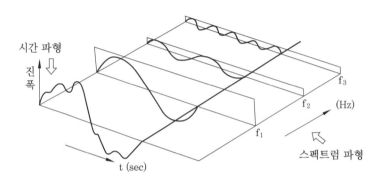

[그림 4-2] 시간 대역과 주파수 대역의 진동 신호

이러한 시간 영역의 신호에서 주파수 영역의 신호로 변화하는 것을 주파수 분석이라고 한다. 주파수 영역의 정보는 입력 신호를 보다 이해하기 쉬운 형태로 변환한 것이기 때문에 기계의 진동에 대한 이상을 미리 아는데 실제로 관측하는 목적에는 보다 적합한 데이터라고 할 수 있다.

2. 신호 처리 시스템

신호 처리 시스템의 기본 구성은 진동 신호의 검출부, 변환부 및 신호 처리부로 구성된다. 회전 기계에서 발생하는 진동 또는 소음 등과 같은 물리량을 검출하여 전기 신호로 변환하는 센서(sensor)에 전치 증폭기(pre-amplifier)의 기능이 있을 때 변환기(transducer)라 한다. 이와 같이 변환기를 통하여 추출된 신호는 증폭기(amplifer)를 통하여 신호가 증폭된다.

증폭기에서 나오는 신호는 아날로그 신호이므로 신호 그 자체는 숙련자가 듣고 있는 소리와 거의 같은 상태이다. 그 신호를 디지털 신호로 변환하여 해석하는 FFT 분석기의 부분이 경험에 비추어서 숙련자가 머릿속에서 정보를 처리하고 판단하는 부분의 일부라고 말할 수 있다.

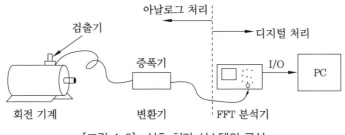

[그림 4-3] 신호 처리 시스템의 구성

FFT(Fast Fourier Transform)는 "모든 반복되는 신호는 여러 개의 사인(sine) 함수와 코사인(cosine) 함수의 합으로 나타낼 수 있다."는 프랑스 수학자 푸리에(Fourier)의 정의를 이용하여 이산 데이터 값들에 대하여 푸리에 변환 계산을 위한 알고리즘이다. 이와 같이 FFT 알고리즘(Algorithm)은 H/W 회로를 이용하여 매우 복잡한 시간 대역의 신호를 간단하고 매우 빠르게 주파수 대역의 신호로 변환시키는 역할을 한다.

우리 주위에서 작동하는 많은 기계에는 다양한 결함이 발생하여 크고 작은 진동이 발생된다. 이때 각각의 고장은 발생시키는 주파수가 서로 다르기 때문에 역으로 주파수를 분석하면 고장의 원인을 추적할 수 있다. 이것이 FFT 분석기가 갖는 중요성이라 할 수 있다.

2-1 신호 처리 기능

기계 진동 신호를 분석하는 경우에 측정된 복합 진동 성분을 시간 영역, 주파수 영역, 위상 영역 및 전달 특성을 FFT 분석기를 통하여 해석할 수 있다.

진동 현상과 그 진동원(vibration source)과의 상대적인 관계를 알기 위해서는 2채널의 분석기가 필요하게 된다. 2채널 FFT 분석기의 측정과 해석 기능은 일반적으로 다음과 같은 형태로 표현할 수 있다.

(1) 신호의 필요한 성분과 불필요한 성분의 분리
① 시간 평균(time record averaging)
② 선형 스펙트럼 평균(linear spectrum averaging)
③ 자기 상환 함수(auto correlation function)
④ 자기 파워 스펙트럼(auto power spectrum)

(2) 신호 내의 주파수 성분 측정

① 자기 상관 함수(auto correlation function)
② 자기 파워 스펙트럼(auto power spectrum)

(3) 신호원과 측정 점의 분리 및 추출

① 상호 상관 함수(cross correlation function)
② 상호 파워 스펙트럼(cross power spectrum)
③ 기여도 함수(coherence function)

(4) 전달 특성의 파악

① 전달 함수(transfer function)

2-2 디지털 신호 해석

신호 해석의 기본적인 방법인 푸리에 변환, 즉 고속 푸리에 변환(fast fourier transform : FFT) 알고리즘과 최신의 디지털 기술을 신호 해석에 도입하여 신호를 고속도로 처리하는 방식이 디지털 신호 해석이다.

디지털 기술이 발전하기 이전에는 아날로그 기술에 의하여 푸리에 변환을 처리하였기 때문에 본래의 푸리에 변환이 충분히 이루어지지 않았다. 디지털 기술을 응용하면 신호를 고속으로 처리할 수 있고 해석 주파수 범위를 쉽게 조절할 수가 있다.

푸리에 변환을 정식으로 디지털 계산기로 한 경우, 그 신호 데이터 수가 증가함에 따라 푸리에 변환의 연산 시간은 대단히 길어지고 실용상 기억장치의 용량도 아울러서 문제가 생기게 된다. 이것은 입력 신호를 시간축 상에서 N개의 샘플링으로 분할하고 한정된 푸리에 변환을 N^2회로 곱셈할 필요가 있기 때문이다. 그리하여 이것을 해결하고 실용상의 문제를 제거한 것이 1965년에 Cooly와 Tucky에 의하여 제안된 고속 푸리에 변환 알고리즘이다. 이것을 사용하면 입력 신호를 2개의 샘플링 시계열(time series)로 분할해서 계산하기 때문에 곱셈 회수를 N^2서부터 $(N/2)\log_2 N$회로 감소시킬 수 있다. 그리고 이러한 처리 방식을 일반적으로 FFT라고 한다.

또한 아날로그 처리에서 항상 문제가 되는 저주파 대역(low frequency band)의 해석에서도 디지털 기술을 사용하면 DC 성분의 높은 분해능과 높은 안정도가 해석되며, 확장성과 데이터 취급의 용이성 및 아날로그 해석 기술로는 행하지 못했던 많은 이점을 얻을 수 있다. 그리고 이러한 계측기나 계측 시스템으로 한 것을 디지털 신호 분석기 또는 FFT 분석기라고 한다.

3. 신호의 샘플링

컴퓨터를 이용하여 어떤 신호로부터 원하는 정보를 추출하기 위하여 신호 처리를 할 때는 먼저 A/D 변환기를 사용하여 연속적 신호(continuous signal 또는 analog signal)를 이산적 신호(discrete signal 또는 digital signal)로 바꾸어야 한다. 그러나 단순히 일정한 시간 간격으로 샘플링하면 되는 것이 아니라,

① 샘플링 시간은 얼마로 해야 할 것인가?
② 원하는 정보의 표현에 필요한 데이터 개수가 얼마인가?
③ 신호에 내포된 가장 높은 주파수는 얼마인가?
④ 신호 처리의 주파수 대역은 얼마인가?

등을 알아서 연속적 신호를 이산적 신호로 변화시켜 신호 처리하는 데 발생하는 여러 가지 문제점을 해결하여야 한다.

이와 같이 본격적인 신호 처리를 하기 전에 선행되는 처리를 신호의 전처리(signal preprocessing)이라 한다. 연속 신호가 일정한 시간 간격 $\triangle t$로 샘플링된 신호의 값을 데이터라 부른다.

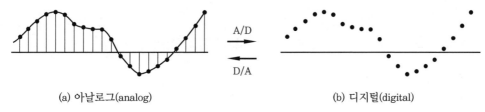

(a) 아날로그(analog)   (b) 디지털(digital)

[그림 4-4] A/D 변환과 D/A 변환

3-1 샘플링 시간

샘플링 시간(sampling time)이 큰 경우 [그림 4-5]에 나타난 현상과 같이 높은 주파수

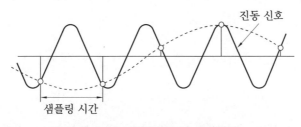

[그림 4-5] 엘리어싱(aliasing) 현상

성분의 신호를 낮은 주파수 성분으로 인지할 수가 있다. 이런 영향을 엘리어싱(aliasing)이라 부른다. 이와 같은 엘리어싱 현상을 방지하기 위해서는 샘플링 시간을 작게 해야 한다. 그러나 샘플링 시간을 지나치게 작게 한 경우, 필요한 데이터의 개수가 많아져 계산 시간이 많이 걸리게 되고, 또한 필요 이상으로 작은 샘플링 시간으로 인한 높은 주파수 영역에서의 잡음의 영향을 배제할 수가 없다.

데이터에 내포된 가장 높은 주파수 성분을 $f_{\max}$라 할 때, 엘리어싱 영향을 제거하기 위한 샘플링 시간 $\triangle t$는 나이퀴스트(Nyquist)의 샘플링 이론에 의하여

$$\triangle t \leq \frac{1}{2f_{\max}}$$

샘플링 주파수를 f_s라 하면 $f_s \geq 2f_{\max}$ 이므로

$$\triangle t = \frac{1}{f_s} \leq \frac{1}{2f_{\max}}$$

가 된다.

예를 들면, 데이터에 1000Hz의 높은 주파수 성분이 있을 때 엘리어싱 영향을 제거하기 위한 샘플링 시간은

$$\triangle t \leq \frac{1}{2f_{\max}} \leq \frac{1}{2 \times 1000} = 0.5(msec)$$

이내로 해야 한다.

3-2 샘플링 개수

신호 처리에 있어서 데이터의 개수는 많을수록 좋지만, 데이터의 개수가 많아지면 컴퓨터의 용량과 신호 처리 시간에 문제점이 발생하므로 어느 정도 제한을 두어야 한다. 그러면 얼마만큼의 데이터 개수를 수집하여야만 필요로 하는 정보를 비교적 정확하게 획득할 수 있을까 하는 것이 문제로 제시된다. 이것은 신호를 수집하는 대상, 즉 시스템의 대역폭(band width)에 달려 있다.

- 높은 주파수 성분(high frequency) $f_{\max} = \frac{f_s}{2}$ (Hz)

- 주파수 분해능(frequency resolution) $\Delta f = \frac{1}{T}$ (Hz)

- 측정 시간 길이(time record length) $T = N\Delta t$ (sec)

- 나이퀴스트 주파수(Nyquist frequency) $f_c = \dfrac{f_s}{2}\,(\text{Hz})$
- 샘플링 간격(sampling interval) $\Delta t = \dfrac{1}{f_s}\,(\text{sec})$
- 샘플링 개수(sampling number) $N = \dfrac{T}{\Delta t} = \dfrac{2f_{\max}}{\Delta f} = \dfrac{f_s}{\Delta f}$

예제 문제 1

주파수 분해능(최소 눈금) Δf를 5Hz로 하고 데이터 개수 N을 1024개를 취할 때 측정 시간 T, 샘플링 주파수 f_s 및 고주파수 성분 $f_{\max}$를 구하라.

풀이

$$T = \frac{1}{\Delta f} = \frac{1}{5} = 0.2\,\text{sec}$$

$$f_s = N\Delta f = 1024 \times 5\,Hz = 5120\,Hz$$

$$f_{\max} = \frac{f_s}{2} = \frac{5120}{2} = 2560\,Hz$$

예제 문제 2

높은 주파수 성분 $f_{\max} = 50\text{kHz}$로 하고 N=4096개를 취할 때, 샘플링 주파수 f_s, 주파수 분해능 Δf 및 측정 시간 T를 구하라.

풀이

$$f_s = 2f_{\max} = 2 \times 50,000\,Hz = 100\,kHz$$

$$\Delta f = \frac{1}{Nh} = \frac{1}{N\Delta t} = \frac{f_s}{N} = \frac{100,000}{4096} = 24.4\,Hz$$

$$T = \frac{1}{\Delta f} = \frac{1}{24.4} = 0.04\,\text{sec} = 40\,msec$$

3-3 데이터의 경향 제거 방법

수집된 데이터에는 $T = N\Delta t$보다 긴 주기를 갖는 낮은 주파수 성분의 신호나 또는 센서의 부정확한 조절 등으로 인하여 일정 상수값이 내포되는 경우가 있다. 이와 같이 여러 가

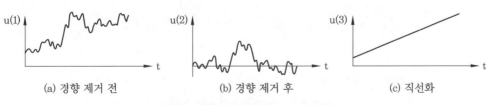

(a) 경향 제거 전 (b) 경향 제거 후 (c) 직선화

[그림 4-6] 경향을 제거한 데이터

지 원인으로 인하여 신호에 어떤 일정한 경향을 띠게 되는 경우에는 이런 경향을 제거해야
만 한다. 일반적으로 데이터의 경향(trend)을 제거하는 방법은 최소 자승법을 이용하는 것
이 보통이다.

3-4 주밍

FFT를 이용하여 스펙트럼 해석을 하는 경우 비교적 큰 주파수 성분을 내포하는 신호를
매우 작은 분해능(resolution)으로 해석하고자 할 때, 데이터의 개수 N이 매우 커야만 한
다. 그러나 FFT를 행할 때 PC에서 처리할 수 있는 최대 데이터 개수가 2,048개일 때 문제
점을 극복하는 방법이 데이터 주밍(data zooming) 방법이다.

FFT에서 주파수 영역에서의 분해능은 $\triangle f = 1/(N\triangle t)$로 주어지므로 분해능을 작게 하
기 위해서는 N을 증가시키든가, $\triangle t$를 크게 해야 하는데 N을 증가시키는 것은 제한이 있
으므로 $\triangle t$를 크게 해야 한다. 한편으로 FFT에서의 주파수 대역이 $f_c = \dfrac{1}{2\triangle t}$ 로 주어지므
로 $\triangle t$가 커지면 f_c가 작아진다. 이런 모순을 해결하기 위하여 푸리에 변환식을 이용한다.

① 샘플링 주파수 f_s (2,560Hz)
② 샘플링 개수   N$(=2^F)$ $(1,024=2^{10})$
③ 샘플링 주기 $\triangle t = \dfrac{1}{f_s}$ (3.906ms)
④ 샘플링 길이 $T(= N\cdot\triangle t)$ (0.4s)
⑤ 주파수 분해능 $\triangle f(= 1/T)$ (2.5Hz)
⑥ 시간 대역의 주파수 밴드 $400\triangle f$ (1kHz)

넓은 대역으로 주파수를 분석한 결과를 이용하여 특정 주파수 대역을 주밍하고자 한다.
그때 주파수 범위에는 관계없이 400분의 1의 분해능으로 표시되기 때문에 4000Hz라면
10Hz 간격으로 주밍된다.

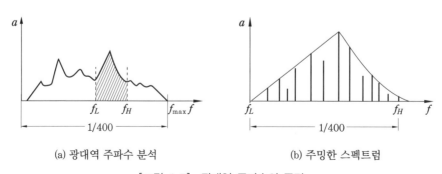

(a) 광대역 주파수 분석   (b) 주밍한 스펙트럼

[그림 4-7] 광대역 주파수의 주밍

[그림 4-7]과 같이 관심 있는 주파수 대역($f_L \sim f_H$)을 선택해서 화면 전체에 표시하면 $\frac{f_{\max}}{400} \rightarrow \frac{(f_H - f_L)}{400}$으로 분해되어 선스펙트럼으로 나타내는 기법을 주밍(zooming)이라 한다.

4. FFT 분석의 특징

4-1 개요

현재 사용되고 있는 일반적인 FFT 분석기의 기본 구성을 [그림 4-8]에 나타내고 있다. FFT 분석기의 기본적인 개념은 종래의 스펙트럼 분석기와 매우 비슷하나 스펙트럼 분석기는 GHz 단위의 고주파수 대역의 측정에 사용되지만 FFT 분석기는 40kHz 대역까지 사용할 수 있다.

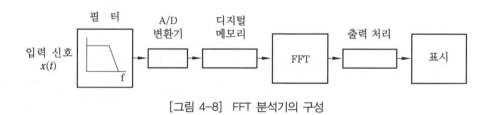

[그림 4-8] FFT 분석기의 구성

4-2 신호 처리 흐름

FFT는 시간 영역의 신호를 주파수 영역으로 변환시키는 알고리즘이므로 신호를 주파수 영역으로 연속적으로 변환할 수는 없다. 먼저 샘플링을 한 후에 디지털로 변환해야 한다. 따라서 시간 영역에서 샘플링된 자료가 주파수 영역에서의 샘플로 디지털화되는 것을 의미한다. 샘플링으로 인해 두 영역에서 원래의 신호를 동일하게 나타낼 수는 없으나 샘플링 간격이 작을수록 샘플링된 신호는 원래의 신호에 근사하게 된다.

샘플링된 데이터는 규정된 타임 레코드가 될 때까지 타임 버퍼(time buffer)에 고속으로 저장된다. 타임 버퍼에서 타임 레코드가 완성되면 선정된 윈도 함수(window function)가 필요한 신호를 추출하여 메모리에 저장한다. 저장된 샘플링 신호(sampling signal)를 디지털 프로세서(digital processor)에 의하여 고속 푸리에 변환하여 파워 스펙트럼이나 전달 함수 등을 구하여 최후에 이들을 측정한 결과를 화면에 표시한다.

FFT 연산은 푸리에 변환을 근사화한 소위 이산 푸리에 변환(discrete fourier transfor

m : DFT)을 계산하는 데 매우 효과적인 방법이지만 DFT의 유한성과 불연속성에 의해 ①
엘리어싱(aliasing) ② 타임 윈도(time window) ③ 피켓 펜스(picket fence) 효과 등의 결
점이 나타난다.

4-3 엘리어싱

(1) 엘리어싱의 샘플링 정리

　엘리어싱(aliasing)은 아날로그 신호를 디지털로 변환할 때 발생되는 직접적인 결과로서,
아날로그 신호의 고주파 성분이 디지털 변환 과정에서 저주파 성분과 뒤섞여 구분할 수 없
게 되는 현상이다. 이것을 주파수의 반환 현상이라 하며, 어떤 최고 입력 주파수를 설정했
을 때 이보다도 높은 주파수 성분을 가진 신호를 입력한 경우에 생기는 문제이다. 샘플링
정리에 의하면 샘플링 비(sampling rate)는 샘플링되는 신호에서 가장 높은 성분의 2배 이
상이어야 한다. 즉 각 주파수의 한 사이클(cycle)에 대하여 2점 이사의 샘플점이 필요하다.
이것은 다음과 같은 식으로 표현할 수 있다.

$$f_{\max} \leq \frac{1}{2\Delta t}$$

위 식과 샘플링 주파수 f_s와 관계는 다음과 같이 나타낼 수 있다.

$$f_{\max} \leq \frac{1}{2\Delta t} = \frac{f_s}{2}$$

엘리어싱을 구체적인 예로 설명한다. 샘플링 주파수가 100kHz일 때 A/D 변환기를 갖는
FFT 분석기는 50kHz 이하의 성분은 정확히 분석된다. 그러나 그 이상의 주파수 성분은 엘
리어싱에 의하여 저주파로 반환하게 된다. [그림 4-9]에서 실선의 파형은 샘플링되는 입력
파형이며 80kHz이다. 이것은 세로줄로 표시한 것처럼 100kHz로 샘플링되고 있다.

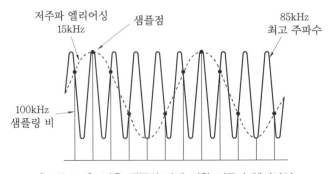

[그림 4-9] 낮은 샘플링 비에 의한 저주파 엘리어싱

이 경우에는 각 사이클에 대해 2회 이하의 샘플이므로 각 샘플링 점을 사인파(sine wave)로 연결한 것으로 되어 그 결과 주파수는 실제보다 낮은 15kHz로 된다. 즉 85kHz의 성분이 100kHz에서 샘플링될 때에 그것은 15kHz의 성분으로서 나타나는 오류가 발생한다.

[그림 4-10]은 샘플링 주파수가 100kHz일 때 최대 주파수는 절반인 50kHz에서 반환점으로 나타나며, 이것은 100kHz의 신호를 100kHz의 샘플링 주파수로 샘플링할 때에 모든 사이클로 동일한 점에서 한회가 샘플링되기 때문에 이것을 연결한 것은 직선, 즉 DC 성분이 되는 것으로 보아도 직관적으로 알 수 있다.

그런데 실제의 측정에서는 입력 신호의 주파수 대역을 완전하게 한정시키는 것은 어렵다. 이것을 방지하기 위하여 안티 엘리어싱 필터(anti-aliasing filter)라고 하는 저역 통과 필터(low pass filter)를 사용한다.

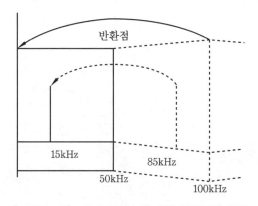

[그림 4-10] 최대 주파수에 대한 엘리어싱 현상

(2) 엘리어싱 방지 필터의 특성

샘플링 주파수(100kHz)의 절반 주파수(50kHz)에서 직각으로 감쇠하는 이상적인 저역 통과 필터는 불가능하다. 실제로는 점차적인 롤 오프(roll off)와 입력 신호를 한정시키는 컷

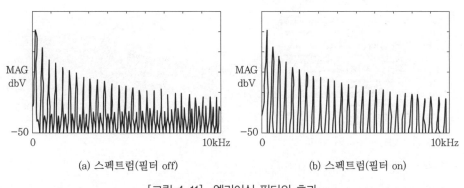

(a) 스펙트럼(필터 off)   (b) 스펙트럼(필터 on)

[그림 4-11] 엘리어싱 필터의 효과

오프(cut off) 주파수에 관한 특성을 갖는다. 천이 대역(transition band) 안에 충분히 감쇠되지 않은 큰 신호는 이 경우에도 입력 주파수 내에 반환 성분으로서 남는다. 따라서 사용할 수 있는 주파수 범위는 샘플링 주파수의 절반 이하로 사용된다. 이것은 샘플링 비를 최대 입력 주파수의 3~4배로 한다는 의미에서 25kHz의 해석 대역을 갖는 FFT 분석기라면 100kHz의 A/D 변환기가 필요하게 된다.

4-4 필터링

기계 설비에서 발생하는 진동은 기계적인 진동 성분과 신호 분석에서 불필요한 진동 성분들이 포함되어 있으므로 설비 진단 시 필요한 진동 신호만 추출하기 위해서 전체 신호(full signal)로부터 어떤 특정 주파수 범위만의 신호를 추출하는 것을 필터링(filtering)이라 하며, 신호 처리기를 필터(filter)라 한다.

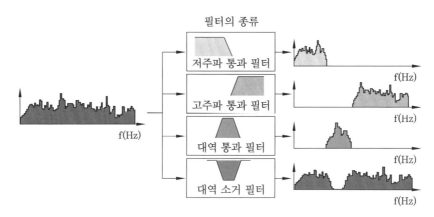

[그림 4-12] 디지털 필터의 종류

[그림 4-12]와 같이 주파수의 전대역이 DC~40kHz이고 설정된 주파수 대역폭이 1~4kHz일 때 디지털 필터의 적용 예는 다음과 같다.

① 저주파 통과 필터(low pass filter : LPF)
  - LPF=(0~4)kHz
  - 설정된 4kHz 이하의 주파수 성분만 통과
② 고주파 통과 필터(high pass filter : HPF)
  - HPF=(1~40)kHz
  - 설정된 1kHz 이상의 주파수 성분만 통과
③ 대역 통과 필터(band pass filter)
  - BPF=(1~4)kHz

- 설정된 주파수 대역의 성분만 통과
④ 대역 소거 필터(band stop filter)
- BSF = (0~1) + (4~40)kHz
- 설정된 주파수 대역 제외한 성분만 통과

4-5 시간 윈도

획득한 신호를 FFT 분석기로 분석하려고 할 때에 기본적인 처리로서 윈도 함수 (window function) 처리가 있다. 이 기능은 무한한 길이의 데이터에 대하여 한정된 길이의 시간 데이터만을 추출하고 이것을 샘플 블록으로 입력하여 주파수 스펙트럼을 계산한다. 또한 FFT 알고리즘은 입력 신호를 주기화하는 신호로서 처리한다. 즉 추출한 일정한 시간 성분이 기록되어 반복된다는 가정에서 신호 해석이 된다. 이것은 [그림 4-13]에 잘 나타냈다.

따라서 [그림 4-14]와 같이 기록된 시간 성분이 입력 신호의 주기에 대해 정수배이면 FFT 알고리즘의 가정은 입력 파형과 정확하게 일치한다. 이와 같은 입력 파형을 시간 기록 (time record) 안에서 주기화되고 있다고 한다. 그런데 주기화되지 않은 파형은 FFT 분석기에서 실제 입력파형과 다른 왜곡된 파형으로서 계산, 처리하게 된다.

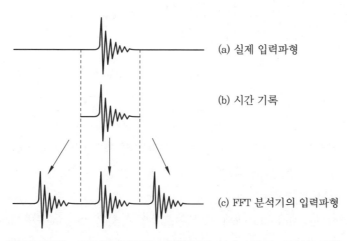

(a) 실제 입력파형

(b) 시간 기록

(c) FFT 분석기의 입력파형

[그림 4-13] FFT 알고리즘의 가정(기록된 시간 신호를 1주기로 반복)

이와 같이 시간 기록의 파형이 비주기적일 때는 기록되는 길이가 유한하기 때문에 생긴다. 스펙트럼은 1/T 간격(T는 기록 길이)으로 분리된 주파수에서 계산되기 때문에 FFT 분석기에서는 시간 기록이 주기 T인 주기 신호의 한 주기인 것으로 취급된다.

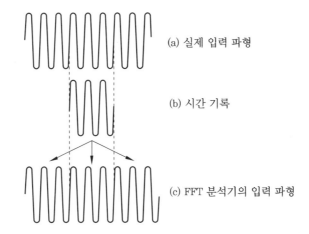

(a) 실제 입력 파형

(b) 시간 기록

(c) FFT 분석기의 입력 파형

[그림 4-14] 시간 기록의 파형이 주기적일 때(입력 파형과 일치)

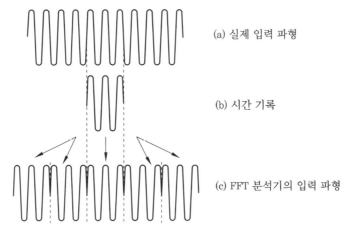

(a) 실제 입력 파형

(b) 시간 기록

(c) FFT 분석기의 입력 파형

[그림 4-15] 시간 기록의 파형이 비주기적일 때(입력 파형과 불일치)

시간 기록은 신호의 길이 T(time window function)가 먼저 곱해지고 그 결과인 단편들이 연결된 것으로 간주될 수 있다. 시간 윈도가 사각형의 파형(flat window)이고 본래 신호가 T보다 긴 경우 미지의 불연속성이 연결 이음매에서 발생할 수 있으며, 이것이 본래의 신호에는 없던 가짜 성분을 만들어 낸다.

실제로 시간 영역(time domain)에서 시간 윈도와의 곱셈은 주파수 영역에서 시간 윈도의 푸리에 변환과의 콘볼루션(convolution)에 해당하므로 타임 윈도는 필터 특성의 역할을 하게 된다. 그 해결책은 불연속성이 없도록 하기 위하여 기록의 양끝에서의 함수값과 기울기가 0인 다른 윈도 함수를 사용한다. 여기서 윈도 함수는 일반적으로 해닝 윈도(hanning window)가 선택되며, 그 필터 특성은 [그림 4-16]에서 플랫톱 윈도(flat top window)와 비교하여 나타내고 있다.

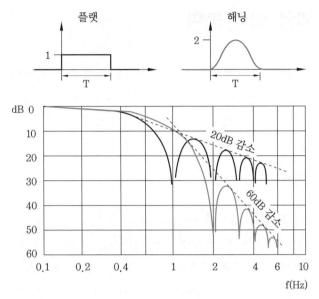

[그림 4-16] 플랫 윈도와 해닝 윈도 함수의 비교

여기서 해닝 윈도가 플랫톱 윈도에 비하여 사이드 특성이 훨씬 더 급속히 떨어지며, 밴드폭이 50% 증가해도 전반적인 특성이 더 잘 나타남을 알 수 있다.

[표 4-1]은 FFT 분석 시 일반적으로 사용되는 대표적인 윈도 함수를 나타내고 있다. FFT 분석기가 대상으로 하는 신호의 종류, 그 측정 기능, 활용법 그리고 개개의 목적에 맞는 정확한 측정을 생각하면 적어도 3가지 종류의 윈도 함수가 필요하게 된다.

① 주기 신호에는 플랫톱 윈도(flat top window)
② 랜덤 신호에는 해닝 윈도(hanning window)
③ 트랜젠트 신호에는 구형 윈도(rectangular window)

[그림 4-17]에는 각 윈도 함수의 특성을 나타내고 있다.

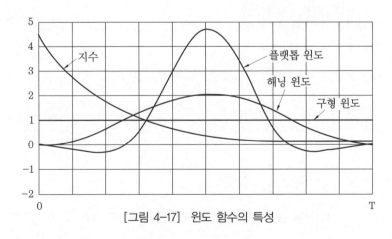

[그림 4-17] 윈도 함수의 특성

█ 5. █ 시간 영역 신호 분석

기계에서 발생되는 진동을 FFT에서 분석하는 방법은 크게 시간 영역의 분석과 주파수 영역의 분석법이 있다. FFT 분석에서 시간 영역의 신호 분석으로서 널리 사용되는 기법은 동기 시간 평균화, 확률 밀도 함수 및 상관 함수 분석 등이다.

5-1 동기 시간 평균화

FFT 분석기에서 측정한 신호 분석에 있어서 정확성을 기하기 위하여 평균화 기법을 사용한다. 이 평균화 기법은 신호를 시간 영역에서 처리하는 동기 시간 평균화(synchronous time averaging)와 주파수 영역에서 처리하는 주파수 영역 평균화(frequency domain averaging) 기법이 있다. 일반적으로 기계의 운전 상태 감시나 분석에는 주파수 영역 평균화 기법이 널리 이용되고 있다.

동기 시간 평균화는 트리거 신호에서 입력 신호를 시간 블록(time block)으로 나누고 그것을 순차적으로 더함으로 인하여 그 블록의 주기 성분이 가산되어 나타나도록 하여 대상 신호와 관계 없는 불규칙 성분이나 다른 노이즈 성분은 제거하도록 하는 기법이다.

동기 시간 평균화를 위해서는 분석 대상인 축과 동기 상태인 기준 트리거(reference trigger), 많은 평균화 횟수 그리고 100% 신호 처리가 필요하다. 동기 시간 평균화는 신호 처리에 있어서 동기 성분은 크게 강화되고 비동기 성분과 잡음 신호를 제거할 수 있는 이점이 있다. [그림 4-18]은 동기 시간 평균화 과정을 나타내고 있다.

이와 같은 평균화를 통한 이점은 분석 대상과 관련이 없는 주변의 기계로부터의 노이즈 영향을 제거할 수 있다.

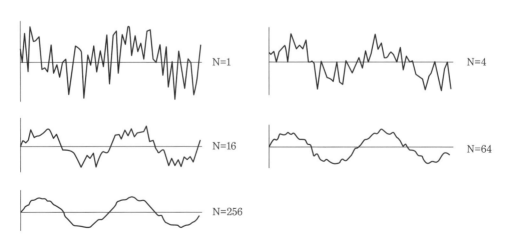

[그림 4-18] 동기 시간 평균화를 통한 노이즈 제거

5-2 확률 밀도 함수

주기 진동이 진폭, 진동수, 위상각으로 완전하게 표현 가능한 것에 비해서 불규칙 진동은 통계적인 평균값이나 확률 밀도 함수밖에는 표현하는 것이 불가능하다.

신호 $X(t)$의 확률 밀도 함수(Probability Density Function : PDF) $p(x)$는 임의의 순간에 신호값이 x가 나타날 수 있는 확률을 의미하며, 진폭이 x와 $x+\Delta x$ 사이에 존재할 때의 확률을 $P(x, x+\Delta x)$라 하면 확률 밀도 함수 $p(x)$는 다음과 같은 식으로 정의된다.

$$p(x) = \lim_{\Delta x \to 0} \frac{P(x, x+\Delta x)}{\Delta x}$$

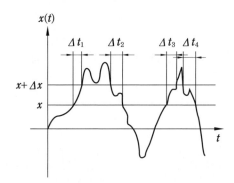

[그림 4-19] 확률 밀도의 측정

5-3 상관 함수

상관이란 두 가지 양(quentities) 사이의 유사성의 척도를 말하며, 상관 함수(correlation function)는 시간 영역에서 두 신호 사이의 상호 연관성을 나타내는 함수이다. 따라서 상관 함수는 시간 영역에서 두 신호의 유사성을 결정하는 데 사용된다.

상관 함수의 분석은 기본적으로 파워 스펙트럼의 파형과 동일한 데이터를 주지만 경우에 따라서는 더 편리하게 이용될 수 있다. 상관 함수에는 자기 상관 함수(auto correlation function)와 상호 상관 함수(cross correlation function)가 있다. 한 개의 신호에 대해서는 자기 상관 분석을 하며, 두 개 이상의 신호에 대해서는 상호 상관 분석을 할 수 있다. 이러한 분석 결과로 결정되는 상관 함수는 한 신호와 임의로 선정된 시간 간격만큼 이동한 또 다른 신호 사이의 상관성을 시간 함수로 나타낸다.

(1) 자기 상관 함수

자기 상관 함수(auto correlation function)란 어떤 시간에서의 신호값과 다른 시간에서의 신호값과의 상관성을 나타내는 함수이다. 자기 상관 함수 $R_{xx}(\tau)$는 시간 t에서의 신호값 $x(t)$와 τ시간만큼의 시간 지연이 있을 때, 즉 시간 $x(t+\tau)$에서의 신호값 $x(t+\tau)$의 곱에 대한 평균(average)으로 다음과 같이 정의된다.

$$R_{xx}(\tau) = \lim_{T \to \infty} \frac{1}{T} \int_0^T x(t)x(t+\tau)dt$$

위 식에서 시간 지연 τ는 양수(+) 또는 음수(−)일 수 있다.

신호 $x(t)$와 $x(t+\tau)$에서 $\tau = 0$(시간 지연이 0)이면 다음과 같이 완전 상관을 얻게 되어 자기 상관 함수는 제곱 평균값(means square)이 된다.

$$R_{xx}(\tau) = \overline{x^2} = \sigma^2$$

또한, 자기 상관 함수의 푸리에 변환(fourier transformation)이 파워 스펙트럼(power spectrum)이다.

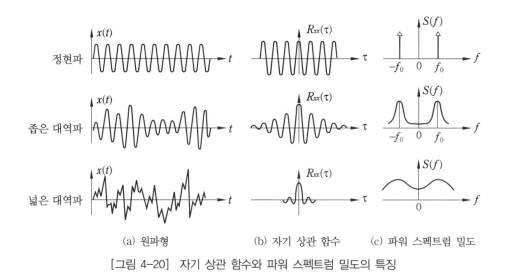

(a) 원파형   (b) 자기 상관 함수   (c) 파워 스펙트럼 밀도

[그림 4-20] 자기 상관 함수와 파워 스펙트럼 밀도의 특징

(2) 상호 상관 함수

상호 상관 함수(cross correlation function)는 자기 상관 함수와 달리 두 개 이상의 신호에 대해서는 상호 관련성을 분석하는 기법이다. 시간 지연을 검출하는 알고리즘으로 상호 상관 함수를 이용한다. 이 함수에서 피크(peak) 값의 위치를 검출함으로써 시간 지연값을 추정할 수 있다.

자기 상관 함수는 자기의 진폭 함수의 곱이지만, 서로 다른 두 개의 불규칙 신호 $x(t)$와 $y(t)$의 상호 상관 함수 $R_{xy}(\tau)$는 시간 t에서 $x(t)$와 시간 $t+\tau$에서의 $y(t+\tau)$의 곱을 긴 시간 τ에 걸쳐 평균한 값으로 다음과 같이 정의된다.

$$R_{xy}(\tau)= \lim_{T\to\infty} \frac{1}{T} \int_0^T x(t)y(t+\tau)dt$$

자기 상관 함수 $R_x(\tau)$는 상호 상관 함수 $R_{xy}(\tau)$에서 $y(t) = x(t)$가 되는 특수한 경우로 볼 수 있다.

상호 상관 분석 시의 신호 측정은 가속도 센서를 축 방향과 축의 직각 방향에 각각 설치하여야 한다. 즉 한 개의 신호에 대해서는 자기 상관 분석을 하며, 두 개 이상의 신호에 대해서는 상호 상관 분석을 할 수 있다.

이러한 분석의 결과로서 결정되는 상관 함수는 한 신호와 임의로 선정된 시간 간격만큼 이동한 또 다른 신호 사이의 상관성을 시간 간격의 함수로서 나타내므로 상관 함수는 시간 신호에 숨어서 밖으로 나타나지 않는 주기 신호나 특정 주파수 성분의 존재를 확인하는 데 이용되며, 상호 상관 함수 분석의 가장 큰 활용은 진동원의 탐지 등 시스템 분석에 활용된다.

6. 주파수 영역 분석

6-1 파워 스펙트럼

자기 상관 함수의 푸리에 변환을 파워 스펙트럼(power spectrum)이라 한다. 파워 스펙트럼의 크기는 각 주파수 성분이 가지는 파워를 나타내며, 일반적인 경우 신호에 대한 제곱 단위를 갖는다.

많은 주파수를 포함하는 불규칙 함수의 신호에서 대역 통과 필터(band pass filter)를 통하여 어떤 중심 주파수 f의 신호를 추출하고, 그 신호의 제곱 평균을 취한 것을 주파수의 파워(power)라고 한다. 그리고 그 중심 주파수를 순차 이동시켜 갈 때 파워가 주파수의 함수로 표현된다.

또한 대역 통과 필터의 폭을 무한히 좁게 했을 때의 파워를 Δf로 나눈 값을 파워 스펙트럼 밀도함수(power spectrum density function)라 한다. 파워 스펙트럼 밀도 $S(f)$는,

$$S(f)= \lim_{\Delta f \to 0} \frac{\overline{x^2(f)}}{\Delta f}$$

가 되고, 여기서 $\overline{x^2(f)}$는 다음과 같다.

$$\overline{x^2}(f)= \lim_{T \to \infty} \frac{1}{T} \int_0^T x^2(f,t)dt$$

파워 스펙트럼 밀도 $S(f)$는 f를 중심으로 f에서 대역 통과 필터를 통과한 신호의 제곱 평균치로 주어진다. 이와 같이 주파수를 분석하는 것을 파워 스펙트럼 분석이라 한다.

[그림 4-21]는 파워 스펙트럼 신호에 대하여 진폭을 각각 선형 눈금과 대수 눈금으로 나타낸 예이다. 파워 스펙트럼의 특성상 진폭은 제곱되어 나타나므로 진폭이 큰 주파수 성분은 잘 나타나지만 진폭이 작은 주파수 성분은 신호에 묻혀서 잘 나타나지 않게 된다.

[그림 4-21]의 (a)는 선형 눈금으로 나타내었으므로 높은 주파수에서 진폭이 낮은 성분은 잘 나타나지 않음을 알 수 있다. 따라서 낮은 진폭 성분을 나타내기 위해서는 진폭 축을 대수를 취하여 dB 단위로 표시하면 그림 (b)와 같다. 그림 (b)에서는 작은 성분도 주파수에 의한 파워 스펙트럼이 잘 나타남을 알 수 있다.

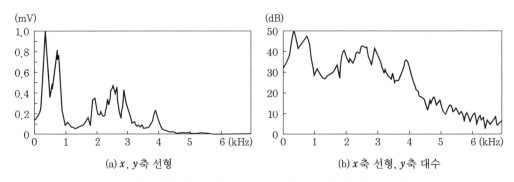

(a) x, y축 선형 (b) x축 선형, y축 대수

[그림 4-21] 진폭 축을 선형 및 대수 눈금으로 나타낸 파워 스펙트럼

6-2 전달 함수

전달 함수(transfer function)란 동적 시스템의 전달 특성을 입력 신호와 출력 신호 사이의 관계를 대수적으로 표현한 것으로서, 어떤 시스템에서 입력 신호 $x(t)$와 $y(t)$에 대하여 푸리에 변환한 함수 $X(f)$와 $Y(f)$의 비를 전달 함수라고 한다.

즉 입력 신호 $x(t)$를 푸리에 변환하면 시간 영역의 신호가 주파수 영역으로 변환하게 된다.

$$G(s) = \frac{Y(f)}{X(f)}$$

6-3 코히런스 함수

푸리에 해석을 위해 사용된 통계적 처리의 특징은 측정의 불확실성에 대한 정보, 즉 벡터 궤적의 각 측정점의 오차를 나타내는 특성 값은 스펙트럼 측정으로부터 유도될 수 있다. 이 특성 값 중의 하나가 코히런스 함수(coherence function)이며 다음 식으로부터 구해진다.

$$\gamma_{xy}^2(f) = \frac{|S_{xy}(jf)|^2}{S_{xx}(f)S_{yy}(f)}$$

여기서, $S_{xx}(f)$: 파워 스펙트럼의 입력 신호
$S_{yy}(f)$: 파워 스펙트럼의 출력 신호
$S_{xy}(f)$: 파워 스펙트럼의 입력과 출력 신호의 곱

이다.

코히런스 함수는 측정의 불확실성에 따라 (0~1)범위의 값을 가지며, $\gamma_{xy}^2(f) = 1$인 경우 잡음(noise) 신호는 무시할 정도로 오차는 존재하지 않는다. 그러나 코히런스 값이 작은 경우 필요한 신호 크기에 비하여 잡음 신호가 매우 크든가, 아니면 시스템의 진동 특성이 선형적이 아님을 의미한다. 이런 경우의 측정값은 매우 큰 오차를 갖게 된다.

[그림 4-22]는 외팔보의 고유 진동수를 측정한 결과를 코히런스 함수와 함께 나타내고 있다.

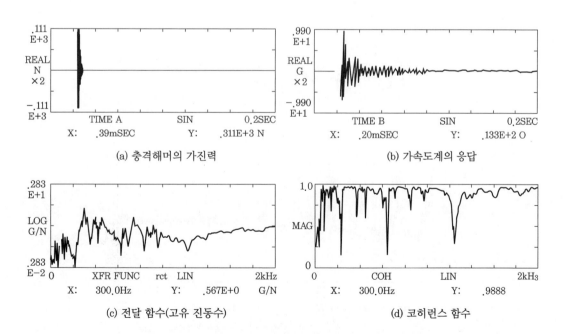

(a) 충격해머의 가진력

(b) 가속도계의 응답

(c) 전달 함수(고유 진동수)

(d) 코히런스 함수

[그림 4-22] 고유 진동수 측정에서 코히런스 함수의 적용 예

6-4 셉스트럼 분석

진동체의 비선형 동작에 의하여 발생되는 조화 함수와 측대역(side band)은 파워 스펙트럼에서 규칙적인 주파수 간격으로 나타나는 수가 많다. 스펙트럼의 이러한 반복 성분은 진동원의 탐지와 진동 구조의 이해에 중요한 데이터가 될 수 있다. 간단한 경우에는 파워 스펙트럼 분석을 통하여 분석할 수 있으나 이들 성분이 다른 성분들과 섞여 있으므로 시각적인 판단이 어렵게 된다.

셉스트럼(cepstrum) 분석은 파워 스펙트럼의 반복 성분을 찾아내는 기법으로서 스펙트럼 분석에 의하여 시간 신호의 반복성 성분, 즉 주파수를 찾아내는 것에 비유할 수 있다. 또한 셉스트럼 분석은 흔히 다른 방법을 이용해서는 측대파의 진폭과 간격을 분리해 내기 어려운 경우 기어 상태의 분석에 매우 효과적임이 밝혀졌다.

셉스트럼의 수학적 표현은 대수 스펙트럼 $F(f)$의 역 푸리에 변환으로서 정의된다.

$$C(\tau)= F^{-1}\{\log F(f)\} \quad\cdots\cdots\cdots\cdots\cdots\cdots\cdots\cdots\cdots\cdots\cdots\cdots\cdots\cdots\cdots\cdots\cdots\cdots\cdots\cdots\cdots\cdots \text{(4.81)}$$

[그림 4-23]은 베어링의 진동 특성을 파워 스펙트럼과 셉스트럼으로 분석하여 비교하여 나타내고 있다. 셉스트럼에서 베어링의 진동 특성은 외륜 결함 성분이 $a_1 \sim a_4$에 걸쳐 라하모닉(ra-harmonic)으로 뚜렷이 나타남을 알 수 있다.

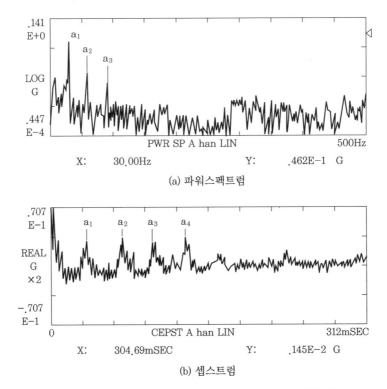

(a) 파워스펙트럼

(b) 셉스트럼

[그림 4-23] 베어링 신호의 파워 스펙트럼과 셉스트럼의 비교

6-5 배열 스펙트럼

배열 스펙트럼(array spectrum)이란 시간의 변화에 따른 파워 스펙트럼의 변화를 3차원으로 배열하여 나타내는 기법을 의미한다. 기계 설비의 속도나 운전 조건이 변화하게 되면 스펙트럼의 변화가 임의의 시간 간격으로 순차적으로 표시된다.

[그림 4-24]는 미끄럼 베어링이 고속으로 회전할 때 유막의 휘돌림으로 발생되는 오일 휠(oil whirl) 현상을 배열 스펙트럼을 통하여 잘 나타내고 있다. 오일 휠 현상은 회전 주파수의 0.42~0.48배(약 1/2배)에 나타남을 알 수 있다.

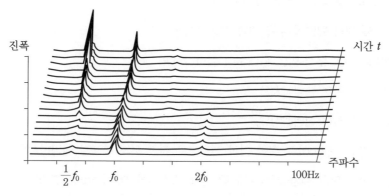

[그림 4-24] 미끄럼 베어링의 오일 휠 발생의 배열 스펙트럼 표시

|핵|심|문|제|

1. FFT 분석기의 원리를 설명하고 설비 진단에서의 적용 예를 드시오.

2. A/D 변환과 D/A 변환을 설명하시오.

3. 신호 변환 과정에서 샘플링 개수의 영향을 설명하시오.

4. 데이터의 경향(trend) 제거 방법에 대하여 설명하시오.

5. 엘리어싱 현상과 엘리어싱 방지 필터의 특성을 설명하시오.

6. 디지털 필터의 종류에 대하여 설명하시오.

7. 플랫 윈도와 해닝 윈도 함수를 비교 설명하시오.

8. 시간 영역의 신호 분석 방법에 대하여 설명하시오.

9. 상관 함수에 대하여 설명하시오.

10. 전달 함수에 대하여 설명하시오.

11. 주파수 대역을 대수(log)로 취한 것과 선형으로 취한 것의 특징을 설명하시오.

12. 정밀 진단에서 미소 결함을 검출할 때 진폭 스케일을 대수(log)로 취하는 이유를 설명하시오.

|연|습|문|제|

1. 진동 센서에 의하여 측정된 진동 신호를 FFT 분석할 때 사용되는 시간 윈도(time window) 기능과 관련이 없는 기법은?
   ㉮ 플랫톱 윈도(flat top window)   ㉯ 엘리어싱 윈도(aliasing window)
   ㉰ 구형 윈도(rectangular window)   ㉱ 해닝 윈도(hanning window)

2. 측정된 진동의 시간 성분이 시간에 묻혀 잘 나타나지 않는 주기 신호와 진동 전달 경로의 확인할 때 시간 영역에서의 해석 기법은?
   ㉮ 필터링(filtering)   ㉯ 포락선(envelope)
   ㉰ 스펙트럼(spectrum)   ㉱ 상관 함수(correlation)

3. 샘플링과 블록 사이즈의 구성 중 주파수 분해능이 가장 좋은 것은?
   ㉮ 샘플링 : 1KHz, 블록 사이즈 : 512   ㉯ 샘플링 : 2KHz, 블록 사이즈 : 1024
   ㉰ 샘플링 : 5KHz, 블록 사이즈 : 4096   ㉱ 샘플링 : 20KHz, 블록 사이즈 : 8192

해답 1. ㉯ 2. ㉱ 3. ㉰

4. 500Hz 이상의 원치 않는 진동 신호를 제거하려 할 때 사용할 수 있는 방법이 아닌 것은?
   ㉮ 안티 엘리어싱 필터(anti aliasing filter)를 이용한다.
   ㉯ 샘플링을 보다 좋게 하기 위해 디지털 필터를 사용한다.
   ㉰ 샘플링 주파수를 1000Hz로 세팅한다.
   ㉱ 하이패스필터(high pass filter)의 주파수를 500Hz로 세팅한다.

5. 기어, 베어링 및 축 등으로부터의 검출된 시간 영역의 여러 진동 신호를 주파수 영역의 신호로 변환하는 분석기는?
   ㉮ 유 분석기   ㉯ 디지털 신호 분석기
   ㉰ 소음 분석기   ㉱ FFT 분석기

6. FFT 분석에서 신호의 누설을 방지하기 위해 사용하는 기능은?
   ㉮ 평균화(average)   ㉯ 안티 엘리어싱 필터(antialiasing filter)
   ㉰ 창 함수(window)   ㉱ 저주파 통과 필터(low pass filter)

7. 신호 처리에 있어서 검출부에서 발생된 신호가 미약하거나 잡음 성분을 포함할 때 출력 전에 다른 형태의 신호로 변환하는 과정과 관련이 없는 것은?.
   ㉮ 여과(filtering)   ㉯ 인터페이스(interface)
   ㉰ 증폭(amplification)   ㉱ 선형화(linearization)

8. 다음 필터에 대한 설명이다. 이 중 옳은 것은?
   ㉮ 대역 통과 필터(band pass filter) – 특정 주파수 범위 이상의 고주파수 신호는 모두 통과시키는 필터
   ㉯ 노치 필터(notch filter) – 특정 주파수 범위의 신호만을 제거시키는 필터
   ㉰ 저역 통과 필터(low pass filter) – 차단 주파수보다 높은 주파수의 신호 성분만을 통과시키는 필터
   ㉱ 고역 통과 필터(high pass filter) – 차단 주파수보다 낮은 주파수의 신호 성분만을 통과시키는 필터

9. 샘플링 시간이 긴 경우 높은 주파수 성분의 신호를 낮은 주파수 성분으로 인지하는 샘플링 오차는?
   ㉮ 엘리어싱 현상   ㉯ 윈도 현상   ㉰ 필터링 현상   ㉱ 동기화 현상

10. 파워 스펙트럼의 반복 성분을 찾아내는 기법으로서 스펙트럼 분석에 의하여 시간 신호의 반복성의 성분을 찾는 데 사용되는 신호 처리 기법은?
    ㉮ 배열 스펙트럼   ㉯ 셉스트럼   ㉰ 코히런스   ㉱ 전달 함수

해답 4. ㉱ 5. ㉱ 6. ㉰ 7. ㉯ 8. ㉯ 9. ㉮ 10. ㉯

제 5 장

진동 방지 기술

1. 개요

모터에 의하여 구동되는 다양한 기계들은 크고 작은 진동이 발생한다. 이와 같이 발생하는 진동은 기계의 수명을 저하시킬 뿐만 아니라, 진동 공해로 문제가 되고 있다. 기계 진동은 다음과 같은 문제들과 관련되어 있다.

① 진동체에 의한 소음 발산
② 환경 진동 측면의 문제(인체, 구조물의 영향)
③ 기계 안전 문제
④ 기계 가공 정밀도 문제
⑤ 기계 수명 문제

환경 보호의 측면에서는 이들 중에서 ①, ②항이 고려된다. 그러나 이들 다섯 가지 진동 문제에 대한 대책 원리는 본질적으로 동일하다. 따라서 기계 진동의 방지 대책을 수립하기 위해 진동 발생 과정에 대한 이론적인 내용은 생략하고 발생된 진동의 전파 및 차단 방법에 대해서 고찰해 보기로 한다.

진동 발생 과정에 대한 이해는 기계 진동 방지의 근본적인 대책 강구에 필수적이고 따라서 가장 효과적이지만, 이는 고도의 기계 역학적 고찰이 필요하다.

기계 진동 방지 기술은 크게 진동 차단기의 사용과 진동체에 대한 감쇠(damping)를 고려할 것을 바탕으로 한다. 진동 차단기는 본질적으로 탄성 지지체를 사용하는 것이다. 이를 위해서 흔히 강철 스프링과 고무 패드 등이 사용된다. 그러나 이들 탄성체들은 그에 고유한 진동수가 있어서 이 주파수의 진동을 오히려 증폭시키는 효과를 준다.

진동 차단 시스템에 대한 적절한 감쇠의 사용은 전반적인 진동 차단 효과를 증가시킴과 동시에 고유 진동수에서의 공진에 의한 진동 증폭을 방지한다. 따라서 진동 방지에는 적절할 차단기와 감쇠 장치를 병용하는 것이 바람직하다.

1-1 진동 방지의 목적

진동 방지의 목적은 다음의 두 가지로 나눌 수 있다.

① 진동 발생 기계에서 외부로 진동이 전달되는 것을 방지

② 어떤 기계를 외부의 진동으로부터 보호

첫 번째 경우는 작업장 내의 단조기와 같은 무거운 진동 발생 기계로부터 다른 기계들의 진동을 보호할 필요가 있을 때 취한다. 두 번째 경우의 대표적인 예는 NC 선반과 같은 정밀 기계를 작업장에서 오는 진동으로부터 보호할 필요가 있을 때 취한다.

① 진동원에서의 진동 제어

② 진동 전달 경로를 차단하는 방법

진동원에서의 진동 제어는 가장 효과적이지만 실제로 이 방법은 비용이 많이 들고 특히 기계에서 발생되는 진동을 제어하는 문제는 고도의 공학적 기술이 필요하다. 따라서 여기서는 두 번째 방법을 이용해서 기계 진동을 방지하는 실제적인 문제에 대해 생각해 보기로 한다.

1-2 방진 대책

일반적으로 발생하는 기계 진동의 방지 대책으로 진동원, 진동의 전달 경로 및 수진측에서의 진동 대책을 고려할 수 있으나 근본적인 대책은 진동원의 대책이다.

(1) 진동원 대책

① 진동 발생이 적은 기계로 교환하여 가진력 감쇠

② 불균형(unbalance)의 균형화(balancing)

③ 탄성 지지

④ 기초 중량의 부가 및 경감

⑤ 동적 흡진기 설치

(2) 전달 경로 대책

① 진동원으로부터 전달 경로까지 진동 차단

② 진동원으로부터 멀리 떨어져 거리 감쇠를 크게 함

③ 설치 위치의 변경을 통한 공진과 응답 억제

(3) 수진측 대책

① 기초의 진폭 감소

② 수진측의 강성 변경

③ 수진측의 탄성 지지

2. 방진 이론

2-1 탄성 지지 이론

앞에서 기술한 1자유도계의 운동 방정식을 다시 표현하면,

$$m\ddot{x} + c\dot{x} + kx = f(t)$$

여기서, $m\ddot{x}$: 관성력(m : 질량)

$c\dot{x}$: 점성 저항력(c : 감쇠 계수)

$k\dot{x}$: 스프링의 복원력(k : 스프링 정수)

이다.

여기서, 고유 진동 주파수 f_n 과 정적 처짐량 δ_{st} 를 계산하면,

고유 진동 주파수 f_n 은

$$f_n = \frac{1}{2\pi}\sqrt{\frac{k}{m}} = \frac{1}{2\pi}\sqrt{\frac{k \cdot g}{W}}\,[Hz]\text{이 되고}$$

고유 진동수 ω_n 은

$$\omega_n = \sqrt{\frac{k}{m}} = \sqrt{\frac{k \cdot g}{W}} = 2\pi f_n\,[rad/\sec]\text{이 된다.}$$

또한, 정적 처짐량 δ_{st} 는

$$\delta_{st} = \frac{W_{mp}}{k}\,[cm]$$

W_{mp} : 스프링 1개가 지지하는 기계의 중량

즉 $W_{mp} = \dfrac{W}{n}$

f_n 과 δ_{st} 의 관계는

$$f_n = \frac{1}{2\pi}\sqrt{\frac{k \cdot g}{W}} = \frac{1}{2\pi}\sqrt{\frac{g}{\frac{W}{k}}} = \frac{1}{2\pi}\sqrt{\frac{g}{\delta_{st}}} \fallingdotseq 4.98\sqrt{\frac{1}{\delta_{st}}}\,[Hz]$$

가 된다.

2-2 탄성 지지 설계 요소

(1) $w(f)$ 와 $w_n(f_n)$ 에 따른 제어 요소

고유 진동수 w_n (또는 고유 진동 주파수 f_n)이 강제 진동수 $w(f)$ 에 비해 매우 큰 경우에는 스

프링 정수 k를 크게 하고, w가 w_n에 비해 매우 클 때는 질량 m을 크게 하여 각각의 진폭 크기를 제어할 수 있으며, 공진 시에는 감쇠기를 부착하여 감쇠비(ζ)를 크게 함으로써 제어할 수 있다.

(2) f와 f_n에 따른 방진 효과

- $f/f_n = 1$일 때 : 공진상태이므로 진동 전달률이 최대
- $f/f_n < \sqrt{2}$일 때 : 전달력은 외력보다 항상 크다.
- $f/f_n = \sqrt{2}$일 때 : 전달력은 외력과 같다.
- $f/f_n > \sqrt{2}$일 때 : 전달력은 항상 외력보다 작으므로 방진의 유효 영역이 된다.

(3) 감쇠비 ζ에 따른 변화

- $f/f_n < \sqrt{2}$일 때 : ζ값이 커질수록 전달률 T가 적어지므로 방진 설계 시 감쇠비 ζ가 클수록 좋다.
- $f/f_n > \sqrt{2}$일 때 : ζ값이 작을수록 전달률 T가 적어지므로 방진 설계 시 감쇠비 ζ가 작을수록 좋다.

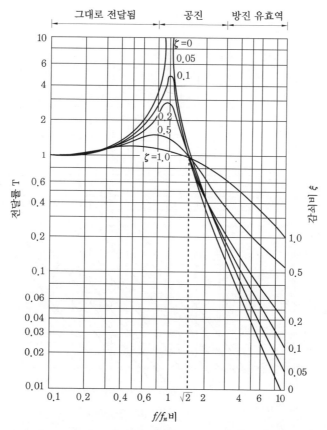

[그림 5-1] 감쇠비 변화에 따른 진동수 비와 진동 전달률 관계

(4) 방진 대책 시 고려 사항

① 방진 대책은 $f/f_n > 3$이 되게 설계한다(이 경우 진동 전달률은 12.5% 이하가 된다.).

② 만약 $f/f_n < \sqrt{2}$로 될 때에는 $f/f_n < 0.4$가 되게 설계한다.

③ 외력의 진동수$\left(\text{회전 기계는 } \dfrac{N(rpm)}{60}\right)$가 0에서부터 증가하는 경우 도중에 공진점을 통과하므로 $\xi < 0.2$의 감쇠 장치를 넣는 것이 좋다.

(5) 진동 전달률과 방진 효율

1자유도계에서 기초에 미치는 진동 전달률 T는

$$T = \left| \frac{1}{1 - \left(\dfrac{f}{f_n}\right)^2} \right|$$

이며,

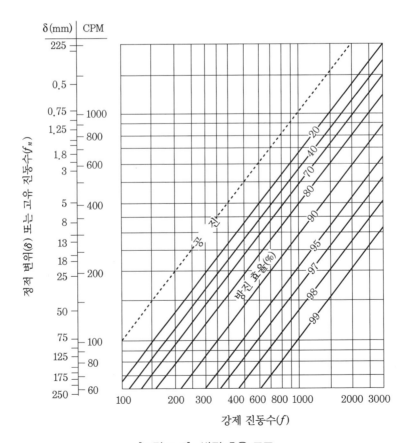

[그림 5-2] 방진 효율 도표

방진 효율 E(%)는

$$E = 100\left[1 - \frac{1}{\left(\dfrac{f}{f_n}\right)^2 - 1}\right]$$

이다.

[그림 5-3]에서 무게가 각각 다른 기계에 동일한 외력이 작용할 때, 전달률 T는 다음과 같다.

$$T = \left|\frac{1}{1 - \left(\dfrac{15}{4.98}\right)^2}\right| = 0.1239$$

로서 f와 f_n에 관계되므로 기계의 무게는 진동 전달률과 관계없으며 증가된 질량은 기계 자체의 진동에만 영향을 준다.

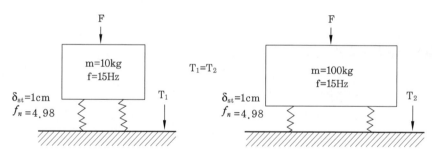

[그림 5-3] 질량과 전달률과의 관계

2-3 탄성 지지에 필요한 설계 인자

(1) 강제 진동 주파수(f)

① 축 : $f = \dfrac{N}{60}(N : rpm)$

② 송풍기 : $f = \dfrac{날개수 \times N}{60}$

③ 기어 : $f = \dfrac{ZN}{60}(Z : 잇수)$

④ 내연 기관 : $f = $ 매초 폭발 횟수 $\times$ 실린더 수

(2) 고유 진동 주파수(f_n)

기계 등의 탄성 지지(방진 스프링, 방진 고무 등)에 따른 고유 진동수를 적정값으로 설정하며 $f/f_n > 3$이 되게 하는 것이 바람직하다.

(3) 가진력(F)에 대한 진동 변위(x)

$$x = \frac{\delta_{st}}{\sqrt{\left\{1-\left(\dfrac{f}{f_n}\right)^2\right\}^2 + 4\zeta^2 \cdot \left(\dfrac{f}{f_n}\right)^2}}(\mathrm{cm})$$

여기서, $\delta_{st} = \dfrac{F}{k}$, $x = \dfrac{F_t}{k}$, $T = \dfrac{F_f}{F}\left[F_f = kx : \text{기초에 전달되는 힘}\right]$ 이다.

(4) 스프링 정수(k)

$$k = \frac{W/n}{\delta_{st}} = 4\pi^2 f_n^2 \left(\frac{W}{g}\right)(\mathrm{kg/cm})$$

(5) 방진물의 정적 수축량(δ_{st})

$$\delta_{st} = \frac{(1+T)\times 24.8}{Tf^2}(\mathrm{cm})$$

2-4 방진재의 특성

(1) 방진 스프링

① 저주파 차진에 좋으며 감쇠가 거의 없고 공진 시 전달률이 매우 큰 단점이 있다.
② 스프링의 감쇠비가 적을 때에는 스프링과 병렬로 댐퍼를 넣고, 기계 무게의 1~2배의 방진 거더를 부착한다.
③ 고유 진동수는 보통 2~10Hz를 적용한다.

(2) 방진 고무(패드)

① 고주파 차진에 좋으며 정하중에 따른 수축량은 10~15% 이내로 사용한다.
② 고유 진동수가 강제 진동수의 1/3 이하인 것을 택하고 적어도 70% 이하로 하여야 한다.

③ 방진 고무의 정적 스프링 정수 K_s에 대한 동적 스프링 정수 K_d의 비 $\alpha = \dfrac{K_d}{K_s}$는 [표 5-1]과 같다.

④ 정적 수축량 δ_{st}와 동적배율 α와의 관계는 $\dfrac{\delta_{st}}{\alpha} = \dfrac{W}{K_d}$이므로 고유 진동수 f_n은

$$f_n = \frac{1}{2\pi}\sqrt{\frac{K_d \cdot g}{W}} = \frac{1}{2\pi}\sqrt{\frac{K_s \cdot \alpha \cdot g}{W}} = 4.98\sqrt{\frac{K_s \cdot \alpha}{W}} = 4.98\sqrt{\frac{\alpha}{\delta_{st}}}\ [Hz]\ \text{이다.}$$

[표 5-1] 동적 배율 $\left(\alpha = \dfrac{K_d}{K_s}\right)$

방진 재료		α값
금속 코일 스프링		1
방진 고무	(천연 고무)	1.0(연)~1.6(경)
	(크로로프렌계 고무)	1.4~2.8
	(이토릴계 고무)	1.5~2.5

(a) 방진 스프링 (b) 네오프렌 마운트 및 패드
(c) 스프링 행거 (d) 거켁터 및 각종 마운트

[그림 5-4] 방진재의 종류

(a) 프레임 하부에 설치하는 방법

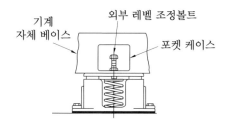

(b) 기계 자체 베이스에 설치하는 방법

(c) 기계 자체 베이스에 브래킷을
사용하여 설치하는 방법

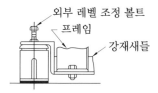

(d) 기계 다리 및 프레임에 브래킷을
사용해 설치하는 방법

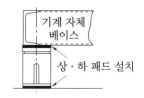

(e) 기계자체 베이스 하부에
직접 설치하는 방법

(f) 콘크리트 베이스 측면에 브래킷을
사용해 설치하는 방법

(g) 콘크리트 베이스 측면 위쪽으로
브래킷을 사용하는 방법

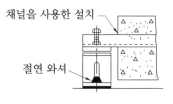

(h) 콘크리트에 채널을 사용하여
설치하는 방법

[그림 5-5] 스프링 마운트 설치 방법

[표 5-2] 기계의 회전수 및 방진 효율(%)에 따른 스프링의 정적 수축량(mm)

기계장비 회전수 (RPM)	진동 전달률(%)												
	1	2	3	4	5	10	20	30	40	50	60	80	100
	방진 효율(%)												
	99	98	97	96	95	90	80	70	60	50	40	20	0
100	–	–	–	–	–	–	–	–	–	–	219.5	191.0	174.6
150	–	–	–	–	–	–	227.6	166.6	134.1	113.8	97.5	85.3	77.2
200	–	–	–	–	–	–	125.0	93.5	73.2	64.0	54.9	47.8	43.7
250	–	–	–	–	–	169.7	82.3	59.9	48.8	40.6	34.5	30.5	27,4
300	–	–	–	248.9	203.2	103.6	56.9	41.7	33.5	28.4	24.5	21,3	19,3
350	–	–	242.3	182.4	148.8	75.9	41.7	30.5	24.6	20.8	17.8	15,7	14,2
400	–	–	185.4	139,7	114,3	59,4	31,2	23,4	18,3	16,0	13,7	11,9	10,9
450	–	224.79	141.7	110,2	89,9	45,7	25,1	18,5	15,0	12,7	10,9	9,7	8,6
500	–	182.9	118.9	89,7	73,2	37,3	20,6	15,0	12,2	10,2	8,6	7,6	6,9
550	–	151.1	8.3	74,2	60,5	21,0	17,0	12,4	9,9	8,4	7,4	6,4	5,8
600	241.3	127.0	2,6	62,2	50,8	25,9	14,2	10,4	8,4	7,1	6,1	5,3	4,8
650	205.7	108.0	0,1	52,8	43,2	12,1	12,2	8,9	7,1	6,1	5,1	4,6	4,1
700	177.8	93.5	0,7	45,6	37,3	19,1	10,4	7,6	6,1	5,3	4,6	4,1	3,6
750	150.0	78.7	1,3	38,7	31,5	16,0	8,9	6,4	5,3	4,3	3,8	3,3	3,0
800	143.5	71.6	6,5	33,8	28,7	15,0	7,9	5,8	4,6	4,1	3,6	3,0	2,8
850	120.7	63.5	1,4	31,2	25,4	13,0	7,1	5,3	4,3	3,6	3,0	2,8	2,5
900	107.2	56.1	5,6	27,7	22,6	11,4	6,4	4,6	3,8	3,3	2,8	2,5	2,3
950	96.5	50.8	3,0	24,9	20,3	0,4	5,6	4,1	3,3	2,8	2,5	2,0	1,8
1000	86.9	45.7	9,7	22,6	18,3	9,4	5,1	3,8	3,0	2,5	2,3	2,0	1,8
1100	71.1	37.8	3,3	18,5	15,2	7,9	4,3	3,0	2,5	2,0	1,8	1,5	1,5
1200	60.5	31.8	0,6	15,5	12,7	6,6	3,6	2,5	2,0	1,8	1,5	1,3	1,3
1300	51.6	26.9	8,3	13,2	10,9	5,8	3,0	2,3	1,8	1,5	1,3	1,3	1,0
1400	44.5	23.4	5,2	11,4	9,4	4,8	2,5	2,0	1,5	1,3	1,3	1,0	1,0
1500	37.6	19.8	3,0	9,7	7,9	4,1	2,3	1,5	1,3	1,0	1,0	0,8	0,8
1600	35.8	18.0	1,7	8,4	7,1	3,8	2,0	1,5	1,3	1,0	1,0	0,8	0,8
1700	30.2	16.0	0,4	7,9	6,4	3,3	1,8	1,3	1,0	1,0	0,8	0,8	0,8
1800	26.9	14.0	8,9	6,9	5,6	2,8	1,5	1,3	1,0	0,8	0,8	0,8	0,5
1900	24.1	12.7	8,4	6,4	5,1	2,5	1,5	1,0	0,8	0,8	0,8	0,5	0,5
2000	21.8	11.4	7,4	5,6	4,6	2,3	1,3	0,0	0,8	0,8	0,5	0,5	0,5
2100	19.8	10.4	6,9	5,1	4,1	2,0	1,3	0,8	0,8	0,5	0,5	0,5	0,5
2200	17.8	9.4	5,8	4,6	3,8	2,0	1,0	0,8	0,8	0,5	0,5	0,5	0,5
2300	16.5	8.6	5,6	4,3	3,6	1,8	1,0	0,8	0,5	0,5	0,5	0,3	0,3
2400	15.2	7.9	5,1	3,8	3,3	1,8	1,0	0,8	0,5	0,5	0,5	0,5	0,3
2500	14.0	7.4	4,8	3,6	3,0	1,5	0,8	0,5	0,5	0,5	0,3	0,3	0,3
2600	13.0	6.9	4,6	3,3	2,8	1,5	0,8	0,5	0,5	0,5	0,3	0,3	0,3
2700	12.2	6.4	4,1	3,0	2,5	1,3	0,8	0,5	0,3	0,3	0,3	0,3	0,3
2800	11.2	58	3,8	2,8	2,3	1,3	0,8	0,5	0,3	0,3	0,3	0,3	0,3
2900	10.4	5.6	3,6	2,8	2,3	1,0	0,5	0,3	0,3	0,3	0,3	0,3	0,3
3000	9.4	5.1	3,3	2,5	2,0	1,0	0,5	0,3	0,3	0,3	0,3	0,3	0,3

3. 방진 설계

3-1 방진기 설계 예

(1) 설계 조건 설정

　① 기계의 중량 W_{a1}, W_{a2}, W_{a3}를 결정한다.

　② 거더의 중량 W_{b1}, W_{b2}, W_{b3}를 결정한다.

　③ 기계의 회전수 N을 결정한다.

　④ 지점수를 결정한다.

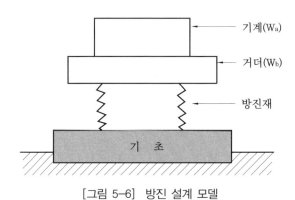

기계(Wa)

거더(Wb)

방진재

기 초

[그림 5-6] 방진 설계 모델

(2) 설계 목표 설정

　탄성 지지대에 4개의 스프링으로 지지하며, 모터의 회전수는 1800rpm이고, 진동 전달률은 각각 5%, 8%, 12%로 한다.

[표 5-3] 방진 설계 목표

구분 전달률(%)	W_1		W_2		W_3		N(rpm)	지점수
	W_{a1}	W_{b1}	W_{a2}	W_{b2}	W_{a3}	W_{b3}		
T_1=5	50kg	50kg	100kg	100kg	150kg	150kg	1800	4
T_2=8							1800	4
T_3=12							1800	4

(3) 시스템의 고유 진동 주파수 계산

① 진동수 비 $\left(\dfrac{f}{f_n}\right)$와 진동 전달률(T)의 관계에 따라

$$\frac{f}{f_n} > \sqrt{2}$$

이어야 한다.

② 회전수 N=1800rpm이므로 강제 진동수 $f = \dfrac{N}{60} = 30Hz$가 된다.

③ 진동 전달률 T=5%=0.05이므로

$$T = \left| \frac{1}{1 - \left(\dfrac{f}{f_n}\right)^2} \right| = 0.05 = \left| \frac{1}{1 - \left(\dfrac{30}{f_n}\right)^2} \right|$$

이므로,

고유 진동 주파수 f_n은 $f_n \fallingdotseq 6.5Hz$가 된다.

(4) 정적 처짐량 계산

$$\delta_{st} = \frac{(1+T) \times 24.8}{Tf^2} = \frac{(1+0.05) \times 24.8}{0.05 \times 30^2} = 0.5786\,\text{cm}$$

(5) 스프링 정수 k 계산

지점수가 4개소이므로,

$$W_n = \frac{W}{n} = \frac{50+50}{4} = 25\text{kg}$$

$$k = \frac{W_n}{\delta_{st}} = \frac{25\text{kg}}{5.786\text{mm}} = 4.32\text{kg/mm}$$

[표 5-4] 스프링 마운트의 규격표(개방형)

모 델	사용 중량 (kg)	정적 변위 (mm)	스프링 정수 (kg/mm)
SLFH-401	40	50	0.8
SLFH-402	50	50	1.1
SLFH-403	80	50	1.5
SLFH-404	100	50	2.1

SLFH-405	130	50	2.7
SLFH-406	180	50	3.6
SLFH-407	270	50	5.5
SLFH-408	330	50	6.5
SLFH-409	450	50	8.9
SLFH-410	590	50	116
SLFH-412	1000	50	20.6
SLFH-413	1300	50	26.8
SLFH-414	1800	50	35.8
SLFH-415	2400	50	48.0
SLFH-416	3180	50	62.6

(6) 방진기 선정

이 경우 정적 처짐량이 5.786mm이므로 [표 5-4]의 스프링 마운트 규격을 참조하여 스프링 마운트를 선정하면 된다. 방진 고무는 보통 정적 수축량이 5mm 이하일 때 사용하므로 본 설계의 예에서는 부적합을 알 수 있다. 따라서 제조 회사의 스프링 마운트의 규격표를 참조하여 $W_n = 25$kg보다 큰 것을 선정하고 스프링 정수 k, 또는 정적 처짐량 δ_{ot}를 확인한다.

3-2 진동 전달률 측정

(1) 준비 사항

① 무게가 60kg 이상 되는 회전 기계를 준비한다.
② 회전 기계를 고정할 수 있는 방진 기초대를 준비한다.
③ 방진 패드와 스프링 마운트를 각각 4개씩 준비한다.
④ 진동 측정기를 준비한다.

(2) 진동 전달률 계산

① 총중량 W=회전 기계의 무게+기초대의 무게
② 스프링 정수 K=(패드 또는 마운트의 수)×k
③ 강제 진동수 $f = \dfrac{N(rpm)}{60}$
④ 고유 진동수 $f_n = \dfrac{1}{2\pi} \sqrt{\dfrac{K \cdot g}{W_n}}$

⑤ 정적 처짐량 $\delta_{st} = \dfrac{F}{K} (F: 가진력)$

⑥ 기초대의 변위 $x = \dfrac{\delta_{st}}{\sqrt{\left\{1 - \left(\dfrac{f}{f_n}\right)^2\right\}^2 + 4\zeta i^2 \cdot \left(\dfrac{f}{f_n}\right)^2}}$

⑦ 기초에 전달되는 힘 $F_r = K \times x$

⑧ 전달률 $T = \dfrac{F_f}{F}$

(3) 진동 전달률 측정

진동 측정기를 이용하여 방진기를 설치하지 않은 상태와 방진기를 설치한 상태에서 각각 기초 바닥에 진동 센서를 설치하여 진동 가속도 레벨을 각각 측정한다.

$$진동\ 전달률 = \frac{방진기\ 설치\ 상태에서의\ 진동\ 레벨}{방진기\ 없는\ 상태에서의\ 진동\ 레벨}$$

(4) 이론값과 측정값을 비교한다.

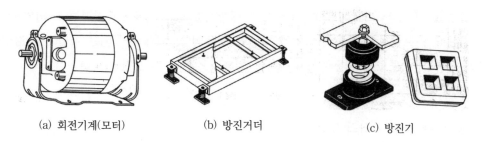

(a) 회전기계(모터)   (b) 방진거더   (c) 방진기

[그림 5-7] 전달률 측정 준비물

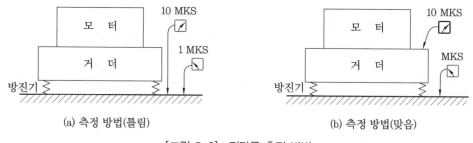

(a) 측정 방법(틀림)   (b) 측정 방법(맞음)

[그림 5-8] 전달률 측정 방법

4. 진동 방지법

진동 보호 대상체는 진동으로부터 보호되어야 할 기계 혹은 그 부품과, 그를 받치는 설치대로 구성된 시스템이다. 진동체는 진동하는 기계 부품, 기초(base), 공장 바닥 등이 되며 특정 적용 목적에 따라서 이들 중 어느 하나를 의미한다. 진동원과 진동 보호 대상체 사이의 진동 전달 경로 차단에서는 흔히 다음과 같은 방법이 이용된다.

4-1 일반적인 방법

(1) 진동 차단기

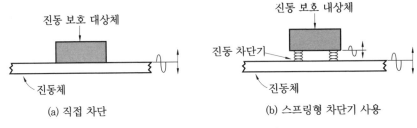

(a) 직접 차단   (b) 스프링형 차단기 사용

[그림 5-9] 진동 차단의 예

[그림 5-9]의 (a)는 기초에 직접 진동 보호 대상체를 놓은 경우이고, [그림 5-9]의 (b)는 이들 사이에 스프링형의 진동 차단기를 사용한 경우이다. 이때 사용되는 차단기는 강성이 충분히 작아서 이의 고유 진동수가 차단하려고 하는 진동의 최저 진동수보다 적어도 1/2 이상 작아야 한다.

(2) 질량이 큰 경우 거더의 이용

진동 보호 상체를 [그림 5-10]과 같이 스프링 차단기 위에 놓인 거더 위에 설치하는 경우, 블록의 질량은 차단기의 고유 진동수를 낮추는 역할을 한다.

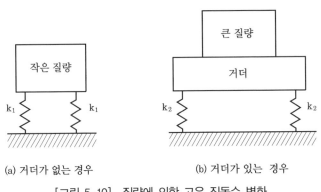

(a) 거더가 없는 경우   (b) 거더가 있는 경우

[그림 5-10] 질량에 의한 고유 진동수 변화

(3) 2단계 차단기의 사용

[그림 5-11]과 같은 2단계 진동 제어는 고주파 진동 제어에 대단히 효과적이지만 저주파 진동 제어에는 역효과를 줄 수 있다. 저주파에서의 역효과를 피하기 위해서는 진동 보호 대상체의 질량 m_i는 다음 조건을 만족해야 한다.

$$m_i > \frac{k}{20f^2}$$

여기서, k는 차단기의 강성이고 f는 차단하려는 진동의 최저 주파수이다.

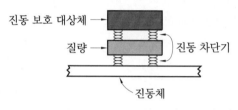

[그림 5-11] 2단계 진동 제어

(4) 기초의 진동을 제어하는 방법

기초의 진동제어에 있어서 경우에 따라서는 기초 자체의 진동을 제어하는 것이 효과적일 수 있다.

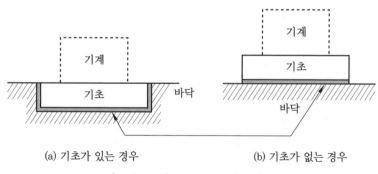

(a) 기초가 있는 경우　　　　(b) 기초가 없는 경우

[그림 5-12] 기초대의 진동 제어

가장 간단한 방법은 설치대에 큰 질량을 가해 주는 것이다. 더욱 효과적인 진동 제어는 강철 보강재와 감쇠 재료를 함께 사용함으로써 얻을 수 있다. 이때 강철 보강재는 스프링과 같은 역할을 한다.

이와 같이 진동 제어에 대한 일반적인 방법을 살펴보았다. 이 방법들에서 특히 중요한 요소는 적절한 차단기와 감쇠 재료의 선택이다. 아래에 이들에 대해서 차례로 고찰해 보기로 한다.

4-2 진동 차단기의 선택

진동 차단기는 정상 진동으로부터 시스템을 차단할 수 있는 탄성 지지체이다. 진동 차단기는 일반적으로 강철 스프링, 천연 고무 혹은 네오프렌(neoprene)과 같은 합성 고무로 만들어지며, 이들의 적절한 조합으로 이용되기도 한다. 상품화된 차단기는 하우징과 적절한 부착 장치를 포함하고 있어서 실제의 응용에 직접 이용할 수 있다. [그림 5-13]은 흔히 사용되는 진동 차단기의 몇 가지 예를 보여 준다.

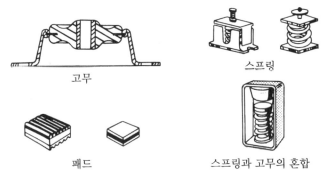

고무

스프링

패드

스프링과 고무의 혼합

[그림 5-13] 진동 차단기의 예

진동 차단기의 기본 요구 조건은 다음과 같다.
① 강성이 충분히 작아서 차단 능력이 있어야 한다.
② 강성은 작되 걸어 준 하중을 충분히 지지할 수 있어야 한다.
③ 온도, 습도, 화학적 변화 등에 의해 견딜 수 있어야 한다.
차단기의 강성은 그에 부착된 진동 보호 대상체의 구조적 강성보다 작아야 하며, 차단하려는 진동의 최저 주파수보다 작은 고유 진동수를 가져야만 한다.

진동 보호 대상체의 질량을 m이라 하고, 이 질량을 강성이 K인 차단기 위에 올려놓을 때 차단의 효과는 k가 다음과 같이 주어진 조건을 만족시킬 때만 가능하다.

즉 $k < 10 \mathrm{m} f^2$

여기서 f는 차단하려는 진동의 주파수이다. 일반적으로는 하나 이상의 차단기를 이용하므로, 강성 k는 개개의 차단기의 강성의 합이다. 대부분 실제의 문제에서는 차단하려는 진동의 변위는 수직 방향 성분이다. 따라서 만일 차단기의 변위가 그에 걸리는 힘에 비례한다면, 시스템의 고유 진동수 ω_n과 차단기의 정적 변위 δ와의 관계는 다음과 같이 쓸 수 있다.

$$\omega_n = \frac{10\pi}{\sqrt{\delta}}$$

여기서 정적 변위 δ는 차단기에 걸리는 정적 하중에 의해서 생기는 차단기의 변위이다. 강철 스프링의 경우에는 위의 식이 잘 맞는다. 그러나 고무 차단기의 경우에는 작은 변위에 대해서만 위의 식이 잘 맞는다. 시스템의 고유 진동수보다 작은 주파수를 갖는 진동에 대해서 차단기는 전혀 역할을 하지 못한다. 외부 진동의 주파수가 시스템의 고유 진동수에 가까이 있을 때는 공진 현상이 발생하여 큰 진폭의 진동이 일어나므로 위험할 수 있다. 효과적인 진동 제어는 차단기의 고유 진동수보다 큰 주파수를 갖는 진동에 대해서만 가능하다. [표 5-5]는 시스템의 고유 진동수와 외부 진동 주파수를 아는 경우에 차단기의 대략적인 효과를 평가하는 데 이용될 수 있다.

이제까지는 진동의 방향이 수직인 경우만 생각했다. 그러나 일반적으로 진동은 수평 성분까지도 포함한다. 이 경우에는 모든 방향으로의 강성이 충분히 작은 차단기를 선택해야 한다. 이렇게 함으로써 각 방향에 대한 시스템의 고유 진동수가 그 방향에서 지배적인 진동 모드의 주파수보다 작도록 해야 한다.

[표 5-5] 고유 진동수에 대한 진동 차단기의 효과

$R = \dfrac{\text{외부 진동 주파수}}{\text{시스템 고유 주파수}}$	진동 차단 효과
1.4 이하	증 폭
1.4~3	무시할 정도
3~6	낮 음
6~10	보 통
10 이상	높 음

4-3 진동 차단기의 종류

(1) 강철 스프링

하중이 큰 경우에는 강철 스프링을 사용하는 것이 바람직하다. 특히 정적 변위가 5mm 이상이 요구될 때는 강철 스프링의 사용이 바람직하다. 이때의 고유 진동수는 2Hz 이하가 된다. 그러나 강철 스프링은 내부 감쇠가 대단히 작으므로 화이버 재료로 만든 패드와 함께 이용함으로써 감쇠를 증가시킴과 동시에 진동 전달 경로가 순전히 금속만으로 구성되는 바람직하지 않은 상황을 피하도록 한다. 강철 스프링은 일반적으로 나선형으로 만들어진다. 이때 사용되는 강재로서는 와이어, 막대, 좁은 시트메탈 등이 있다. 스프링을 사용할 때는 무엇보다도 하중에 견딜 수 있는 능력을 고려해야 한다. 특히 수직 방향 하중에 이용되는 스프링은 그의 측면 안정도를 고려해야 한다. 스프링의 지지 장치 없이 스프링 자체만을 직접 이용할 때는 스프링의 직경을 충분히 크게 함으로써 옆으로 구부러지는 것을 방지한다.
　[표 5-6]은 이러한 측면 굽힘을 방지하기 위한 스프링의 최소 직경을 보여 준다. 큰 직경
의 스프링을 사용할 공간이 충분치 않다면 측면 굽힘을 방지하기 위한 하우징을 사용해야
한다.

[표 5-6] 측면 굽힘 방지를 위한 스프링의 최소 직경(cm)

정적 변위(cm)	하 중(kg)		
	350까지	350~1150	1150~2700
3까지	7.0	10.0	12.5
3~5	12.5	12.5	18.0
5~7.5	15.0	13.0	21.5
5.7~10	21.5	21.5	25.5
10 이상	25.5	25.5	30.5

(2) 천연고무나 합성고무 절연재

　천연 고무나 합성 고무(neoprene)를 이용하는 진동 차단기들은 많은 형태가 상품화되어
있으며, 이들은 원하는 방향에 원하는 크기의 강성을 줄 수 있도록 조합 사용이 가능하다.
이러한 재료의 진동 차단기는 최저 10Hz까지의 진동 제어에 이용할 수 있다. 고무 차단기
의 가장 큰 장점은 측면으로 미끄러지는 하중에 적합하다는 것이다. 강철 스프링에서는 측
면 하중에 의한 제한이 있음은 위에서 언급하였다. 또한 고무 차단기는 비교적 가볍고 강하
며 값이 싼 장점이 있는 반면, 강성이 온도에 따라서 크게 변하는 단점이 있다. 특히 천연
고무는 강하고 상당한 감쇠를 갖고 있고 비교적 값이 싸지만, 탄화수소와 오존 등에 약하며
높은 온도에 약하다.
　네오프렌과 같은 합성 고무는 이러한 화학적 성질에 대한 저항이 더욱 크고 특히 비교적
높은 온도에도 잘 견딘다. 실리콘 합성 고무는 −75℃에서 20℃까지도 이용할 수 있다. 모
든 고무 차단기의 가장 큰 단점은 강성이 시간이 흐름에 따라서 천천히 그러나 계속적으로
변한다는 것이다. 이것은 무거운 하중을 걸었을 때 더욱 심하다.
　고무 차단기의 강성은 그 크기와 모양, 재료의 탄성 계수, 주파수, 하중의 크기에 따라서
다르다. 따라서 고무 차단기를 아용할 때는 이들 모든 요소를 고려해서 가장 적절한 것을
선택해야 한다.

(3) 패드

　진동 차단기로서 이용되는 패드에는 다음과 같은 재료들이 흔히 사용된다.

(가) 스폰지 고무

스폰지 패드는 많은 형태와 강성을 갖는 것이 상품화되어 있다. 스폰지 고무의 강성 특성은 위에서 말한 고무 차단기의 그것과 비슷하다. 스폰지 고무는 액체를 흡수하려는 경향이 있으므로 발화 물질 등의 액체가 있는 곳에서 이용할 때는 플라스틱 등으로 밀폐된 패드를 이용해야 한다.

(나) 파이버 글라스

파이버 글라스(fiber glass) 패드의 강성은 주로 파이버의 밀도와 직경에 의해서 결정된다. 파이버 글라스는 많은 수의 모세관을 포함하고 있으므로 습기를 흡수하려는 경향이 있다. 따라서 파이버 글라스 패드는 PVC 등 플라스틱 재료를 밀폐해서 사용하는 것이 바람직하다.

(다) 코르크

코르크(cork)로 만든 패드는 수분이나 석유 제품에 비교적 잘 견딘다.

4-4 감쇠기

진동 시스템에 대한 감쇠 처리는 다음과 같은 경우에 효과적이다.

① 시스템이 그의 고유진동수에서 강제 진동을 하는 경우

② 시스템이 많은 주파수 성분을 갖는 힘에 의해서 강제 진동되는 경우

③ 시스템이 충격과 같은 힘에 의해서 진동되는 경우

거의 모든 재료는 어느 정도의 내부 감쇠를 갖고 있다. 그러나 강철과 같은 기계 구조물에 흔히 쓰이는 재료들은 이 내부 감쇠가 대단히 작기 때문에 외부에서 별도의 감쇠를 가할 필요가 생기는 것이다.

진동 제어를 위한 시스템의 감쇠 처리를 위해서는 점성 탄성(viscoelastic) 재료를 쓴다. 점성 탄성 재료는 변형을 받았을 때 변형 에너지의 상당량을 내부에 저장하여 이 저장된 에너지의 상당한 부분을 열로서 발산할 수 있는 성질을 갖고 있다. 모든 고무와 플라스틱 재료는 이러한 점성과 탄성의 복합 성질을 어느 정도 갖고 있어서 점성 탄성 재료라고 볼 수 있다. 점성 탄성 재료로 만든 판을 구조물의 판에 부착함으로써 시스템의 감쇠를 증가시킨다. 이때 적절한 재료의 감쇠판과 그의 부착 위치를 선정함에 있어서 다음의 사항에 주의해야 한다.

① 감쇠판은 구조물이 진동할 때 현저한 변형을 받을 수 있는 곳에 설치해야 한다. 만약 특별한 위치 선정에 대한 기준 설정이 곤란하다면 구조물의 판 전체에 감쇠 처리를 함으로써 실제로 큰 진동을 할 수 있는 부분을 놓치지 말아야 한다.

② 감쇠판을 구조물에 완전히 부착시킴으로써 진동 에너지의 상당 부분을 흡수할 수 있도록 해야 한다.

③ 감쇠판은 그것이 흡수한 에너지의 상당 부분을 열로 발산할 수 있는 높은 손실 계수를 갖는 재료이어야 한다. 감쇠판을 직접 구조물판에 부착시키는 경우, 구조물의 진동에 의한 굽힘에 의해서 감쇠판은 늘어나게 되며 감쇠는 주로 감쇠판의 늘어남 때문에 일어난다.

이같이 발생하는 감쇠판의 두께를 증가함에 따라서 커진다. 실험에 의하면 일반적으로 감쇠의 크기는 판 두께의 1 내지 2 사이의 지수의 승으로 주어진다. 구조물판 두께의 2 내지 4배 정도 두께의 감쇠판을 사용함으로써 비교적 좋은 효과의 감쇠 처리를 할 수 있다. 이외에도 두께의 감쇠판을 이용해서 샌드위치형으로 감쇠 처리하여 감쇠를 증가시키는 방법도 있으나, 이에는 사용되는 재료의 선택과 판의 두께 등에 조심과 기술을 요하기 때문에 여기서는 설명을 생략한다.

본 절에서 논술한 점성 탄성 감쇠판은 구조 물판에 견고하게 연속적으로 부착해야만 좋은 감쇠 효과를 볼 수 있다. 접착제로서는 에폭시(epoxy)와 같은 강한 접착제를 얇은 막으로 하여 사용한다.

|핵|심|문|제|

1. 감쇠비 변화에 따른 진동수비와 진동 전달률 관계를 설명하시오.

2. 방진재의 종류별 특성을 설명하시오.

3. 진동 차단기의 종류를 설명하시오.

4. 진동 방지 대책에 대하여 설명하시오.

5. 고유 진동수에 대한 진동 차단기의 효과를 설명하시오.

|연|습|문|제|

1. 진동 차단기의 변위가 걸리는 힘에 비례할 때 시스템의 고유 진동수 ω 와 정적 변화 δ 와의 관계식은?

㉮ $\dfrac{\sqrt{10\pi}}{\delta}$　　　㉯ $\dfrac{\delta}{\sqrt{10\pi}}$　　　㉰ $\dfrac{\sqrt{\delta}}{10\pi}$　　　㉱ $\dfrac{10\pi}{\sqrt{\delta}}$

2. 고주파 진동에 가장 효과적인 진동 방지 방법은?
　㉮ 진동 차단기 사용　　　　　㉯ 기초의 진동을 제어
　㉰ 2단계 차단기 사용　　　　　㉱ 질량이 큰 거더(girder) 사용

3. 방진 대책 수립에 있어서 진동 전달력이 외력보다 항상 작을 때는 고유 진동수(fn)에 대한 강제 진동수(f)의 비(f/fn)값은 얼마인가?
　㉮ $f/f_n = 1$　　　㉯ $f/f_n < \sqrt{2}$　　　㉰ $f/f_n = \sqrt{2}$　　　㉱ $f/f_n > \sqrt{2}$

4. 기계의 공진을 제거하는 방법으로 맞지 않는 것은?
　㉮ 우발력의 주파수를 기계의 고유 진동수와 다르게 한다.
　㉯ 기계의 질량을 바꾸어 고유 진동수를 변화시킨다.
　㉰ 기계의 강성을 보강한다.
　㉱ 우발력을 증대시켜 발생시킨다.

5. 진동 차단기의 기본 요구 조건이 아닌 것은?
　㉮ 강성이 충분히 커야 한다.
　㉯ 온도, 습도, 화학적 변화 등에 의해 견딜 수 있어야 한다.
　㉰ 하중을 충분히 견딜 수 있어야 한다.
　㉱ 차단하려는 진동의 최저 주파수보다 작은 고유 진동수를 가져야 한다.

해답　1. ㉱　2. ㉰　3. ㉱　4. ㉱　5. ㉮

6. 댐핑 재료에 대한 사항이 아닌 것은?

㉮ 구조물에 완전히 부착해야한다.

㉯ 점성 탄성인 재료는 사용하지 않는다.

㉰ 열을 잘 발산해야 한다.

㉱ 구조물이 진동할 때 현저한 변형을 받을 수 있는 곳에 설치한다.

7. 강제 진동 주파수(f)와 고유 진동 주파수(fn)의 비(f/fn)가 10 이상일 때 나타나는 진동 차단 효과는?

㉮ 증폭   ㉯ 영향 없음   ㉰ 낮음   ㉱ 높음

8. 다음 진동 시스템에 대한 댐핑 처리 중 옳지 않은 방법은?

㉮ 시스템이 그의 고유 진동수에서 강제 진동을 하는 경우

㉯ 시스템이 많은 주파수 성분을 갖는 힘에 의해 강제 진동되는 경우

㉰ 시스템이 충격과 같은 힘에 의해서 진동되는 경우

㉱ 시스템이 고유 진동수에서 자유 진동되는 경우

9. 진동을 차단시켜 주는 진동 차단기가 가져야 할 성질이 아닌 것은?

㉮ 진동 차단기의 고유 진동수를 진동 발생원의 주파수와 동일하게 한다.

㉯ 온도, 습도, 화학적 변화에 견딜 수 있도록 한다.

㉰ 강성을 작게 하고 하중을 견딜 수 있도록 한다.

㉱ 진동 발생원으로 부터의 진동 차단 능력이 있어야 한다.

10. 일반적으로 우리는 진동 주파수를 통해 문제 부품을 찾아낼 수 있으므로, 주파수를 안다는 것은 어느 부분의 고장이며 문제인가를 판단하게 해 주는데 다음 중 기계 부품이 이완되었을 경우에 해당하는 설명으로 옳은 것은?

㉮ 물체의 회전 속도와 동일한 진동수를 유발한다.

㉯ 물체의 회전 속도의 정수배와 동일한 진동수를 형성한다.

㉰ 물체의 회전 속도의 1/2배와 동일한 진동수를 형성한다.

㉱ 베어링의 회전당 또는 기어 잇수에 해당하는 고주파 진동을 일으킨다.

11. 천연 고무 혹 합성 고무 절연재의 고무 차단기의 특징 중 맞는 것은?

㉮ 측면으로 미끄러지는 하중에 적합하다.

㉯ 비교적 무겁고 강하며 값이 싸다.

㉰ 강성이 온도에 따라서 변하지 않는다.

㉱ 탄화수소와 오존 등에 강하며 높은 온도에 강하다.

12. 고유 진동수와 강제 진동수가 일치할 경우 진동이 크게 발생하는 현상을 무엇이라 하는가?

㉮ 울림   ㉯ 공진   ㉰ 외란   ㉱ 상호 간섭

해답   6. ㉯   7. ㉱   8. ㉱   9. ㉮   10. ㉯   11. ㉮   12. ㉯

제6장

소음 이론

▉ 1. 음의 개요

1-1 소음과 음향

소리란 인간의 귀가 감지해 낼 수 있는 어떤 매질에서의 압력 변동이라 정의할 수 있다. 매초당 압력 변동을 주파수라 하며, 압력 변동은 음원으로부터 우리 귀까지 공기와 같은 탄성 매질을 통하여 전달된다. 우리의 귀가 감지할 수 있는 소리(sound)는 음향(acoustic)과 소음(noise)으로 분류할 수 있다. 음악을 듣는다거나 새의 노랫소리를 듣는 것과 같이 즐거움을 주는 소리를 음향이라 하고, 기계에서 발생하는 소리와 같이 우리 인간의 귀에 거슬리는 원하지 않는 소리(unwanted sound)를 소음이라 한다.

무엇보다도 소리의 나쁜 악영향은 손상과 파괴를 초래할 수 있다는 것이다. 음속을 통과할 때의 충격파는 창문을 손상시키고 벽의 회반죽을 떨어뜨릴 수도 있다. 하지만 가장 불행한 경우는 소리를 감지할 수 있도록 섬세하게 설계된 우리 인간의 귀를 손상시킬 때이다.

1-2 소음과 진동의 관련성

소음과 진동은 매질내의 한 부분에 외부 힘을 가할 때 매질의 탄성에 의해서 초기 에너지가 매질의 다른 부분으로 전달되는 현상이다. 예를 들어서 대기 중에 진행하는 음파의 압력은 건물 벽에 힘을 가해서 벽을 구성하는 입자들을 움직임으로써 본래의 음파와 동일한 주파수의 진동을 발생시킨다. 이와는 반대로 진동을 하는 벽은 벽 바로 앞의 대기 입자에 힘을 가해서 소음을 발생시킨다.

[그림 6-1]은 기계 가동 시의 소음과 진동이 공장 한 구석에 있는 부분 차폐 실내로 전달되는 과정을 보여 준다. 기계에서 발생된 소음 중 일부는 대기를 통해서 직접 혹은 천정으로부터의 반사에 의해서 차폐 실내로 전달된다(소음 A). 나머지는 차폐실의 벽을 통해서 전

달된다(소음 B). 이 경우 차폐실 내부로 전달된 소음은 일단 차폐실 벽의 진동 과정을 거친다. 반면에 기계에 의한 진동은 공장 바닥을 통해서 차폐실로 전달되며, 차폐실 벽과 바닥에 진동을 가함으로써 내부에 소음을 발생시킨다. 바닥을 통한 진동의 일부는 표면 진동의 형태로 바닥에서 직접 공장 내부로 소음을 발생시키기도 한다.

이 예에서 보듯이 소음과 진동은 진행 과정에서 상호 교환 발생이 가능하다. 따라서 효과적인 공장 소음 대책은 소음과 진동을 동시에 고려하는 것이 바람직하다. 진동은 궁극적으로 소음의 형태로 청각을 통해서 인체에 영향을 미치는 외에도 직접 인체와의 물리적인 접촉에 의해서 영향을 미칠 수도 있다.

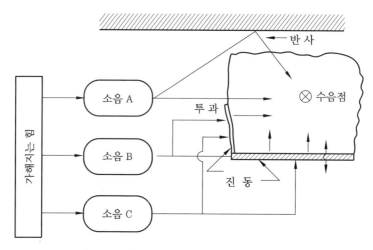

[그림 6-1] 소음과 진동의 상호 교환 발생

2. 음의 물리량

2-1 음파

음파(sound wave)는 매질을 구성하고 있는 입자들의 압축과 이완에 의하여 에너지가 전달되는 파동 현상을 나타내는 소리의 물리적 표현이다. 파동을 전달하는 물질을 매질이라 할 때 소리의 전달은 매질의 운동 에너지와 위치 에너지의 교번 작용으로 이루어지며, 이때 매질 자체가 이동하는 것이 아니라 매질의 변형 운동으로 이루어지는 에너지 전달을 뜻한다.

소리를 전달하기 위해서는 공기라는 매질이 필요하며 음파는 공기 등의 매질을 전파하는 소밀파(압력파)로 순음(pure tone)의 경우, 그 음압은 정형파적으로 변화하며, 공기 분자들은 진자처럼 자신의 평형 위치에서 반복적으로 미소하게 변위한다. 음파는 매질 개개의 입자가 파동이 진행하는 방향의 앞뒤로 진동하는 종파(longitudinal wave)이다.

음파에 기본적으로 사용되는 물리적 성질은 다음과 같다.

(1) 파장

파장(wavelength)은 그림과 같이 음파의 한 주기에 대한 거리로 정의되며, 표기 기호는 λ, 단위는 m이다. 음의 전달 속도를 음속 c(m/s)라 하면, 파장 λ는

$$\lambda = \frac{c}{f}$$

가 된다.

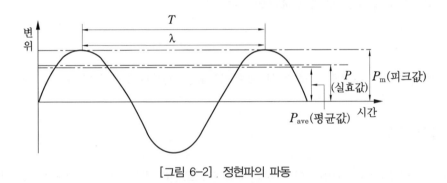

[그림 6-2] 정현파의 파동

(2) 주기

주기(period)는 정현파에서 한 파장이 전파되는 데 걸리는 시간을 말하며, 표시 기호는 T, 단위는 초(sec)이다.

$$T = \frac{1}{f} \, [\text{sec}]$$

(3) 주파수

주파수(frequency)는 음파가 매질을 1초 동안 통과하는 진동수를 말하며, 표시 기호는 f, 단위는 Hz이다.

$$f = \frac{1}{T} = \frac{c}{\lambda} \, [\text{Hz}]$$

(4) 진폭

진폭(amplitude)은 파형의 산이나 골과 같이 진동하는 입자에 의해 발생하는 최대 변위

값을 말하며, 그 표기 기호는 A, 단위는 m이다. 음파에 의한 공기 입자의 진동 진폭은 실제로 매우 작은 값인 0.1nm 정도이다.

(5) 음의 전파 속도

음의 전파 속도(음속 : speed of sound)는 음파가 1초 동안에 전파하는 전를 말하며 그 표기 기호는 c, 단위는 m/s이다. 공기 중에서의 음속은 기압과 공기 밀도에 따라 변하게 된다.

음의 전파 속도는 다음 식으로 나타낸다.

$$c = 331.5 + 0.6t[\text{m/s}]$$

여기서, t는 공기의 온도이다.

또한, 매질이 고체 또는 액체 중에서의 음속 c는

$$c = \sqrt{E/\rho}\,[\text{m/s}]$$

가 된다. 여기서 E는 매질의 세로 탄성 계수 $[\text{N/m}^2]$, ρ는 매질의 밀도 $[\text{kg/m}^3]$이다.

2-2 음향 파워

음향 파워(acoustic power)는 단위 시간에 음원으로부터 방출되는 음의 에너지를 의미하며, 음향 파워의 표기 기호는 W, 단위는 W(Watt)이다.

음향 파워 W는 음원을 둘러싼 표면적(S)과 그 표면에서 r(m) 떨어진 곳에서 음의 세기를 I라 하면 다음과 같이 표현된다.

$$W = I \times S[\text{W}]$$

여기에서 S는 음원의 방사 표면적(m^2)이다.

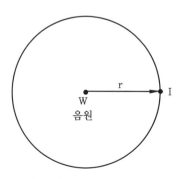

[그림 6-3] 점 음원의 음향 파워

2. 음의 물리량 **135**

2-3 음의 세기

음의 진행 방향에 수직하는 단위 면적을 단위 시간에 통과하는 음에너지를 음의 세기 (sound intensity)라 하며, 음의 세기의 표기 기호는 I, 단위는 W/m²이다.

음의 세기 I와 음압 실효치 P와의 관계는 다음 식으로 나타낸다.

$$I = P \times v = \frac{P^2}{\rho c} \, [W/m^2]$$

여기서, ρ는 매질의 밀도이다.

2-4 음압

소밀파의 압력 변화의 크기를 음압(sound pressure)이라 하고 그 표기 기호는 P, 단위는 N/m²(=Pa)이다. 정현파에서 음압 진폭 P_m(피크값)과 음압 실효값(rms값) P와의 관계는 다음과 같다.

$$P = \frac{P_m}{\sqrt{2}} \, [N/m^2]$$

2-5 음의 dB 단위

(1) 데시벨

음의 크기를 파스칼(Pa)의 단위로 나타낼 경우 숫자가 너무 커서 사용하기 불편하다. 따라서 음의 크기 등을 나타내는 단위로서 데시벨(dB : deciBell)를 사용한다. 소리는 본질적으로 대기의 작은 압력의 변화를 우리 귀의 고막에 의해서 감지하는 현상이다. 따라서 소리의 크기는 이 압력의 크기로서 정의하면 될 것이다.

그러나 사람이 들을 수 있는 소리의 크기는 최저 가청 압력인 2×10^{-5}N/m²에서 통증을 느끼기 시작하는 압력인 200N/m²까지 광범위하기 때문에 소리의 압력 자체로서 소리의 크기를 정의하는 데는 불편이 따른다. 이처럼 넓은 범위에서 변하는 양을 취급하기 위해서 물리학이나 공학에서는 흔히 그 양의 log값을 이용한다. 데시벨은 공학에서 다음과 같이 정의된다.

$$1dB = 10 \log\left(\frac{\text{Power}}{\text{기준 Power}}\right)$$

여기서, $\log\left(\dfrac{\text{Power}}{\text{기준 Power}}\right)$는 전화의 발명자 알렉산더 그레헴 벨(Alexander Graham

Bell)을 추모해서 'Bell'이라고 부르며 이 단위의 $\frac{1}{10}$ 을 dB(deciBell)이라고 정의한다. 이처럼 dB는 어떤 기준값에 의해 정의된 상대적인 양이다.

한 가지 주의할 것은 세기와 음압은 모두 실효값(rms)이다. 즉 음향의 dB는 음압의 실효값에 의해서 정의된다. 이와 같이 dB는 세기에 의한 것이든 음압에 의한 것이든 같은 값을 준한다. 앞서 말한 대로 dB 스케일의 가장 큰 장점은 넓은 범위의 양을 취급하기 쉬운 작은 범위의 숫자로 바꾼다는 것이다.

[그림 6-4]는 몇 가지 경우들에 대한 음압도를 보여 준다. 여기에서 $P_\circ$는 정상 청력을 가진 사람이 1,000(Hz)에서 가청할 수 있는 최소 음압 실효치($2\times10^{-5}[N/m^2]$)이며, P는 대상 음의 음압 실효치이다. 가청 한계는 $60[N/m^2]$, 즉 130dB 정도이다.

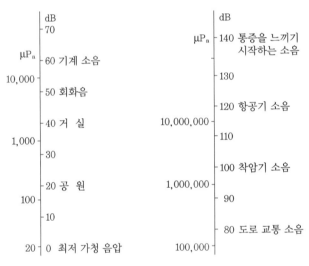

[그림 6-4] 음압도의 예

(2) 음압도

음향에서 dB는 power 대신에 음의 세기 레벨(음압도 : sound pressure level, SPL)을 사용하며,

$$SIL=10\log\left(\frac{I}{I_\circ}\right)$$

로 정의한다. 여기서 $I_\circ$는 기준 세기로서, 최저 가청 압력 $P_\circ=2\times10^{-5}[N/m^2]$에 해당하는 세기 $I_\circ=10^{-12}[W/m^2]$로 정의하며 I는 대상 음의 세기이다. I는 P의 자승에 비례하므로 위 식은 다음과 같이 음압의 함수로 쓸 수 있다.

$$SPL=10\log\left(\frac{P^2}{P_\circ{}^2}\right)=20\log\left(\frac{P}{P_\circ}\right)$$

예제 문제 1

회전 기계 장치로부터 5m 떨어진 곳에서 측정된 소음 레벨이 1.5N/m²일 때 음압 레벨을 dB 값
으로 계산하시오.

풀이

측정된 음압 레벨 : $1.5[N/m^2]$,

기준 음압 레벨(최저 가청 음압 레벨) : $20 \times 10^{-6}[N/m^2]$이므로

dB 단위의 음압 레벨 L_p는

$$L_p = 20\log_{10}\left(\frac{P}{P_o}\right) = 20\log_{10}\left(\frac{1.5}{2 \times 10^{-5}}\right) = 97.5\text{dB}$$

2-6 데시벨의 대수법

데시벨은 큰 범위의 숫자를 쉽게 취급할 수 있는 장점이 있는 반면, log를 이용해서 정의
된 양만큼 대수법에 주의를 해야 한다. 데시벨로 정의된 두 개 이상의 양을 취급할 때는 이
들을 일단 본래의 물리량으로 바꾸어 더하거나 빼야 한다. 이때 우리는 본래의 물리량으로
서 세기(intensity)를 생각할 수 있고 압력을 생각할 수도 있다. 데시벨을 계산할 때는 세기
로 환산하는 방법을 써야 한다. 예를 들어 두 음압을 합하고자 할 때 다음과 같은 식을 이용
한다.

두 개의 음압도 L_{P1}과 L_{P2}가 아래와 같이 주어진 경우,

$$L_{P1} = 10\log\left(\frac{I_1}{I_\circ}\right) = 10\log\left(\frac{P_1^2}{P_0^2}\right)$$

$$L_{P2} = 10\log\left(\frac{I_2}{I_0}\right) = 10\log\left(\frac{P_1^2}{P_0^2}\right)$$

이 두 식을 합하면 다음과 같이 된다.

$$L_P = L_{P1} + L_{P2} = 10\log\left(\frac{I}{I_0}\right) = 10\log_{10}(10^{L_1/10} + 10^{L_2/10})$$

만일 두 개의 음압도가 각각 70dB와 75dB로 주어졌다면, 이들의 합은 다음과 같이 구한다.

$$L_P = 10\log_{10}(10^{L_1/10} + 10^{L_2/10}) = 10\log_{10}(10^{70/10} + 10^{74/10}) = 75.45[dB]$$

실제로는 이러한 번거로운 계산을 피하고 [그림 6-5]의 차트에 의해서 두 개의 데시벨 값
의 차이를 통하여 구할 수 있다.

즉, 두 음압의 차(74-70=4)가 4dB이므로 그림에서 x축의 값이 4일 때 y축의 값은 1.45와 유사함을 알 수 있다. 따라서 그래프를 통하여 간편한 방법으로 합성 음압도를 구할 수 있다.

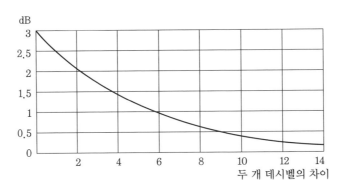

[그림 6-5] 두 개의 데시벨을 더할 때의 보정값

3. 소리와 청각

3-1 음의 청취

인체의 청각 기관은 정상적인 경우 20Hz에서 20,000Hz 범위의 주파수 성분을 들을 수 있다. 우리가 소리를 들을 수 있는 원리는 그림과 같이 귀의 구조를 살펴보면, 인간의 귀는 세 가지의 중요한 외이, 중이, 내이로 구성되어 있다. 음원으로부터 공기라는 매질을 통하여 전달된 음파는 귓바퀴에 모여 귓구멍을 통과하면서 공기의 압력 변화에 의하여 귀의 고막을 진동시키게 된다.

이 고막의 진동을 통하여 중이와 내이를 거쳐 달팽이관 안에 있는 림프액으로 채워진 기저막(basilar membrane)으로 전달되면 수 만개의 세포로 구성된 신경 계통을 통하여 소리가 뇌로 전달하게 된다.

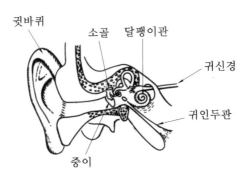

[그림 6-6] 귀의 구조

(1) 외이

외이(external ear)는 청각 기관 중 가장 바깥쪽에 있는 이개, 외이도 및 고막으로 구성되어 있으며 공기를 통해 소리를 전달한다.

(2) 중이

중이(middle ear)는 외이도 골부에 연결되어 고막을 경계로 측두골 내부에 있으며, 이소골과 이내근 등 중이 해부학적 구조물을 싸고 있는 중이강, 측두골 유양동, 이관 등으로 구성되어 있으며 뼈를 통해 소리를 전달한다.

(3) 내이

내이(inner ear)는 청각 신호 전달 경로에서 대뇌가 인식할 수 있는 방식으로 바꾸어 청신경으로 전달시키는 역할과 몸의 균형을 유지하는 역할을 담당한다. 형태와 내부 구조가 매우 복잡하여 미로라고도 한다. 림프액을 통하여 소리를 전달한다.

3-2 음의 3요소

우리가 들을 수 있는 소리의 성분은 크게 세 가지로 분류하는데, 이것을 음의 3요소라 한다. 음의 3요소는 음의 높이(pitch), 음의 세기(loudness) 및 음색(timber)으로 구분된다.

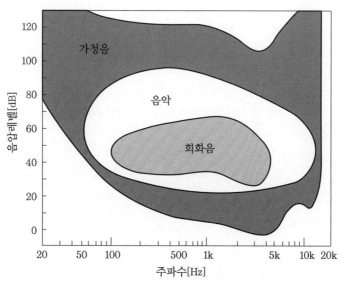

[그림 6-7] 가청 범위

(1) 음의 높이(고주파수, 저주파수 [Hz])

음의 높고 낮음은 음파의 주파수에 따라 음의 높고 낮음을 감지하며, 높은 주파수는 파장이 짧아 음을 높게 느끼고, 낮은 주파수는 파장이 길어서 음을 낮게 느낀다. 인간의 가청 주파수가 20Hz에서 20,000Hz 범위이므로 20Hz 이하의 낮은 주파수는 초저 주파수라 하고 20,000hz 이상의 높은 주파수는 초음파라 부른다.

음의 중심 주파수는 회화 명료음(인간의 귀에 가장 잘 들리는 주파수 대역의 음)으로서 1,000Hz를 기준으로 하고 있다. 예를 들어 똑같은 음압 레벨로 회화하더라도 1,000Hz 대역의 회화음이 500Hz 대역의 회화음보다 더 크고 명료하게 들리게 된다.

(2) 음의 세기(큰 소리, 작은 소리 [dB])

음의 세기는 진폭과 관계가 있으며 큰 소리일수록 진폭은 커지고 있으며 작은 소리일수록 진폭은 작아진다. 즉, 음압(sound pressure)에 따른 차이로서 진폭의 크기에 따르며, 예를 들면 큰 소리와 작고 조용한 소리를 의미하며, 음의 크기는 음압 레벨의 단위인 데시벨(dB)로 표시할 수 있다.

(3) 음색(파형의 시간적 변화)

음색이란 소리의 맵시로서 음파의 시간적 변화에 따른 차이를 의미한다. 같은 높이, 같은 크기의 소리라도 발음체의 종류가 다르면 소리의 질이 다르게 된다. 또 같은 종류의 발음체라도 주의해서 들으면, 각각의 발음체에서 나오는 소리에는 그 발음체 고유의 특징이 있다. 예를 들면, 피아노와 기타 소리와의 차이를 의미한다.

우리가 듣는 피아노의 도 음이나 기타의 도 음은 실제로는 많은 배음을 지닌 합성파이다. 이때 만들어지는 합성파의 모양이 다르면 음색이 다르게 느껴진다. 즉 소리의 높이는 주로 그 소리의 기본음의 주파수에 의해서 결정되지만, 상음의 구성이 다르면 같은 높이라도 음색의 차이로 이를 분간하게 된다.

3-3 등청감 곡선

사람의 귀로 감지되는 음의 크기는 물리적인 양인 데시벨(dB)과 일치하지 않으며 비선형적으로 느껴진다. 또한 사람이 느끼는 귀의 감도는 음의 주파수에 따라 다르며 음압 레벨도 다르게 나타난다.

즉, 사람의 귀는 주파수에 따라 감지도가 다르기 때문에 기계적으로 측정된 음압도를 보정해 줄 필요가 있다. [그림 6-8]은 실험적으로 구한 건강한 사람의 소리에 대한 감지도의 주파수 변화를 나타내고 있다.

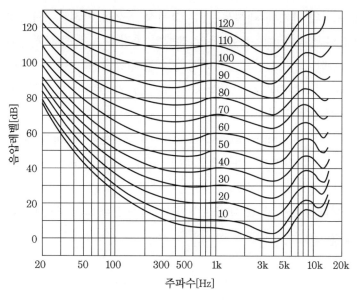

[그림 6-8] 등청감 곡선

한 개의 사인파로 이루어진 순수한 소리를 순(pure tone)음이라 할 때 등청감 곡선(equal loudness contours)이란 같은 크기로 느끼는 순음을 주파수별로 구하여 작성한 곡선을 의미한다. [그림 6-8]에서 사람이 느끼는 주파수와 음압 레벨의 관계를 알아보면,

순음 1,000Hz의 음압도 50dB는 50phon으로 느끼지만, 순음 100Hz의 음압도 50dB는 40phon으로 느낀다. 100Hz에서 50phon으로 느끼기 위해서 100H도가 58dB되어야 함을 의미한다. 이와 같이 사람의 귀는 주파수 대역에 따라 느끼는 소리의 감도가 다르다는 것을 알 수 있다. 즉, 저주파수의 음이 고주파수의 음보다 낮게 들리는 이유가 이와 같은 등청 감 곡선 때문이다.

사람의 귀로 들을 수 있는 가청 영역은 주파수 범위 20~20,000Hz에서 음압 레벨 0~130(dB) 정도이다. 사람이 가장 민감한 소리를 들을 수 있는 주파수는 약 3900Hz이며, 이것은 귀의 구조 특성이 공명과 관련이 있기 때문이다. 또한 100Hz 이하의 저주파음에는 매우 둔감한 것으로 알려져 있다.

3-4 청감 보정 회로

음향 측정 장비에는 기본 음압도의 측정뿐만 아니라, 기계적으로 측정된 음압도를 사람이 실제 느끼는 레벨로 맞추기 위하여 등청감 곡선을 역으로 한 청감 보정 회로(weighting network)를 포함하여 근사적인 음의 크기 레벨을 측정한다.

청감 보정 곡선은 소리의 세기를 3등분하여 중간 이하의 소리에서는 A 특성 곡선을 사용하고, 그 이상의 소리의 세기에 대해서는 B, C 특성 곡선을 차례로 사용한다.

일반적으로 인간의 청각에 대응하는 음압 레벨의 측정은 A 특성을 사용한다. C 특성은 전 주파수 대역에 평탄 특성(flat)으로서 자동차의 경적 소음 측정에 사용된다. 현재 잘 사용하지 않는 B 특성은 A 특성과 C 특성의 중간 특성을 의미하며, ISO 규격에는 항공기 소음 측정을 위한 D 특성이 있다.

소음계에서 A 보정은 40phon 곡선(SPL<55dB), B 보정은 70phon(55dB<SPL<85dB), C 보정은 100phon(85dB<SPL)을 기준으로 하고 있다. 또한 D 보정은 1~10kHz 범위에서 보정 특성을 가진다.

현재 A 특성 측정값이 감각과 잘 대응한다 하여 대부분의 소음 측정에는 A 특성을 사용하며 측정 레벨은 dB(A) 또는 dBA로 표시한다.

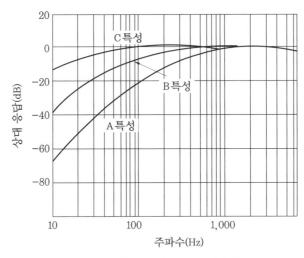

[그림 6-9] 청감 보정 회로의 상대 응답

4. 음의 발생과 특성

4-1 음의 발생

음을 발생시키는 방법에는 크게 두 가지가 있다. 기계적 진동이나 공기의 압력 변화가 대표적이다. 또한 음이 발생될 때 공명 현상도 주의 깊게 관찰해야 한다.

(1) 고체음

물체의 진동에 의한 기계적 원인으로 발생한다. 고체음은 기계의 진동이 기초대의 진동을 수반하여 발생하는 음과 기계 자체의 진동에 의한 음으로 분류된다. 예를 들면 북이나 타악기 및 스피커 음 등이 있다.

(2) 기체음

직접적인 공기의 압력 변화를 일으키는 것으로서 관악기나 불꽃의 폭발음, 선풍기음, 압축기음 및 음성 등이다.

(3) 공명 현상

공명이란 2개의 진동체의 고유 진동수가 같을 때 한쪽을 진동시키면 다른 쪽도 공명하여 진동하는 현상이다. [표 6-1]은 간단한 구조의 진동체에 대한 공명 주파수를 나타내고 있다. 기본음의 주파수(공명 주파수)을 이용하면 진동체의 길이와 두께 등이 변화할 때 그 주파수도 변화함을 알 수 있다.

[표 6-1] 진동체의 기본음 주파수

진동체의 형상	음의 기본 주파수	기 호
봉의 상하진동	$\dfrac{1}{2l}\sqrt{\dfrac{E}{\rho}}$	l : 길이, E : 탄성계수 σ : 밀도
봉의 좌우진동	$\dfrac{K_1 d}{l^2}\sqrt{\dfrac{E}{\rho}}$	K : 스프링 상수 d : 원봉의 직경
한쪽 열린관	$\dfrac{c}{4l}$	c : 공기 중의 음속 l : 관의 길이
양쪽 열린관	$\dfrac{c}{2l}$	
고정 원판	$\dfrac{3.2^2 h}{4\pi a^2}\sqrt{\dfrac{E}{3\rho(1-\sigma^2)}}$	h : 원판의 두께 a : 원판 반경 σ : 프와송비

4-2 음의 특성

(1) 반사와 투과

매질을 통과하는 음파가 어떤 장애물을 만나면 일부는 반사(reflection)되고, 일부는 장애물을 투과하면서 흡수되고, 나머지는 장애물을 투과(transmission)하게 된다. 이와 같이 평탄한 장애물이 있을 경우 입사파와 반사파는 동일 매질 내에 있고, 입사각과 동일한 것을 반사 법칙이라 한다.

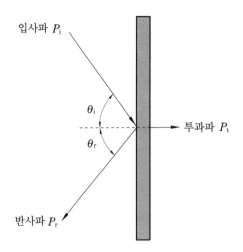

입사파 P_i

투과파 P_t

θ_i

θ_r

반사파 P_r

[그림 6-10] 음파의 반사와 투과

- 입사음의 세기 I_i, 입사 음압 P_i
- 반사음의 세기 I_r, 반사 음압 P_r
- 투과음의 세기 I_t, 투과 음압 P_t
- 흡수음의 세기 I_a 흡수 음압 P_a

라 하면 반사율, 투과율 및 흡음률은 다음 식으로 표현된다.

① 반사율 $\alpha_r = \dfrac{\text{반사음의 세기}}{\text{입사음의 세기}} = \dfrac{I_r}{I_i}$

② 투과율 $\tau = \dfrac{\text{투과음의 세기}}{\text{입사음의 세기}} = \dfrac{I_t}{I_i}$

③ 흡음율 $\alpha = \dfrac{(\text{입사음} - \text{반사음})\text{의 세기}}{\text{입사음의 세기}} = \dfrac{I_i - I_r}{I_i}$

(2) 회절

회절(diffraction)은 투과되지 않은 음이 장애물에 입사한 경우 장애물의 크기가 입사음의 파장보다 크면 음이 장애물 뒤쪽으로 전파하는 현상을 말한다. 따라서 음의 회절은 파장과 장애물의 크기에 따라 다르게 나타나며, 파장이 크고 장애물이 작을수록 회절은 잘 된다. 즉, 물체에 있는 틈새 구멍이 작을수록 회절이 잘 일어난다.

(3) 굴절

음의 굴절(refraction)은 음파가 한 매질에서 다른 매질로 통과할 때 휘어지는 현상을 의미한다. 각각 서로 다른 매질을 음이 통과할 때 그 매질 중의 음속은 서로 다르게 된다.

입사각을 θ_1, 굴절각을 θ_2라 하면 그때의 음속비 γ_c는 스넬(Snell)의 법칙에 따라 다음과 같이 정의된다.

$$음속비 \quad \gamma_c = \frac{c_1}{c_2} = \frac{\sin\theta_1}{\sin\theta_2}$$

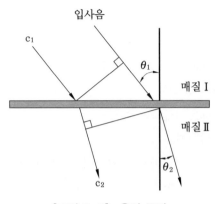

[그림 6-11] 음의 굴절

① 온도차 굴절 : 대기의 온도차에 의하여 높은 온도에서 낮은 온도 방향으로 굴절한다.

② 풍속차 굴절 : 음의 발생원이 있는 곳보다 높은 곳에서 풍속이 클 때 높은 상공으로 굴절한다.

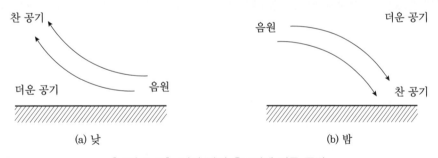

[그림 6-12] 낮과 밤의 온도차에 따른 굴절

(4) 간섭

두 개 이상의 음파가 서로 다른 파동 사이의 상호 작용으로 나타나는 현상으로서 음파가 겹쳐질 경우 진폭이 변하는 상태를 음의 간섭(interference)이라 한다. 음의 간섭에는 보강 간섭, 소멸 간섭 및 맥놀이 현상이 있다.

① 보강 간섭 : 여러 파동이 마루는 마루끼리 골은 골끼리 서로 만나 엇갈려 지나갈 때 그 합성파의 진폭이 크게 나타나는 현상

② 소멸 간섭 : 여러 파동 마루는 골과, 골은 마루와 만나면서 엇갈려 지나갈 때 그 합성

파의 진폭이 작게 나타나는 현상

③ 맥놀이 : 두 개의 음원에서 보강 간섭과 소멸 간섭을 교대로 이룰 때 어느 순간에 큰 소리가 들리면 다음 순간에는 조용한 소리로 들리는 현상으로 맥놀이 수는 두 음원의 주파수 차와 같다.

(5) 마스킹 효과

마스킹(masking) 효과는 음원이 두 개인 경우, 소리의 크기가 서로 다른 소리를 동시에 들을 때 큰 소리만 들리고 작은 소리는 듣지 못하는 현상이다. 이 현상은 음의 간섭으로 인하여 발생되며, 마스킹의 특징은 다음과 같다.

① 저음이 고음을 잘 마스킹한다.

② 두 음의 주파수가 비슷할 때는 마스킹 효과가 매우 커진다.

③ 두 음의 주파수가 같을 경우 마스킹 효과가 감소한다.

또한, 마스킹 효과는 공장 내에서의 배경음악(back music)이나 자동차 안의 스테레오 음악 등이 있다.

(6) 도플러 효과

음원이 이동할 경우 음원이 이동하는 방향 쪽에서는 원래 음보다 고주파음(고음)으로 들리고, 음이 이동하는 반대쪽에서는 저주파음(저음)으로 들리는 현상을 도플러(Doppler) 효과라 한다.

|핵|심|문|제|

1. 음(sound)의 물리량에 대하여 설명하시오.

2. 음압도의 단위(Pa)를 공학 단위(dB)로 변환하는 방법을 설명하시오.

3. 두 음원의 음압도가 각각 70dB와 75dB일 때 합성 소음도를 계산하시오.

4. 청감 보정 회로의 A, B, C 특성을 설명하고 각 사용 예를 설명하시오.

5. 소음 측정에서 FAST/SLOW 모드에 대하여 설명하시오.

6. 마스킹(masking) 효과에 대하여 설명하시오.

7. 맥놀이 현상에 대하여 설명하시오.

8. 도플러 효과에 대하여 설명하시오.

|연|습|문|제|

1. 음원으로부터 단위 시간당 방출되는 총 음에너지를 무엇이라 하는가?
  ㉮ 음향 출력   ㉯ 음향 세기   ㉰ 음향 입력   ㉱ 음장

2. 장애물 뒤쪽으로 음이 전파되는 현상은?
  ㉮ 음의 굴절   ㉯ 음의 회절   ㉰ 음의 간섭   ㉱ 음의 반사

3. 음의 간섭 현상이 아닌 것은?
  ㉮ 보강 간섭   ㉯ 소멸 간섭   ㉰ 굴절   ㉱ 맥놀이

4. 등청감 곡선이란?
  ㉮ 음의 물리적 강약을 음압에 따라 표시한 곡선
  ㉯ 정상 청력을 가진 사람이 1000Hz에서 들을 수 있는 최소 음압
  ㉰ 사람의 귀와 같은 크기의 음압을 주파수 별로 구하여 작성한 곡선
  ㉱ 음의 진행 방향에 수직하는 단위 면적을 통과하는 음에너지 양

5. dB 단위로 음압 레벨(Lp)의 정의로 맞는 것은?(단, p : 측정값, Po는 최저 가청 한계로 표준화된 기본 레벨)
  ㉮ $Lp = 20\log\dfrac{P}{Po}dB \ \ (Po : 20\mu Pa)$

해답   **1.** ㉮   **2.** ㉯   **3.** ㉰   **4.** ㉰   **5.** ㉮

㉯ $Lp = 10\log\dfrac{P}{Po}dB \; (Po : 20\mu Pa)$

㉰ $Lp = 20\log\dfrac{P}{Po}dB \; (Po : 2 \times 10^6 N/m^2)$

㉱ $Lp = 10\log\dfrac{P}{Po}dB \; (Po : 2 \times 10^{-6} N/m^2)$

6. 세기가 같은 두 개의 음파가 합치면 전체 음압도는 얼마 증가하는가?

   ㉮ 3dB   ㉯ 6dB   ㉰ 9dB   ㉱ 12dB

7. 정상적인 사람의 최소 가청음의 세기(W/m²)는 얼마인가?

   ㉮ 10^{-12} ㉯ 20^{-12} ㉰ 100^{-12} ㉱ 200^{-12}

8. 서로 다른 파동 사이의 상호 작용으로 나타나는 음의 현상을 무엇이라 하는가?

   ㉮ 음의 반사   ㉯ 음의 굴절   ㉰ 음의 간섭   ㉱ 음의 회절

9. 크고 작은 두 소리를 동시에 들을 때 큰 소리만 들리는 현상은?

   ㉮ Huyghens 원리   ㉯ Doppler 효과   ㉰ Masking 효과   ㉱ Pascal 원리

10. 음의 진행 방향에 수직하는 단위 면적을 단위 시간에 통과하는 음에너지를 무엇이라 하는가?

   ㉮ 음질   ㉯ 음의 세기   ㉰ 음향 파워   ㉱ 음향 임피던스

11. 정상적인 사람이 들을 수 있는 가청 음압의 범위는?

   ㉮ 20μPa~200Pa   ㉯ 10μPa~100μPa   ㉰ 20μPa~100Pa   ㉱ 10μPa~200Pa

12. 음향 진단에서 주파수를 나타내는 관계식으로 옳은 것은?

   ㉮ $\dfrac{\text{소리 속도}}{\text{파장}}$ ㉯ $\dfrac{\text{파장}}{\text{소리 속도}}$ ㉰ $\dfrac{\text{소리 속도}}{\text{파장}}$ ㉱ $\dfrac{\text{밀도}}{\text{소리 속도}}$

13. 정상적인 사람의 가청 주파수(Hz)는 어느 정도인가?

   ㉮ 10~20,000   ㉯ 20~20,000   ㉰ 62.5~8,000   ㉱ 62.5~20,000

14. 길이 1m인 양단 개구관이 있다. 온도 15℃일 때 공명 주파수는?

   ㉮ 170Hz   ㉯ 180Hz   ㉰ 190Hz   ㉱ 160Hz

15. 70dB과 70dB의 소음을 내는 기계를 동시에 작동시키면 합성 소음은 얼마인가?

   ㉮ 71.4dB   ㉯ 73dB   ㉰ 84dB   ㉱ 140dB

16. 작업장 내 직접 오는 소음은 소음원에서 거리가 2배 증가하면 음압도는?

   ㉮ 6dB 증가   ㉯ 6dB 감소   ㉰ 2배 감소   ㉱ 2배 증가

해답   **6.** ㉮   **7.** ㉮   **8.** ㉰   **9.** ㉰   **10.** ㉯   **11.** ㉮   **12.** ㉮   **13.** ㉯   **14.** ㉮   **15.** ㉯   **16.** ㉯

제 7 장

소음 방지 기술

1. 소음 발생과 대책

1-1 개 요

우리가 생활하는 데 있어서 소음이라고 느껴지는 것을 총칭하면 환경 소음이라 할 수 있다. 사람에 따라 개인적인 차이는 있겠지만 소음에 장시간 노출되거나 심한 소음에서 생활하게 되면 심리적으로 불안정해지거나 건강에 악영향을 미치게 된다. 환경 소음을 크게 분류하면 일반적으로 기계 소음과 교통 소음이 있다.

① 기계 소음(공장 소음, 공사장 소음)
② 교통 소음(도로 소음, 철도 소음, 항공기 소음)

도시의 환경 소음의 대표적인 것은 도로 소음이다. 교통 소음의 소음원은 차나 항공기 등이 이동하는 상태에서 소음을 발생시키기 때문에 선 음원으로 가정된다. 그러나 기계 소음은 교통 소음과는 반대로 소음원이 일반적으로 이동하지 않기 때문에 점 음원으로 취급된다.

소음은 매질에 따라 다양하게 발생하고 전파 경로도 매우 복잡하므로 소음 방지 대책을 수립하기 위해서는 제반 기술 및 경제적인 조건을 고려해야 한다. 앞으로 본 교재에서는 기계 소음을 중심으로 다룬다.

[그림 7-1] 소음 방지 대책의 흐름도

1-2 기계 소음의 발생원

(1) 모터 동력

모터는 기계의 에너지원이므로 기계에서 발생되는 소음은 기계에 공급되는 모터의 동력과 관계가 있다. 소음과 마력의 관계는 기계 종류에 따라서 다를 수 있기 때문에 이를 하나의 관계식으로 정립하기는 불가능하지만, 동력과 발생 소음과는 직접적인 관계가 있다. 기계에 공급되는 동력의 일부분이 소음으로 변한다. 현재까지 알려진 경험과 실험에 의해서 마력 증가에 따른 소음 증가를 다음과 같은 근사식으로 간단하게 예측할 수 있다.

$$\text{소음도 증가량(dB)} = 17\log_{10}(\text{마력 증가비})$$

예를 들어 10마력의 모터에서 발생하는 소음이 70dB일 경우 20마력의 모터인 경우 소음도 증가량은 다음과 같이 계산된다.

$$\text{소음도 증가량} = 17\log_{10}\left(\frac{20}{10}\right) = 5.1\,(dB)$$

즉, 근사식이지만 마력 증가비가 2일 때 소음도 증가는 5.1dB가 됨을 알 수 있다.

(2) 회전 속도

고속 회전 기계는 저속 회전 기계보다 소음이 크게 발생한다. 회전 속도에 따른 소음 증가는 기계 종류나 설치 방법 및 회전체 질량 등에 의해서 결정된다. 마력과 소음과의 관계도 기계 종류에 따라서 실험적으로 관계식을 유도하는 것이 바람직하다. 참고로 컴프레서, 송풍기, 펌프 등의 소음은 회전 속도 증가비의 상용대수의 20내지 50배에 증가한다는 사실이 알려져 있다.

$$\text{소음도 증가량(dB)} = (20{\sim}50)\log_{10}(\text{회전 속도 증가비})$$

(3) 구조물의 공진

모든 구조물은 각각의 고유 진동 주파수를 갖고 있다. 만일 구조물에 가해지는 힘이 고유 진동 주파수와 동일한 주파수를 갖는다면 구조물의 큰 진동과 함께 소음이 발생하게 된다. 이와 같은 상태를 공진(resonance)이라 하며, 공진이 발생하면 구조물의 수명이 저하되거나 시스템이 불안정해지므로 공진의 방지 대책이 필요하게 된다.

구조물의 공진 현상을 방지하기 위해서는 감쇠 계수가 큰 주철재와 같은 재료로 변경하거나 구조를 변경하여 강제 진동 주파수과 고유 진동 주파수가 멀리 떨어지도록 설계가 필요하다.

(4) 회전체의 불균형

일반적으로 기계에는 여러 가지의 회전체들로 구성되어 있다. 모터의 회전축, 공작 기계의 스핀들, 송풍기의 날개 및 운동 기구의 플라이휠(flywheel) 등이 그 예이다. 회전체의 불균형(unbalance)은 재료의 밀도 차이와 기공 등에 의한 불균형과 편심이나 조립 불량 등의 불균형으로 나눌 수 있다. 이들 불균형은 궁극적으로 회전체의 질량 중심과 회전체 축과의 상대적 변위를 초래시킨다. 이에 의해서 회전 주파수의 1차 성분의 강제 진동 주파수가 발생된다.

$$f = \frac{N}{60} \,(\text{Hz})$$

여기서 N은 축의 회전수(rpm)이다.

회전체의 불균형은 소음의 직접 발생원이라기보다는 진동 발생원으로 간주된다. 그러나 이러한 진동은 소음을 쉽게 발생시킬 수 있는 기계의 다른 부위로 전달되어서 궁극적으로 소음 발생원이 된다. 따라서 회전체의 불균형은 기계의 안전 가동 측면에서 뿐만 아니라 소음, 진동 방지 측면에서도 신중히 고려되어야 한다. 회전체의 불균형을 바로잡기 위한 밸런싱(balancing) 기술이 요구된다.

(5) 베어링

베어링의 소음은 베어링이 회전할 때 전동체와 회전체의 표면의 불균형으로 발생된다. 이들 베어링 요소들의 표면상의 불균일한 점들은 베어링의 회전 속도에 의해서 정해지는 주파수를 갖는 충격음이 발생된다.

따라서 베어링 소음은 이들 주파수 부근에서 큰 값을 갖는 경향이 있으며, 이 특성을 활용한 베어링 소음의 주파수 분석을 통해서 문제가 되는 요소를 찾아낼 수 있다. 또한 베어링에 작용하는 하중의 크기와 방향을 고려한 적절한 배치 및 올바른 축정렬(alignment)이 중요하다.

(6) 기어

기어 소음은 설계, 제작에 따른 허용 공차, 가동 방법 등과 관련되어 있다. 두 개의 맞물린 기어의 접촉 부분에서는 항상 어느 정도의 금속 사이의 미끄럼이 발생하며 이에 의해서 소음과 진동이 발생한다. 따라서 기어 소음 방지를 위해서는 기어 치형 간격의 정밀도를 유지하는 것이 무엇보다도 필요하다. 기어가 회전할 때 이와 이 사이의 마찰은 기어 소음의 가장 중요한 발생 원인이 된다. 따라서 기어 소음 방지의 최선의 방법은 마찰력이 작은 재료를 사용하는 것이다. 이를 위해서 합성수지 기어가 최근에 많이 개발되고 있다.

(7) 기계의 패널

기계의 표면을 덮고 있는 패널(panel)들은 기계에서 발생한 소음이 패널로 전달되어 진동을 포함한 소음이 발생된다. 저주파 발생이 문제가 되는 큰 패널은 작은 부분으로 나눔으로써 소음 발생 효율을 감소시킬 수 있다. 또 하나의 방법으로서 패널에 구멍을 뚫어서 패널 양쪽으로의 공기의 흐름을 도움으로써 저주파 소음 발생을 방지할 수 있다.

(8) 충격

기계 표면에 가해지는 대기 중의 충격음은 표면을 진동시키고 이 진동은 기계 다른 부위로 전달되어서 다시 소음의 형태로 발산될 수 있다.

(9) 왕복 운동형 내연 기관

공기 역학적 소음 발생은 주로 공기 흡입과 배기 과정이 큰 원인이다. 소음의 큰 비중을 차지하는 배기 소음은 일반적으로 내연 기관의 피스톤 점화 주파수에서 발생하며, 흡입 소음보다 대체로 8~10dB 정도 높다.

(10) 공기 동력학적 발생원

송풍기나 컴프레서에서 발생하는 기계류의 소음 특성은 기계 자체의 소음보다는 공기 운동에 의해서 발생되는 소음이 더 중요한 경향이 있다. 공기를 동력원으로 하는 기계에서 발생하는 소음의 발생 원인은 주로 추진 날개에 의해서 공기를 밀어낼 때 발생하는 난류의 흐름이다. 난류는 그 자체가 소음 발생원이기도 하지만 파이프나 케이스 등과 작용하여 소음이 발생된다.

공기 동력학적 기계의 소음 발생에 영향을 주는 대표적인 요소는 다음과 같다.
① 추진 날개의 회전 속도 : 소음도 증가량은 속도 증가비와 상용대수의 20에서 50배이다.
② 날개통과 주파수 : 회전 주파수에 날개수를 곱한 값의 주파수가 발생한다.
③ 불균일한 날개 간격 : 날개 간격을 불균일하게 하여 날개통과 주파수의 소음을 방지할 수는 있으나 기계의 동적 균형과 제작 비용 등으로 실용적이지 못하다.
④ 날개의 수 : 추진 날개수와 발생 소음 사이의 관계는 명확하지는 않지만 대체로 날개수를 증가시킴에 따라서 소음은 감소한다. 특히 날개수가 적고 날개 면적이 작은 경우에는 날개 수 증가에 의한 소음도 감소는 대체로 날개수 증가비의 상용대수의 10배로 주어진다.

$$소음도\ 감소량(dB) = 10\log_{10}(날개수\ 증가비)$$

1-3 음원 대책

기계 소음의 방지 대책을 수립하기 위해서는 우선적으로 기계 소음의 발생원과 전달 경로 등에 대한 영향을 알아야 한다. 따라서 소음 방지를 위해서는 소음원, 전달 경로 및 수음측에 대하여 각각 대책 효과를 비교하여 방지 대책을 수립하는 것이 중요하다. 기계에서 발생하는 소음의 음원 대책을 수립하기 위하여 음원을 분류하면 다음과 같다.

(1) 음원의 분류

(가) 음원의 종류
　① 기계적 소음
　② 유체 소음
　③ 연소 소음
　④ 전자기적 소음

(나) 기계 진동의 유무
　① 충격, 관성력, 불균형 등의 가진력에 의한 기계 진동에 의한 소음
　② 가스 연소, 기류, 화학 변화 등은 기계 진동을 수반하지 않음

(다) 동력 전달
　① 모터, 펌프 등의 동력부에서의 소음
　② 벨트, 기어 장치 등의 동력 전달부에서의 소음
　③ 기계 가공, 소성 가공 등의 작업부에서의 소음

(2) 음원의 대책의 고려 사항

소음 방지 대책 중 가장 근본적인 것은 소음의 발생 음원에 대하여 대책을 수립하는 것이다. 음원 대책 수립 시 두 가지 경우를 고려해야 한다. 하나는 기계의 이상으로 인하여 발생한 큰 소음을 기계의 평균적인 소음 레벨로 낮추는 방법이 있고, 또 다른 하나는 평균적인 소음을 평균 이하로 더욱 소음을 줄이는 방법이 있다. 전자는 기계에서 발생하는 이상음의 원인을 찾아 개선하면 해결된다. 후자인 경우에는 새로운 기계 구조의 개선이나 노력이 필요하다.

(3) 음원의 기본 대책 추진 방법

소음의 대책 수립이나 시공 시 다음 사항이 요구된다.

① 신설 시 소음 발생이 적은 기계를 선정한다.
② 소음 발생이 큰 기계는 작은 기계로 교체한다.
③ 설치된 기계의 배치를 달리한다.
④ 가진력이 감소하도록 구조를 개선한다.
⑤ 기계 구성품의 고유 진동수를 변경하여 공진을 제거하거나 개선한다.
⑥ 방사면에서 제진이 되도록 개선한다.
⑦ 소음기를 부착한다.
⑧ 방음 칸막이를 한다.
⑨ 방음 커버를 설치하거나 방음실로 격리한다.
⑩ 주변 진동과 소음을 차단한다.

1-4 소음 방지 대책

소음 방지의 최선의 방법은 기계 설계 및 제작 과정에서 근본적으로 소음 대책을 고려하여야 한다. 그러나 많은 경우에 이 방법은 현실적으로 기대하기 힘들며, 더욱이 경우에 따라서는 일단 완성된 기계에 대해서 소음 방지 대책을 강구하는 것이 더욱 효과적이고 경제적일 수도 있다.

소음 방지가 필요하다고 인정된 때에는 우선 소음이 주로 발생되는 기계와 이 소음이 전달되는 경로를 확인해야 한다. 다음 단계로서 소음 방지 대책을 강구한다. 소음 방지 방법으로서는 다음의 세 가지 기본 방법을 들 수 있다.
① 흡음
② 차음
③ 소음기

이 방법들은 각각 독립된 것으로서 효과적인 소음 방지는 이들의 적당한 조합 사용에 의해서 이루어질 수 있다.

2. 흡음

흡음(sound absorption)이란 임의의 재료에 음파가 입사하면 입사 에너지 일부는 반사되고 나머지는 흡수된다. 이때 흡수되는 음의 에너지가 마찰 저항이나 진동 등에 의하여 열에너지로 변하는 현상을 흡음이라 한다.

2-1 흡음률

(1) 흡음률의 정의

모든 재료는 입사 에너지의 일부를 흡수한다. 일반적으로 부드럽고 다공성 표면을 갖는 재료는 음 에너지를 많이 흡수하게 되는데 입사 에너지 중 흡수되는 에너지의 비를 흡음율 (α)이라 하며 0~1의 값을 갖는다.

재료의 흡음률은 다음과 같이 정의된다.

$$흡음률 \ \alpha = \frac{(입사음 - 반사음)의 \ 세기}{입사음의 \ 세기} = \frac{I_i - I_r}{I_i} = 1 - \frac{I_r}{I_i}$$

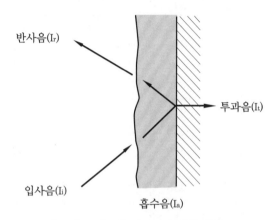

반사음(I_r)

투과음(I_t)

입사음(I_i)

흡수음(I_a)

[그림 7-2] 음 에너지의 흡음 원리

예를 들면 1000Hz의 음이 흡음 재료 속으로 입사하여 그 에너지가 80% 흡수되고 20%가 반사되었다면 그 흡수율은 0.8이라고 표시한다. 일반적으로 시멘트 벽돌이나 콘크리트의 입사 에너지의 흡수는 5% 이하이므로 흡음률은 0.05 이하가 된다.

흡음률이 1이 된다는 것은 반사음의 에너지가 0일 때이므로 입사음의 에너지가 100% 재료에 흡수된다는 뜻이다. 이와 같이 흡음률이 좋은 재료는 반사가 일어나지 않는 다공성 재료임을 알 수 있다. 또한 흡음률은 같은 재료에 대해서도 입사음의 주파수, 재료 표면에 대한 음의 입사 조건, 재료의 면적 등에 따라 다른 값을 나타낸다. 따라서 흡음률을 나타내는 경우에는 이것들의 조건을 명시하여야 한다.

(2) 흡음률의 주파수 특성

흡음률은 음의 주파수와 관계되므로 흡음률의 데이터는 각 주파수별로 각각 다른 데이터를 갖게 된다. 흡음률은 백분율이므로 완전 반사이면 흡음률이 0이 되고, 완전 흡음이면 1이 되며, 그 사이를 100으로 분할하여 주파수의 관계로 나타낸다. 흡음 재료는 125, 160,

200, 250Hz 등으로 한 1/3 옥타브 간격의 주파수로 표시되지만 흡음 처리나 음향 설계로 사용되는 흡음 재료는 그림과 같이 125, 250, 500, 1000, 2000, 4000Hz의 한 옥타브 간격의 주파수로 표시되는 것이 일반적이다.

[표 7-1]은 일반적인 건축 재료의 주파수 특성에 따른 흡음률을 나타내고 있다.

[표 7-1] 흡음 재료의 주파수별 흡음률

재료명 및 사양		공기층 [mm]	주파수[Hz]					
			125	250	500	1,000	2,000	4,000
시멘트판	15t	45	0.01	0.11	0.23	0.54	0.43	0.52
	15t	90	0.02	0.12	0.43	0.43	0.48	0.58
	15t	180	0.10	0.39	0.41	0.37	0.59	0.62
	25t	0	0.01	0.10	0.24	0.64	0.69	0.74
	25t	45	0.04	0.17	0.59	0.63	0.61	0.86
	25t	90	0.07	0.28	0.66	0.53	0.66	0.81
	25t	180	0.23	0.59	0.51	0.56	0.69	0.82
	50t	0	0.12	0.28	0.90	0.75	0.79	0.83
	50t	45	0.19	0.53	0.86	0.69	0.73	0.81
	50	90	0.26	0.73	0.68	0.71	0.80	0.67
유리 섬유판	25t	0	0.06 ⟨ 0.15	0.22 ⟨ 0.34	0.51 ⟨ 0.72	0.68 ⟨ 0.86	0.65 ⟨ 0.84	0.73 ⟨ 0.93
	25t	100	0.15 ⟨ 0.34	0.48 ⟨ 0.80	0.81 ⟨ 0.98	0.71 ⟨ 0.89	0.65 ⟨ 0.84	0.73 ⟨ 0.96
	50t	0	0.15 ⟨ 0.24	0.52 ⟨ 0.70	0.84 ⟨ 0.98	0.80 ⟨ 0.95	0.70 ⟨ 0.90	0.81 ⟨ 0.97
강화 섬유판	25t	0	0.04 ⟨ 0.10	0.20 ⟨ 0.34	0.58 ⟨ 0.80	0.78 ⟨ 0.91	0.75 ⟨ 0.84	0.75 ⟨ 0.90
	25t	100	0.21 ⟨ 0.39	0.62 ⟨ 0.80	0.89 ⟨ 0.97	0.83 ⟨ 0.90	0.76 ⟨ 0.85	0.82 ⟨ 0.91
	50t	0	0.16 ⟨ 0.30	0.50 ⟨ 0.76	0.83 ⟨ 0.99	0.83 ⟨ 0.96	0.80 ⟨ 0.90	0.86 ⟨ 0.94
연질 우레탄	20t	0	0.06 ⟨ 0.11	0.16 ⟨ 0.24	0.32 ⟨ 0.42	0.47 ⟨ 0.58	0.54 ⟨ 0.67	0.56 ⟨ 0.70
	20t	0	0.06 ⟨ 0.13	0.20 ⟨ 0.37	0.56 ⟨ 0.81	0.83 ⟨ 0.97	0.74 ⟨ 0.91	0.79 ⟨ 0.90

2-2 흡음 재료

흡음 재료로 천정과 벽을 처리한 경우에 음파가 이들 면에서 반사될 때마다 일정 비율의 소음 에너지가 흡수되어 궁극적으로 소멸된다. 흡음 재료의 사용은 일차적으로 실내 소음을 낮추기 위한 것이지만, 소음 방지 대상 기계 주위에 시멘트 벽 등을 사용하는 경우에는 기계를 접한 차음벽 안쪽을 흡음 재료로 처리함으로써 차음벽의 차음 효과를 상대적으로 높일 수 있다.

흡음 재료는 일반적으로 주파수, 재료의 구성, 표면 처리, 두께 등에 따라 흡음 특성이 다르게 나타나며, 흡음재의 용도는 다음과 같다.

① 산업용 : 보온 재료, 보냉 재료 등

② 건축용 : 단열·보온 재료, 실내 장식 재료, 실내 음향 재료

③ 공해 방지용 : 실내 흡음 처리, 방음 처리, 소음기 내부 재료 등

(1) 다공질형 흡음재

다공질형 흡음 재료는 무수히 많은 세공이 있어 입사 음파가 세공을 통해 재질 내부로 흡수되는 재료이다. 글라스 울(glass wool)과 같은 재료나 미세 조직을 가진 섬유 재료와 같이 모세관이나 많은 기포가 있는 재료들은 음 에너지가 입사되면 흡수되어 나올 때까지 많은 시간이 소요되면서 열에너지로 변환되어 음이 감쇠되는 원리이다. 이와 같은 재료는 세공이 많을수록 흡음 효과가 좋아지며, 흡음 특성은 저주파 영역보다는 고주파 영역에서 흡음 특성이 우수하다.

다공질형 흡음재는 일반적으로 벽에 밀착하거나 공기층을 두어 설치한다. [그림 7-3]은

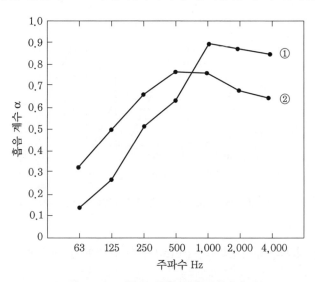

[그림 7-3] 다공질 흡음 재료의 흡음 특성

다공질형 흡음재를 견고한 벽면에 밀착시킨 경우 ①과 흡음재와 벽면에 100mm의 공기층을 준 경우 ②에 대하여 주파수별 흡음 특성을 나타내고 있다. 이 경우 A, B 모두 고주파수 영역에서 흡음 특성이 우수함을 알 수 있다.

(2) 얇은 판의 흡음재

합판이나 석고보드 판처럼 얇은 판에 음 에너지가 입사되면 판 진동이 발생하여 음 에너지의 일부가 판의 내부 마찰로 인한 열에너지로 바뀌게 된다.

판의 고유 진동수는 재료 및 구조와 크기에 따라 다르지만 대부분 80~300Hz 사이의 고유 진동 주파수를 갖게 되며, 이 주파수 대역에서 최대 흡음률은 0.2~0.5 정도가 되며, 다른 주파수 대역에서는 0.1 정도가 된다. 이와 같이 얇은 판의 흡음 특성은 저주파 대역의 공명 주파수에서 최대가 되지만 흡음률은 낮게 나타난다.

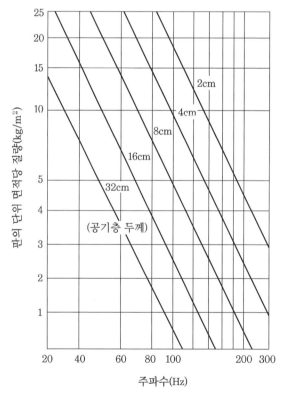

[그림 7-4] 얇은 판 흡음재의 공명 주파수

얇은 판 흡음재가 벽체와 공기층의 간격 d(m)를 두고 밀폐된 경우 얇은 판의 공명 주파수 f_o는 다음과 같다.

$$f_o = \frac{c}{2\pi}\sqrt{\frac{\rho}{m.d}} \simeq \frac{60}{\sqrt{m.d}}$$

여기서, c : 공기 중의 음속(m/s)

ρ : 공기 밀도(kg/m³)

m : 판의 단위 면적당 질량(kg/m²)

d : 공기층 간격(m)

(3) 공명기형 흡음재

공명기형 흡음재는 사무실이나 가정의 거실 등에 널리 보급되어 있으며, 흡음 재료는 판 모양의 수없이 작은 구멍을 뚫어 놓은 것으로서 석면 슬레이트판, 알루미늄판, 연질 섬유판 등이 있다. 이와 같은 원리로 만든 흡음기를 헬름홀츠(Helmholz) 공명기라 한다.

견고한 벽면으로 이루어진 공동(cavity)과 외부로 연결되는 입구로 이루어져 헬름홀츠 공명기에 음파가 입사되면, 공기 입자가 진동하여 공명주파수 부근에서 공기가 심한 진동을 하게 되고 그 마찰열로 인하여 음 에너지가 열에너지로 바뀌게 되며, 공동 속의 공기는 스프링 작용을 한다.

헬름홀츠 공명기는 저주파에서 고주파 영역 내의 임의의 주파수에서 공진이 되도록 제작이 가능하다. 그러나 보통 50~400Hz 대역의 저주파 영역에서 주로 사용된다.

공명형 흡음재의 공명주파수 f_o는 다음과 같다.

$$f_o = \frac{c}{2\pi}\sqrt{\frac{S}{V(L+\delta)}}$$

여기서, S : 뚫린 구멍의 단면적(m²)

V : 내부 체적(m³)

L : 목의 길이

δ : 관단보정($\delta = 0.8d$)

d : 작은 입구 구멍 지름(m)

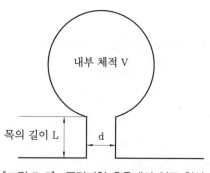

[그림 7-5] 공명기형 흡음재의 입구 형상

(4) 유공판 흡음재

유공판 흡음재는 벽면과 일정한 간격을 두고 설치할 경우 헬름홀츠 공명기의 집합으로 볼 수 있다. 벽체에 공기층을 갖도록 헬름홀츠 공명기의 주요 흡음 주파수 영역은 저주파 영역이지만 유공판은 단일 공명기형 흡음기의 성능을 확장시켜 경제적인 면에서 장점이 있다.

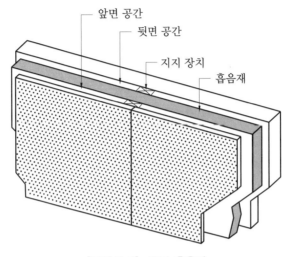

[그림 7-6] 유공 흡음판

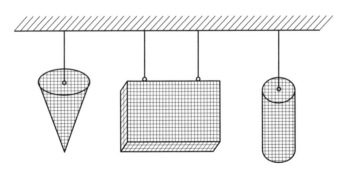

[그림 7-7] 흡음판을 매다는 방법

유공판(perforated panel)의 재료로서는 철판, 알루미늄판, 합판 등이 사용된다. 유공판의 일차적인 목적은 소음을 내부의 흡음재로 통과시키는 것이므로 재료의 종류보다는 유공판의 소음 투과 특성을 결정하는 개공률과 구멍의 크기 및 배치 방법이 중요하다.

유공판의 공명 주파수는 개공률이 클수록, 즉 단위 면적당 구멍의 수가 많을수록 높아지며, 유공판의 두께와 공기층의 두께가 증가할수록 낮아진다.

유공판 흡음재의 공명 주파수는 다음과 같다.

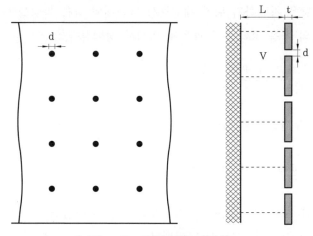

[그림 7-8] 유공판 흡음재의 구조

$$f_o = \frac{c}{2\pi} \sqrt{\frac{p}{L(t+\delta)}}$$

여기서, p : 유공판의 개공률(유공 면적의 합/유공판 전체 면적)

L : 유공판에서 벽체까지 공기층의 두께

t : 유공판의 두께

δ : 보정값($\delta = 0.8d$)

d : 유공판의 구멍 지름

이다.

3. 차음

차음이란 공기 속을 전파하는 음을 벽체 재료로 감쇠시키기 위하여 음을 반사 또는 흡수하도록 하여 입사된 음이 벽체를 투과하는 것을 막는 것을 의미한다. 차음 성능은 dB 단위의 투과 손실(Transmission Loss : TL)로 나타내며, 그 값이 클수록 차음 성능이 좋은 재료가 된다. 투과 손실이란 재료의 표면에 A(dB)라는 강도의 음 에너지가 입사되어 통과해서 나오는 투과 음 에너지가 B(dB)라 할 때 그 강도의 차이를 의미한다.

따라서 투과 손실 TL은 다음 식으로 나타낼 수 있다.

TL=A−B(dB)

예를 들어 100(dB)의 음 에너지가 입사되어 70(dB)의 음이 투과되었다면 투과 손실은 30(dB)가 된다. 즉, 투과 손실은 투과되지 않고 반사되거나 흡수된 에너지를 의미한다.

차음재는 음의 전달을 차단하기 위한 재료로서 차음재의 차음 특성을 나타내는 흡음률과 마찬가지로 차음 벽의 차음 효과는 투과율에 의해서 정해진다.

$$투과율 \ \tau = \frac{투과된 에너지}{입사 에너지} = \frac{I_t}{I_i}$$

또한 투과 손실은 투과율 τ를 이용해서 다음과 같이 dB 단위로 정의된다.

$$투과 손실 \ TL = 10\log_{10}\left(\frac{1}{\tau}\right) = 10\log_{10}\left(\frac{I_i}{I_t}\right)[\text{dB}]$$

즉, 투과 손실은 입사 소음의 소음도(dB)와 투과 소음의 소음도의 차이로서 재료의 차음 효과를 통상적인 데시벨의 개념으로서 나타낸다.

3-1 단일벽의 차음 특성

단일벽의 투과 손실은 근사적으로 다음과 같이 3가지 방법으로 구할 수 있다.

(1) 음 에너지가 벽면에 수직 입사할 경우 투과 손실은 다음과 같다.

$$TL_o = 20\log_{10}(m.f) - 43(\text{dB})$$

여기서, m : 벽체의 단위 면적당 질량(kg/m^2)

f : 음의 입사 주파수(Hz)

(2) 음 에너지가 벽면에 랜덤하게 입사할 경우

음 에너지가 벽면의 법선 방향으로 θ각으로 입사할 때의 투과 손실을 TL_θ라 하면, ($\theta = 0 \sim 90°$)일 때 투과 손실은

$$TL_\theta = TL_o - 10\log_{10}(0.23\,TL)(\text{dB})$$

가 된다.

실제 음장과 같이 음 에너지가 입사하는 경우 음장 입사 질량 법칙(field incidence mass law)이라 하며, 벽체의 질량이나 주파수가 두 배로 증가하면 투과 손실도 비례하여 6dB씩 증가하는 법칙이다.

($\theta = 0 \sim 78°$)일 때 투과 손실은

$$TL_\theta = TL_o - 5 = 20\log_{10}(m.f) - 48(\text{dB})$$

가 된다.

예를 들면, 입사음의 주파수가 200Hz이고, 벽체의 질량이 50kg/m^2일 때 투과 손실은

$$TL_\theta = 20\log_{10}(m.f) - 48 = 20\log_{10}(50 \times 200) - 48 = 32\,(\text{dB})$$

가 된다.

(3) 입사음의 파장과 굴곡파의 파장이 일치할 때

이 경우 실제 벽은 굴곡 운동을 하며, 벽체의 굴곡 운동의 진폭과 입사음의 진폭이 동일한 크기로 진동하므로 일치(coincidence) 효과라 한다.

파장 λ의 음파가 벽면의 입사각 θ로 입사될 때 벽체로 전달되는 음의 파장 λ'은

$$\lambda' = \frac{\lambda}{\sin\theta}$$

이 되고, λ'에 의해 벽체에 발생된 소밀파의 전파 속도를 c'이라 하면,

$$c' = \frac{c}{\sin\theta}$$

가 되어 벽체가 굴곡 운동을 하게 된다.

따라서 θ가 $90°$일 때 일치 효과를 일으키는 최저 주파수를 임계 주파수 f_c라 하며 다음과 같이 표현된다.

$$f_c = \frac{c^2}{2\pi h \sin^2\theta} \cdot \sqrt{\frac{12\rho(1-\sigma^2)}{E}}\,(\text{Hz})$$

여기서, h : 벽체의 두께(m)

E : 벽체의 세로 탄성 계수(N/m^2)

ρ : 벽체의 밀도(kg/m^3)

σ : 프와송비($\sigma \fallingdotseq 0.3$)

이다.

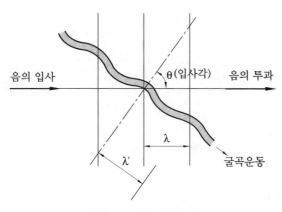

[그림 7-9] 일치 효과

[표 7-2] 재료의 밀도와 탄성계수(E)

재 료	밀도(ρ) (g/cm^3)	탄성계수(E) (kg$_f$/cm^2)	재 료	밀도(ρ) (g/cm^3)	탄성계수(E) (kg$_f$/cm^2)
연강	7.9	2.1×10^6	연질섬유판	0.4~0.5	$(0.7\sim1.2)\times10^4$
주강	7.9	1.5×10^6	다공질 흡음매트	0.08~0.3	1.4~3
구리	9.0	1.3×10^6	석고보드	0.8~1.2	$(2\sim7)\times10^4$
알루미늄	2.7	7.0×10^5	석면 시멘트판	2.0	$(2.4\sim2.8)\times10^5$
납	11.2	1.6×10^5	슬레이트 평판	1.8	1.8×10^5
유리	2.5	$(6\sim7)\times10^5$	플렉시블판	1.9	1.5×10^5
벽돌	1.9~2.2	1.6×10^5	석면 펄라이트판	1.5	4×10^4
보통 콘크리트	2.3	2.4×10^5	FRP 판	1.5	1×10^5
경량 콘크리트	1.3	$(3.5\sim4.5)\times10^4$	염화비닐판	1.4	3×10^4
발포 콘크리트	0.6	$(1.5\sim2)\times10^4$	탄성고무	0.9~1	$(1.5\sim5)\times10$
사암	2.3	1.7×10^5	코르크(cock)	0.12~0.25	2.5×10^2
화강암	2.7	5.2×10^5	펠트(felt)	0.4~0.7	3×10^2
대리석	2.6	7.7×10^5	비닐텍스	0.043	1.7×10^2

3-2 이중벽의 차음 특성

단일벽인 경우 질량 법칙(field incidence mass law)에 따라 벽체의 질량이나 주파수가 두 배로 증가하면 투과 손실도 비례하여 6dB씩 증가하게 된다. 또한 단일벽의 두께를 두 배 증가시키면 질량 법칙에 따라 차음 효과는 증가하지만 일치 효과가 저주파수에서 발생하므로 차음 성능의 저하를 초래할 수 있다. 따라서 두 개의 얇은 벽이라 할지라도 공기층을 사이에 두면 질량 법칙의 효과뿐만 아니라, 높은 차음 효과를 얻을 수 있다.

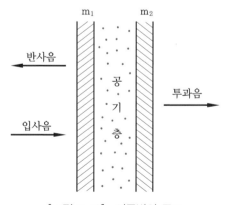

[그림 7-10] 이중벽의 구조

(1) 저음역에서 공명 주파수

중공 이중벽의 경우 투과 손실은 저음역에서 공명 투과 손실이 발생하므로 공기층 내에 암면이나 유리면 등을 충진하면 3~10dB 정도 투과 손실이 개선된다. 두 벽체의 질량을 각각 m_1, m_2라 할 때 질량이 동일한 경우 질량을 m이라 하면 저음역에서 공명 주파수 f_L는

$$f_L = \frac{c}{2\pi} \sqrt{\frac{2\rho}{md}} \text{ (Hz)}$$

가 된다.

만약 두 벽체의 질량이 각각 다른 경우 저음역에서 공명 주파수는

$$f_L \fallingdotseq 60 \sqrt{\frac{m_1 + m_2}{m_1 \times m_2} \cdot \frac{1}{d}} \text{ (Hz)}$$

여기서, $m_1 \cdot m_2$: 두 벽체의 질량(kg/m^3)
$\qquad d$: 이중벽의 두께(m)

이다.

(2) 고음역에서 투과 손실

고음역에서 이중벽의 투과 손실은 다음과 같다.

① 최소 투과 손실 $TL_{\min} = 10\log\left\{1 + (\frac{\omega.m}{\rho c})^2\right\}$(dB)

② 최대 투과 손실 $TL_{\max} = 10\log\left\{1 + \frac{1}{4}(\frac{\omega.m}{\rho c})^4\right\}$(dB)

여기서, ω : 각속도($\omega = 2\pi f$)
$\qquad m$: 벽체의 질량(kg)
$\qquad \rho$: 공기의 밀도(kg/m^3)
$\qquad c$: 공기 중 음속(m/s)

이다.

3-3 차음 대책

(1) 경계벽 근처의 차음

칸막이벽으로 구성된 인접하는 경계벽 근처의 음압 레벨은 다음과 같다.

$$SPL_2 = SPL_1 - TL + 10\log(\frac{1}{4} + \frac{S}{R})\text{(dB)}$$

여기서, SPL_1 : 음원실의 음압 레벨(dB)
$\qquad TL$: 투과 손실(dB)

S : 칸막이벽의 면적(m^2)

R : 실정수(m^2)

S/R : 잔향음 성분으로 잔향음이 없으면 0이 된다.

(2) 경계벽에서 떨어진 곳의 차음

칸막이벽으로 구성된 경계 벽에서 떨어진 곳의 음압 레벨은 다음과 같다.

$$SPL_3 = SPL_1 - TL + 10\log(\frac{S}{R})\,(\text{dB})$$

(3) 외부 소음에 대한 차음

외부의 소음이 유리창을 통해 실내로 들어오게 되면 실내에서는 산란파로 변형되어 소음 감소로 인한 차음도(NR)는 다음과 같다.

$$NR = TL + 10\log_{10}(\frac{A}{S}) - 6\,(\text{dB})$$

여기서, TL : 창의 투과 손실(dB)

A : 실내의 흡음 면적(m^2)

S : 차음 면으로 된 창의 면적(m^2)

따라서 실내 음압 레벨 SPL_4는 다음과 같다.

$$SPL_4 = PWL - 20\log r - TL - 10\log(\frac{A}{S}) - 2\,(\text{dB})$$

여기서, PWL : 음향 파워 레벨(dB)

r : 음원에서의 거리(m)

이다.

(4) 벽의 틈새에 의한 누설음

차음에 큰 영향을 미치는 것은 틈새이므로 벽의 틈새에 의한 누설음은 차음의 성능을 크게 저하시킨다. 만약 벽체에 틈새가 없다면 벽면 바깥쪽의 음압 레벨 SPL_5는 다음과 같다.

$$SPL_5 = SPL_0 - TL\,(\text{dB})$$

여기서, SPL_0 : 벽면 안쪽의 음압 레벨(dB)

만약 전체 벽 면적의 1/N 정도의 틈새가 있다면 벽면 바깥쪽의 음압 레벨 SPL_5는 다음과 같다.

$$SPL_5 = SPL_0 - 10\log_{10}N\,(\text{dB})$$

(5) 차음 대책 수립 시 유의 사항

① 틈새는 차음에 큰 영향을 미치므로 틈새 관리와 대책이 중요하다.

② 차음 재료는 질량 법칙에 의해 벽체의 질량이 큰 재료를 선택한다.

③ 큰 차음 효과를 위해서는 다공질 재료를 삽입한 이중벽 구조로 시공하고, 일치(coincidence) 효과와 공명 주파수에 유의한다.

④ 벽체에 진동이 발생할 경우 차음 효과가 저하하므로 방진 처리 및 제진 처리가 요구된다.

⑤ 효율적인 차음 효과를 위하여 음원의 발생부에 흡음재 처리를 한다.

⑥ 콘크리트 블록을 차음벽으로 사용할 경우 한쪽 표면에 몰타르를 도포하면 5dB의 투과 손실이 증가하고, 양쪽 면에 몰타르를 도포하면 10dB의 투과 손실의 증가 효과가 있다.

4. 소음기

4-1 개요

소음기(muffler, silencer)란 내연 기관이나 환기 장치로부터 나오는 소음을 줄이기 위한 장치로, 금속제의 원통이나 직사각형의 상자 모양을 하고 있다. 소음은 통상 고체음과 기류음으로 분류할 수 있다. 고체음은 마찰이나 충격 등으로 인하여 금속과 같은 고체의 진동으로 인하여 발생하는 음으로서 기계 가공이나 기어의 회전 등에서 발생하는 소음을 말한다. 기류음은 공기 압축기나 송풍기 등과 같이 공기의 배출로 인하여 발생하는 소음 등을 말한다. 즉, 공기의 배출로 인하여 발생하는 소음을 음원에서 감쇠시키는 것이 소음기이다.

소음기에는 소음을 흡수할 수 있는 두꺼운 층으로 된 미세한 섬유질 재료를 일반적으로 사용한다. 이 섬유 재료는 음파에 의해 진동을 일으켜 소리 에너지를 열로 바꾸는 역할을 한다. 소음기에는 여러 종류가 있지만 ① 스틸 울(steel wool)에 음을 흡수시키는 흡음형 ② 가는 관에서 넓은 공간으로 확산시켜 소리를 작게 하는 팽창형 ③ 음파의 간섭을 이용하여 음을 상쇄시키는 간섭형 ④ 가는 관의 많은 구멍에서 넓은 공명실로 확산시켜 서로 음을 상쇄시키는 공명형 소음기가 있다.

(1) 소음기의 설계 방법

① 소음 발생원의 기본 주파수의 파악한다.

② 목표하고자 하는 차음의 성능을 결정한다.

③ 최대 감음 주파수를 결정한다.

④ 소음기의 허용 압력 손실을 결정한다.

⑤ 관로상에 소음기의 설치 위치를 결정한다.

(2) 소음기 설치 시 주의 사항

① 소음 발생원의 음향 특성, 구조, 및 안전성 등을 검토한다.

② 소음기 설치 전, 후의 유체 흐름 저항을 최소화한다.

③ 소음 발생원의 부하 한도 범위에서 소음기 정압을 결정한다.

④ 관로 내의 유체에 대한 내성을 지닌 마감재를 선택한다.

(3) 소음기의 용도

① 송풍기, 공기 압축기 등의 흡, 배기 관로

② 유체 기계 또는 기구의 토출구

③ 큰 소음이 발생하는 실내 환기구

4-2 흡음형 소음기

흡음형(absorption type) 소음기는 소음기의 내면에 파이버 글라스(fiber glass)와 암면 등과 같은 섬유성 재료의 흡음재를 부착하여 소음을 감소시키는 장치이다. 일반적으로 섬유성 흡음재의 흡음 능력은 두께 증가에 따라서 커지기 때문에 흡음형 소음기의 소음 감소 능력을 증가시키기 위해서는(특히 저주파 소음에 대해서) 두꺼운 흡음재의 사용을 필요로 한다.

이러한 종류의 소음 장치는 높은 주파수 대역의 소음 감소에 효과적이어서 실내 냉난방 덕트 소음 제어에 널리 이용된다. 덕트 내의 공기의 흐름이 빠르거나 높은 온도를 갖는 경우에는 흡음 재료를 보호하기 위해서 보호 처리가 필요하다. 흡음형 소음 장치의 가장 간단한 구조는 덕트 내면을 흡음재로서 라이닝(lining)하는 것이다.

[그림 7-11]은 덕트 벽면에 대한 단순한 라이닝을 보완하는 몇 가지 가능성을 보여 준다. 특히 [그림 7-11]의 (b)와 같이 덕트 입구와 출구의 시야를 막도록 흡음재를 설치하는 경우에 1kHz 이상 주파수 범위의 소음 흡수를 크게 증대시킬 수 있다.

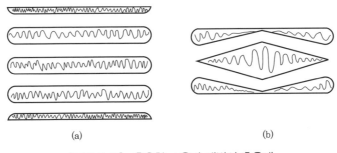

(a)   (b)

[그림 7-11] 흡음형 소음기 내벽의 흡음재

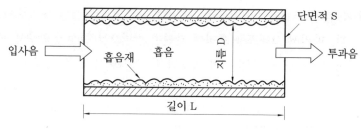

[그림 7-12] 흡음형 소음기의 구조

(1) 주파수 특성

중 · 고음 주파수 대역에서 성능이 우수하다.

(2) 흡음형 소음기 단면의 지름(D)

음의 파장 $\lambda(m)$와 소음기 단면의 지름 $D(m)$와의 관계는 다음과 같이 결정한다.

$$\frac{\lambda}{2} < D < \lambda$$

(3) 흡음형 소음기의 소음 감쇠량(ΔL)

덕트의 내부 주변 길이 $P(m)$, 덕트의 길이 $L(m)$, 덕트의 내부 단면적 $S(m^2)$일 때 소음 감쇠량 ΔL(dB)은 다음과 같다.

$$\Delta L = K\frac{PL}{S}\,(dB)$$

여기서, 상수 $K = 1.05\alpha^{1.4}$ (α는 흡음률)

(4) 직각으로 된 흡음 덕트의 길이 L(m)

$$L = (5 \sim 10)D$$

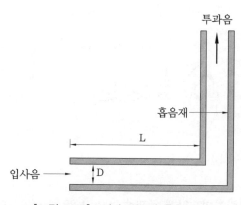

[그림 7-13] 직각으로 된 흡음 덕트

4-3 팽창형 소음기

팽창형(expanding type) 소음기는 음의 입구와 출구 사이에서 큰 공동이 발생하도록 급격한 관의 지름을 확대시켜 공기의 속도를 낮추게 함으로서 소음을 감소시키는 장치이다. 이 소음기는 흡음형 소음기가 사용되기 힘든 나쁜 상태의 가스를 처리하는 덕트 소음 제어에 효과적으로 이용될 수 있다. 반면에 넓은 주파수 폭을 갖는 흡음형 소화기와는 달리 팽창형 소음기는 일반적으로 낮은 주파수 영역의 소음에 대해서 높은 효과를 갖는다.

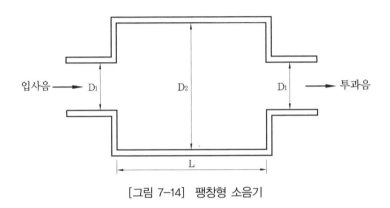

[그림 7-14] 팽창형 소음기

(1) 주파수 특성

저·중간 주파수 대역에서 감쇠 효과가 크며, 팽창부에 흡음재를 부착하면 고주파수 영역에서도 감쇠 효과가 있다.

(2) 팽창부의 길이 L(m)

감쇠음의 주파수는 팽창부의 길이 L에 따라 결정된다.

$$L = \frac{\lambda}{4} (\mathrm{m})$$

(3) 최대 투과 손실값($TL_{\max}$)

$$TL_{\max} = 4 \times \frac{D_2}{D_1} (\mathrm{dB})$$

이 식은 $f < f_c$일 때 성립하며, 임계 주파수 $f_c = 1.22 \times (c/D_2)$이다.

(4) 일반적인 투과 손실(TL)

$$TL = 10\log\left[1 + \frac{1}{4}(m - \frac{1}{m})^2(\sin KL)^2\right] \text{(dB)}$$

여기서, $m = A_2/A_1$,

$$K = \frac{2\pi f}{c},$$

L=팽창부의 길이(m)

이다.

투과 손실(TL)은 $KL = \dfrac{n\pi}{2}(n = 1, 3, 5 \cdots\cdots)$일 때 최대가 되며, $KL = n\pi$일 때 최소가 된다.

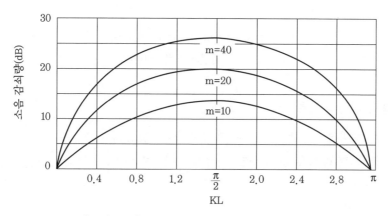

[그림 7-15] 팽창형 소음기의 소음 감쇠 특성

[그림 7-15]는 m값의 변화에 따른 소음 감쇠량의 특성을 나타낸 것으로서 m값이 클수록 흡음 효과가 증가함을 볼 수 있다.

(5) 팽창부에 흡음재 부착 시 투과 손실(TL_α)

$$TL_\alpha = TL + (\alpha \times \frac{A_2}{A_1})$$

(6) 단면적비(m)와 팽창부 길이(L)와의 관계

m이 클수록 소음 감쇠량이 커지며, L이 클수록 협대역의 소음 감쇠량이 커진다.

4-4 간섭형 소음기

간섭형(interference type) 소음기는 음파의 간섭을 이용한 것으로서 [그림 7-16]과 같이 입구에서 흡입된 소음이 L_1과 L_2로 분기되었다가 재차 합류시키면 음의 간섭으로 인해서 감쇠되는 원리이다.

L_1음의 파장을 L_2음의 파장보다 1/2 정도 길게 하면 두 음의 간섭이 발생하여 감쇠된다.

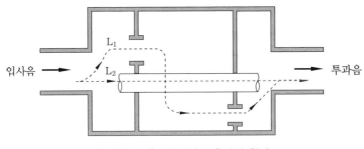

입사음 → L₁ L₂ → 투과음

[그림 7-16] 간섭형 소음기의 원리

(1) 주파수 특성

저·중간 주파수 대역의 일정 주파수에 효과가 크다. 일정 주파수 $f = (0.5 \times c)/(L_1 - L_2)$의 홀수배의 주파수에 탁월한 소음 감쇠 효과가 크며, 짝수배의 주파수에서는 소음 감쇠 성능이 거의 없다.

(2) 소음의 감쇠 특성

소음의 감쇠는 $L_1 - L_2$에 따라 결정되며 통상적으로 $L_1 - L_2 = \dfrac{\lambda}{2}$이다.

(3) 최대 투과 손실값($TL_{\max}$)

일정 주파수 f(Hz)의 홀수배 주파수(1f, 3f, 5f)에서 크게 나타나지만 일반적으로 홀수배의 주파수에서는 약 20dB 정도의 감쇠 효과가 있다.

4-5 공명형 소음기

공명형(resonance type) 소음기는 관의 벽에 작은 구멍을 뚫어 공기층이 바깥쪽의 공동(cavity)으로 통하게 하여 흡음함으로써 소음을 감쇠시키는 장치이다.

(1) 주파수 특성

저·중간 주파수 대역의 탁월 주파수 성분에 효과가 크다.

(2) 최대 투과 손실값($TL_{\max}$)

최대 투과 손실값은 다음과 같이 공명 주파수(f_o)에서 발생한다.

$$f_o = \frac{c}{2\pi}\sqrt{\frac{n.S_p/l_p}{V}}$$

여기서, c : 음속(m/s)

n : 소음기 내관의 구멍 수

S_p : 내관 구멍 1개의 단면적(m^2)

l_p : 구멍(목)의 길이+1.6a(a=구멍의 반경)

V : 공동의 체적(m^3)

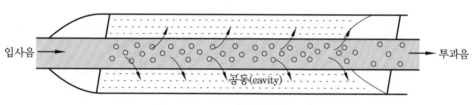

[그림 7-17] 다공의 공명형 소음기

(3) 일반 투과 손실값(TL)

$$TL = 10\log\left|1+\left\{\frac{\frac{\sqrt{(n.V.S_p)/l_p}}{2S}}{\frac{f}{f_o}-\frac{f_o}{f}}\right\}^2\right|(dB)$$

여기서, S_p : 내관 구멍 1개의 단면적(m^2)

S : 소음기 출구의 단면적(m^2)

f : 감음 주파수(Hz)

f_o : 공명 주파수(Hz)

(4) 공동 공명형 소음기의 공명 주파수(f_o)

[그림 7-18]와 같은 장치는 근본적으로 헬름홀츠(Helmholtz) 공명기라고도 부른다. 이와 같은 구조의 공명기는 다음과 같이 정의되는 공진 주파수를 갖는다.

$$f_o = \frac{c}{2\pi} \sqrt{\frac{A}{lV}}$$

여기서, c : 음속(m/s^2),

A : 목의 단면적(m^2),

$l = L + 0.8\sqrt{A}$

이다.

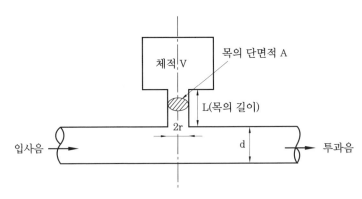

[그림 7-18] 공동 공명형 소음기

|핵|심|문|제|

1. 기계 소음의 발생원에 대하여 설명하시오.

2. 소음 방지 대책에 대하여 설명하시오.

3. 흡음률의 주파수 특성에 대하여 설명하시오.

4. 이중벽의 차음 특성에 대하여 설명하시오.

5. 소음기의 종류를 설명하시오.

|연|습|문|제|

1. 공장 소음의 증가 원인으로 해석할 수 있는 사항은?
   ㉮ 같은 기계를 회전 속도를 낮추어 작업을 하였다.
   ㉯ 밸런싱 작업을 하여 불균형을 바로 잡았다.
   ㉱ 종류가 같은 기계를 출력이 큰 기계로 교체하였다.
   ㉲ 소음 방지를 위해 항상 수지 기어로 교체하였다.

2. 모터가 1마력이 증가하면 얼마나 소음도가 증가하는가?
   ㉮ 10log(마력 증가비)   ㉯ 2배
   ㉱ 20log(마력 증가비)   ㉲ 17log(마력 증가비)

3. 저주파 소음의 투과 손실을 결정짓는 요소는 무엇인가?
   ㉮ 내부 댐핑   ㉯ 강성   ㉱ 소음 주파수   ㉲ 무게

4. 차음벽의 무게를 두 배 증가시킬 때 투과 손실은 얼마인가?
   ㉮ 2dB   ㉯ 4dB   ㉱ 6dB   ㉲ 8dB

5. 공압 밸브의 배기 소음을 줄이기 위하여 사용되는 소음 방지 장치는?
   ㉮ 소음기 설치   ㉯ 차음벽 설치   ㉱ 댐퍼 설치   ㉲ 진동 차단기 설치

6. 흡음식 소음기를 사용하기에 적당한 곳은?
   ㉮ 냉난방 덕트   ㉯ 내연 기관의 배기구
   ㉱ 헬름홀츠 공명기   ㉲ 집진 시설의 송풍기

7. 변압기의 소음 방지 방법은?
   ㉮ 흡음   ㉯ 차음   ㉱ 진동 댐핑   ㉲ 진동 차단기

해답 1. ㉱ 2. ㉲ 3. ㉯ 4. ㉱ 5. ㉮ 6. ㉮ 7. ㉲

8. 팽창식 챔버의 소음흡수 능력을 결정하는 기본 요소는?

㉮ 진동비 ㉯ 체적비 ㉰ 면적비 ㉱ 소음비

9. 방음벽을 설치함으로써 기대할 수 있는 소음 감소 효과는?

㉮ 10~20dB ㉯ 20~60dB ㉰ 40~80dB ㉱ 60~100dB

10. 다음 중 공장 소음에서 마스킹 효과의 특징이 아닌 것은?

㉮ 저음이 고음을 잘 마스킹한다.

㉯ 두 음의 주파수가 거의 같을 때는 효과가 감소한다.

㉰ 고음이 저음을 잘 마스킹한다.

㉱ 작업장 안에서의 배경 음악으로 쓰인다.

11. 공장 소음 특히 저주파 소음을 방지할 수 있는 방법은?

㉮ 재료의 무게를 늘인다. ㉯ 재료의 내부 댐핑을 줄인다.

㉰ 재료의 무게를 줄인다. ㉱ 재료의 강성을 높인다.

12. 공장 내에 설치된 차음벽이 공진할 때 발생되는 현상은?

㉮ 공진 주파수의 소음은 거의 그대로 투과한다.

㉯ 차음벽의 강성과는 관련이 없다.

㉰ 투과 손실이 거의 없다.

㉱ 공진 주파수는 차음벽과 관계없다.

13. 유공판의 소음투과 특성을 결정하는 요소는 개공율과 구멍의 크기 및 배치 방법이다. 소음을 거의 완전히 투과시키는 개공률과 효율적인 구멍의 배치 방법으로 다음 중 옳은 것은?

㉮ 개공률 30%, 많고 작은 구멍의 균일 분포

㉯ 개공률 60%, 많고 작은 구멍의 균일 분포

㉰ 개공률 30%, 몇 개의 큰 구멍을 균일 분포

㉱ 개공률 60%, 몇 개의 큰 구멍을 균일 분포

14. 재료의 흡음율을 정의할 수 있는 표현으로 맞는 것은?

㉮ 흡음률$=\dfrac{\text{입사 에너지}}{\text{흡수된 에너지}}$ ㉯ 흡음률$=\dfrac{\text{흡수된 에너지}}{\text{입사 에너지}}$

㉰ 흡음률$=\dfrac{\text{투과된 에너지}}{\text{입사 에너지}}$ ㉱ 흡음률$=\dfrac{\text{입사 에너지}}{\text{투과된 에너지}}$

15. 소음 방지 재료의 투과율은?

㉮ 입사 에너지/투과된 에너지 ㉰ 흡수된 에너지/투과된 에너지

㉰ 투과된 에너지/흡수된 에너지 ㉱ 투과된 에너지/입사 에너지

해답 8. ㉰ 9. ㉮ 10. ㉰ 11. ㉱ 12. ㉮ 13. ㉮ 14. ㉯ 15. ㉱

제8장

소음 측정 및 평가

█ 1. 개 요

1-1 소음 측정 계획

소음 측정을 계획할 경우 측정 목적을 명확하게 해야 한다. 소음은 측정 목적에 따라서 측정 장비의 선택, 측정 방법 등이 달라지기 때문이다. 측정 목적은 크게 소음의 평가와 방지 대책으로 나눌 수 있다.

소음 평가란 환경 기준의 적합성, 규제 기준치와 적합성 및 난청 등 건강과 관련된 작업 환경 등을 판단하는 것을 말한다.

이와 같이 소음 측정의 목적을 위해서는 다음 사항들을 고려해야 한다.

① 소음의 발생 원인을 파악하기 위한 측정

② 소음의 방지 대책을 위한 측정

소음은 발생원의 종류에 따라 다른 특성을 가지므로, 측정 장비의 선택에 있어서도 중요한 것은 대상 소음의 특성에 대한 개략적인 이해가 매우 중요하다. 소음 측정은 일반적으로 소음원, 전파 경로, 수음점 등 여러 곳에서 측정하며 소음원을 측정 조사할 때는 그 소음의 레벨, 스펙트럼, 지향성 등을 조사한다.

(1) 소음의 발생 원인 파악을 위한 측정

소음을 측정할 다음 자료를 준비하여 검토하면서 사전에 측정점과 측정 방법을 사전에 정해 둔다.

① 공장 주변도

② 공장 평면도

③ 공장 배치도

④ 공장 건물 구조도

⑤ 기계 배치도

⑥ 공장 소재지의 소음 규제 기준

(2) 소음의 방지 대책을 위한 측정

소음 방지 대책을 위해서는 어느 기계의 음원 대책을 하는지, 공장 건물에 대한 대책 수립을 하는지 등에 따라 명확한 목표를 두어야 한다. 따라서 음원을 측정하기 위해 다음과 같은 자료의 준비가 필요하다.

① 측정 기기의 명칭, 규격 등

② 기계 장치의 성능, 출력, 회전수 등의 일람표

③ 작업 공정도

④ 측정 기기의 가동 상태

⑤ 측정 기기의 설치 위치

⑥ 공장 소재지의 소음 규제 기준 등

이와 같이 예비 조사를 한 후 측정 방법 및 측정 항목 등을 검토하여 필요한 소음 측정기기, 측정 인원 및 측정 방법 등을 결정한다.

[표 8-1] 소음 측정 계획 시 검토 사항

검토 사항	결정 사항	유의 사항
① 무엇 때문에 하는가?	목적, 목표의 설정	평가 기준 : 소음 레벨인가 음질인가 확인한다.
② 어디서 하는가?	측정 장소의 선정과 확인	측정 환경 조건의 용이성, 기재, 인원 이동의 난이
③ 무엇에 대하여 어떤 측정을 하는가?	측정 대상·측정 항목의 선정, 정도의 결정	대상, 항목의 종별에 따라 규제 기준 및 KS에 준하여 선정한다.
④ 어떻게 하는가?	측정 방법의 선정, 측정 지점의 위치 및 수	소음원과 수음점 위치와의 배치 관계, 측정 지점에 표적을 박아 계속 측정의 필요 시에는 그 측정점을 명확히 한다. ①의 목적 및 음원의 질에 따라 선정
	측정기, 보조 기구, 측정 정확도	데이터의 판독수는 규제 기준에 따라 결정
	측정 순서	측정 조건의 조합, 기록계 주파수 분석계
	측정 지휘 계통	연락 방법(무전기 등의 준비)
⑤ 언제 하는가?	측정 일시·측정 기간	
⑥ 누가 하는가?	측정 인원, 관계자	측정 기술, 경험의 정도를 검토 배치
⑦ 계획의 작성	측정 실시 세목의 일람표	

(3) 공장 소음의 측정 조사 항목

① 소음원 조사 : 소음원의 추출, 해석
② 공장 내 소음 조사 : 전파 경로 해석, 건물의 음향 특성 분석
③ 공장 부지 내 소음 조사 : 전파 경로 해석, 소음의 시공간 분석
④ 공장 주변의 환경 조사 : 소음의 시공간 분석, 소음 평가

(4) 소음 대책의 일반적인 순서

① 귀로 판단한다.
② 계측기로 측정한다.
③ 대책의 목표를 설정한다.
④ 소음 방지 방법을 선정한다.
⑤ 소음 방지 대책을 실시한다.
⑥ 결과를 확인한다.

(5) 소음 측정 계획을 수립할 때 주의 사항

① 일시
② 측정 위치
③ 측정기
④ 측정자
⑤ 측정 데이터
⑥ 기타(측정기 점검, 전원 확인, 작업 일정 등)

1-2 소음 측정 계획도

소음의 측정 계획에 있어서 측정 대상이 정상적인 소음 또는 변동 소음의 여부에 따라 측정 계획도가 다르게 된다.

측정 준비 → 소음 측정 / 소음계 / 기록계 / 주파수 분석기 → 측정 결과 정리 → 해 석

(1) 정상 소음(기계 설비 등의 소음)

(가) 소음 레벨

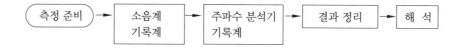

(나) 주파수 분석

측정 준비 → 소음계 기록계 → 주파수 분석기 기록계 → 결과 정리 → 해 석

(2) 변동 소음

(가) 불규칙한 변동 소음(교통량이 많은 도로 교통 소음)

① 소음 레벨

측정 준비 → 소음계 녹음기 → 기록계 → 결과 정리 → 해 석

② 주파수 분석

측정 준비 → 소음계 기록계 → 주파수 분석기 기록계 → 결과 정리 → 해 석

(나) 충격 소음(폭발 소음, 프레스 및 단조기 등의 소음)

① 소음 레벨

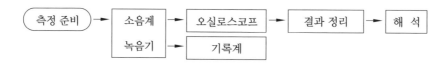

② 주파수 분석

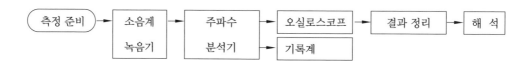

2. 소음 측정 기술

2-1 소음계

소음 측정을 위해서는 KSC 1502에서 정한 보통 소음계 또는 KSC 1505에서 정한 정밀 소음계와 동등 이상의 성능을 갖는 기기를 이용하여 수행한다.

(1) 소음계의 종류

소음계(sound level meter)란 소리를 인간의 청감에 대해서 보정을 하여 인간이 느끼는 감각적인 크기의 레벨에 근사한 값으로 측정할 수 있도록 한 측정 계기로서, 구조 및 성능에 따라 간이 소음계, 지시 소음계 및 정밀 소음계 등으로 분류된다.

소음계는 측정 범위와 어떤 규격에 따를 것인지에 따라 사용될 계측기의 종류가 결정된다. 소음계의 종류는 매우 다양하므로 단지 dB(A) 레벨의 소음 측정과 같은 단순한 소음 조사에서부터 등가 소음 레벨, 소음 노출 레벨(SEL), 최대, 최소, 충격 및 피크값 등이 요구되는 정밀한 측정까지 가능한 소음계가 있다. 소음계에 관한 규격은 [표 8-2]에 나타나 있다.

[표 8-2] 소음계의 종류와 적용 규격

종 류	적용 규격	검정 공차	주파수 범위	용 도
간이 소음계	KSC 1503	–	70~6000Hz	–
보통 소음계	KSC 1502	±2dB	31.5~8000Hz	일반용
정밀 소음계	KSC 1505	±1dB	20~12500Hz	정밀 측정용

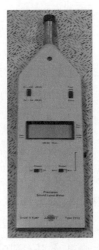

[그림 8-1] 소음계의 종류

(2) 소음계의 구조

(가) 마이크로폰과 전치 증폭기

마이크로폰(microphone)은 지향성이 작은 압력형으로 하며, 기기의 본체와 분리가 가능하여야 한다. 일반적으로 안정성과 정밀도가 높은 콘덴서형 마이크로폰을 사용하며 신호 처리를 하기 전에 전치 증폭기로 신호를 증폭한다. 전치 증폭기(pre-amplifier)는 마이크로폰에 의하여 음향 에너지를 전기 에너지로 변환시킨 양을 증폭시키는 것을 말한다.

(나) 교정 장치

소음계의 감도를 교정하는 장치가 내장되어 있으며, 80dB(A) 이상이 되는 환경에서도 교정이 가능하여야 한다.

(다) 소음 레벨 변환기

대상음의 소음도가 지시계기의 범위 내에 있도록 하기 위한 감쇄기로서 유효 눈금 범위가 30dB 이하 되는 구조의 것은 변환기에 의한 레벨의 간격이 10dB 간격으로 표시되어야 한다.

(라) 청감 보정 회로

인체의 주파수 보정 특성에 따라 나타내는 것으로 A 특성을 갖춘 것이어야 한다. 다만, 자동차 소음 측정에 사용되는 C 특성도 함께 갖추어야 한다. 청감 보정 회로에는 A, B, C, D의 보정 회로가 있다.

① A 보정 회로 : 40폰의 등청감 곡선을 이용(55dB 이하)
② B 보정 회로 : 70폰의 등청감 곡선을 이용(55dB 이상 85dB 이하)
③ C 보정 회로 : 85폰의 등청감 곡선을 이용(85dB 이상인 경우에 사용)
④ D 보정 회로 : 항공기 소음 측정용으로 PNL을 측정에 사용

(마) 필터

복합된 소리를 주파수별로 나누는 주파수 분석, 1/1 옥타브, 1/3 옥타브 대역폭

(바) 검파기

지시계기의 반응 속도를 빠름 및 느림의 특성으로 조절할 수 있는 조절기로서 RMS 검파기로 검출하며 검파기 반응 특성으로 시정수에는 검출하는 방식에는 FAST(125ms)와 SLOW(1s)의 조절 기능이 있다.

(사) 지시 및 출력부

녹음기 또는 플로터에 전송할 수 있는 교류 단자를 갖추어야 하며, 지시계기는 지침형 또는 숫자 표시형이다. 지침형의 유효 지시 범위는 15dB 이상이어야 하고, 각각의 눈금은 1dB 이하를 판독할 수 있어야 한다. 또한, 1dB의 눈금 간격이 1mm 이상으로 표시되도록 하고, 숫자 표시형에는 소수점 한 자리까지 숫자가 표시되어야 한다.

(3) 마이크로폰

마이크로폰(microphone)은 음향적 압력 변동을 전기적인 신호로 변환하는 장치이다. 이렇게 변환된 전기적 신호는 다시 전치 증폭기(pre-amplifier)에서 증폭된다.

마이크로폰의 종류는 음장에서 응답에 따라 자유 음장형, 압력형, 랜덤 입사형 등 3가지로 분류된다.

(가) 자유 음장형 마이크로폰

마이크로폰이 음장에 놓이기 전에 존재하는 음압에 대하여 동형의 주파수 응답을 갖는 특징이 있다. 이 마이크로폰은 소리가 한쪽 방향에서 오는 경우에 사용된다. 그러므로 마이크로폰을 음원 방향에 직접 설치한다. 일반적으로 음의 반사가 적으므로 옥내외의 한쪽 방향의 음원 측정에 사용되며, 옥내인 경우 무향실에서의 측정에이 대표적이다.

[그림 8-2] 자유 음장형 마이크로폰의 종류[B&K]

(나) 압력형 마이크로폰

실제의 소음도에 대하여 동형의 주파수 응답을 갖도록 설계되어 있으며 압력형 마이크로폰은 소리의 진행 방향에 대하여 90°가 되도록 설치한다. 이 마이크로폰은 주로 밀폐된 좁은 공간에서 측정 시 사용된다. 청력계의 보정 및 벽과 표면에서 측정에 이용되며, 마이크로폰은 진동판이 주변 표면과 같은 위치에 놓이도록 설치한다.

(다) 랜덤 입사형 마이크로폰

모든 각도로부터 동시에 도착하는 신호에 대하여 동일하게 응답할 수 있도록 설계되어 있으며, 잔향실 측정뿐만 아니라, 음이 벽이나 천정 등에 반사가 많은 옥내에서 이용된다.

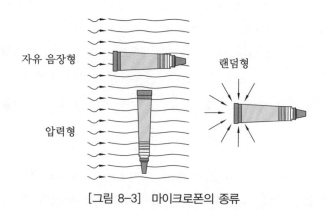

[그림 8-3] 마이크로폰의 종류

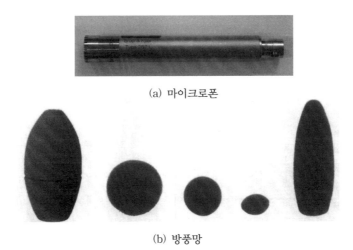

(a) 마이크로폰

(b) 방풍망

[그림 8-4]   마이크로폰과 방풍망(windscreen)

(4) 적분형 소음계

적분형 소음계(integrating sound level meter)는 등가소음도(L_{eq})를 측정할 수 있는 소음계로서, 일반적인 소음계의 구조인 마이크로폰, A 보정 회로, FAST, SLOW의 동특성 회로를 사용하는 RMS 검파기 및 지시 기구는 같으나 집적 회로를 내장하고 있다. 내장된 집적 회로는 소음의 표본을 얻고자 할 때 유용하게 사용된다.

(5) 청감 보정 회로

청감 보정 회로는 인간의 귀의 특성과 유사한 주파수 특성을 갖게 하기 위한 회로로, 1,000Hz를 기준으로 A, B, C의 3가지 특성이 있으며, 부가해서 충격음이나 항공기 소음 측정을 위한 D 특성도 있다.

(6) 소음 측정 방법

소음 측정은 보통 A 특성을 사용하여 측정하며, 녹음이나 주파수 분석을 하는 경우에는 C 특성을 사용한다. 지시계기의 지침 속도를 조절하기 위한 미터의 동특성은 FAST와 SLOW 모드가 있다. FAST 모드는 짧은 시간의 신호와 펄스 신호에 대해서 SLOW 모드는 응답이 늦으므로 낮은 소음도 값으로 지시된다. 연속적인 소리에 대해서는 두 가지 모두 같은 값을 나타내며, 소음계에 내장된 교정 신호나 피스톤 폰(piston phone)을 이용하여 소음계를 교정한다.

소음 측정은 KSC 1502에 정한 보통 소음 계급 이상으로 측정하여 소음계의 A, B, C 등의 청감 보정 회로를 통하여 측정한 값을 소음 레벨이라 하고, 그 단위는 dB(A), dB(B), dB(C)로 표시한다. 한편, 이들 보정 회로별 보정 특성은 [표 8-3]과 같다.

[표 8-3] 보통 소음계의 반응

옥타브 밴드 중심 주파수(Hz)	KS 보통 소음계			
	A	B	C	허용오차
63	-26.1	-9.4	-0.8	±3.5
125	-16.1	-4.3	-0.2	±2.0
259	-8.6	-1.4	0	±1.0
500	-3.2	-0.3	0	±2.0
1,000	0	0	0	±2.0
2,000	+1.2	-0.2	-0.2	-2.5 ～ +3.0
4,000	+1.0	-0.8	-0.8	-4.0 ～ +4.5
8,000	-1.1	-3.0	-3.0	-5.5 ～ +6.0

(7) 소음계 측정 시 유의 사항

① 암소음(주위의 환경 소음)에 대한 영향은 [표 8-4]의 보정 값을 적용하여야 한다. 예를 들어 암소음이 60dB이고 대상음이 65dB인 경우 지시값의 차이가 5dB이므로 보정값 -2를 적용하면 실제 대상음은 63dB가 된다.

[표 8-4] 암소음 보정표

대상음의 유무에 따른 지시값의 차	1	2	3	4	5	6	7	8	9	10
보 정 값	-		-3	-2		-1				-
계 산 값	-6.9	-4.4	-3.0	-2.3	-1.7	-1.25	-0.95	-0.75	-0.60	-0.45

② 반사음의 영향 : 마이크로폰 주위에 벽체와 같은 장애물이 없도록 한다.
③ 청감 보정 회로를 이용한 주파수 성분 파악 : 소음기의 청감 보정 회로에서 A 특성 및 C 특성의 비교를 통하여 개략적인 주파수 성분을 판별할 수 있다. 예를 들면 동일한 소음을 A 특성과 C 특성에 각각 놓고 측정한 결과 다음과 같을 경우,
• dB(A)≈ dB(C) : 고주파 성분이 많다.
• dB(A)≪dB(C) : 저주파 성분이 많다.
이와 같은 이유는 dB(A)가 저주파 성분의 값을 (-)값으로 크게 보정하기 때문이다.
④ 계기의 동특성 사용 방법
• FAST : 모터, 기어 장치 등 회전 기계와 같이 변동이 심할 때
• SLOW : 환경 소음과 같이 대상음의 변동이 적은 경우

(8) 마이크로폰의 설치

마이크로폰은 소음계 본체에서 분리하여 연장 코드를 사용하여 삼각대에 장치하며, 마이크로폰이 소음계 본체에 부착된 경우 반사음에 의해 지시값에 오차가 발생하기 쉽다.

소음계에 마이크로폰을 부착한 채 삼각대에 장치하는 방법과 소음계를 손으로 잡고 측정하는 방법에 대하여 [그림 8-5]와 같다. 일반적으로 소음계 본체에는 삼각대용 나사가 있으므로 이것을 사용한다. 이 경우에 지시차를 판독하기 위해 너무 가까이 접근하면 지시에 오차가 일어나기 때문에 주의를 한다.

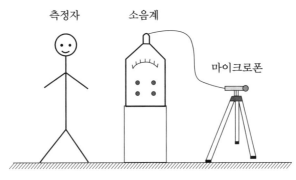

[그림 8-5] 소음 측정 방법

2-2 주파수 분석기

(1) 개요

소리를 들을 때 시간 영역에서 인지되는 소리는 높은 음이나 낮은 음이 서로 중첩되어 있으므로 복합된 하나의 음으로 인식된다. 그러므로 이와 같이 합성된 소음에 대하여 각각의 특성을 알기 위해서는 주파수 분석을 하게 된다. 주파수 분석은 특정 시간 영역에서 샘플링된 음압을 고속 푸리에 변환한 후, 음압 성분을 구성하고 있는 주파수를 분석하게 된다. 이 때 샘플링 시간에 따라 분석 가능한 주파수 영역이 결정된다.

[그림 8-6] 주파수 분석기(B&K Pulse System)

(2) 소음계의 주파수 응답 특성

소음계의 주파수 응답 특성 주로 마이크로폰의 전기적인 특성에 의하여 결정되지만 측정 환경에 따라 차이가 있다. 소음의 특성을 결정하는 중요한 요소는 주파수 특성이므로, 음의 주파수 분석은 1/3 옥타브 밴드 또는 1/1 옥타브 밴드에 의해 이루어진다.

소음의 주파수 분석을 위한 장비의 선택을 위해서는 우선 소음의 시간 변화 특성을 알아야 한다. 시간에 따라서 거의 변하지 않는 정상 소음에 대해서는 필터 분석기를 사용한다. 일반적으로 사용되는 주파수 분할 방식은 IEC-225 규격에 의해 정해지며, 1/3 옥타브 분석기는 1/1 옥타브 분석기의 한 밴드를 3개로 다시 분할하여 분석하므로 정밀 분석시 널리 사용된다.

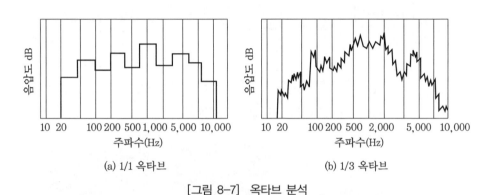

(a) 1/1 옥타브   (b) 1/3 옥타브

[그림 8-7] 옥타브 분석

2-3 기록계

측정 결과의 수동적 기록은 시간적인 소모와 함께 잘못된 판독의 기록을 야기할 수 있다. 자동 기록은 측정 결과에 대하여 측정 후의 평가 및 측정의 비교가 용이한 장점이 있다.

널리 사용되는 휴대용 레벨 기록기는 직접 1/1 옥타브와 1/3 옥타브 분석의 구성을 기록하는 데 사용될 수 있다. 기록계를 소음계 및 주파수 분석기와 조합하여 사용하면 소음 레벨 및 밴드 레벨의 기록 측정이 가능하다.

2-4 교정기

소음을 측정하기 전 모든 마이크로폰을 비롯하여 모든 계측 장비에 대하여 교정을 하는 것이 매우 중요하다. 교정은 각 측정 전에 반드시 수행되어야 측정 데이터의 신뢰성 있는 정확한 데이터를 얻을 수 있다. 소음계에는 교정 신호 발생 회로가 내장되어 있다.

기준 음압을 마이크로폰에 가하는 음향 교정기에는 피스톤폰과 스피커 방식의 음압 레벨 교정기가 있다. 피스톤 폰은 모터에 의해 2개의 작은 피스톤을 구동시켜 공동부의 용적 변화로서 음압을 발생시킨다. 이 작동으로 인하여 250Hz에서 124dB의 음압 레벨을 발생된다. 피스톤 폰으로 높은 정밀도의 교정을 얻기 위해서는 대기 압력과 관련된 보정치를 가감해야 한다.

음압 레벨 교정기는 스피커와 함께 작동하는 데 1kHz에서 94dB(약 1Pa)의 음압 레벨을 발생시킨다. 이 같은 교정기를 완성된 측정 시스템의 마이크로폰에 부착시켜 가동시키면서 음압 레벨을 조절하여 교정한다.

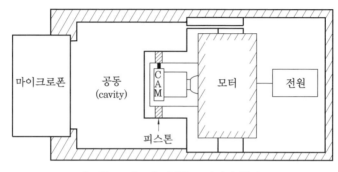

[그림 8-8] 피스톤폰 교정기의 원리

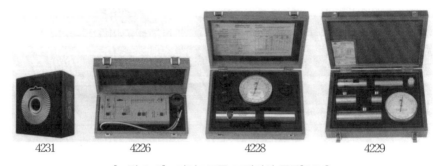

[그림 8-9] 마이크로폰 교정기의 종류[B&K]

2-5 소음 측정 절차 요약

① 측정이 왜 필요한가? 소음 레벨만 측정할 것인지, 소음 주파수 분석도 필요한지, 측정 후 정밀 분석이 필요한지를 미리 결정한다.

② 측정하고자 하는 소음은 어떤 종류(충격음, 순음 등)인지 확인한다.

③ 측정 장비와 측정 방법이 ISO 규격에 부합하는지 검토한다.

④ 올바른 장비를 준비한 후 모든 장비에 대하여 교정한다.

⑤ 측정 시스템을 구성하고 일정한 양식에 의하여 기록한다.

⑥ 음원, 마이크로폰의 위치 및 반사체 등의 주위 환경을 기록한다.

⑦ 온도, 습도 및 바람의 세기 등을 기록한다.

⑧ 암소음을 측정한다.
⑨ 소음을 측정하고 기록한다.
⑩ 보고서를 작성한다.

3. 소음 평가

소음 평가는 소음이 인간에게 미치는 직·간접적인 영향에 대한 관계에 기본을 두고 있다. 측정된 소음에 대하여 수량적으로 나타내는 척도를 소음의 평가 척도라 하며, 이것의 운용법을 소음 평가법이라 한다. 소음 평가법은 소음원 자체(소음 레벨, 주파수, 충격성 등)와 소음 폭로를 받는 지역 환경(발생 시간대, 환경 소음, 지역 등)으로 분류된다.
여기서는 실내 소음 평가법과 환경 소음 평가법에 대하여 기술한다.

3-1 실내 소음 평가법

실내 소음은 벽, 바닥, 창 등으로부터 들어오는 소리와 실내에서 발생되는 소리를 의미한다.

(1) A 보정 음압 레벨

A 보정 음압 레벨(L_A : A weighted sound level)은 청감 보정 회로 A를 통하여 측정한 레벨로서 실내 소음 평가 시 최대값이나 평균값을 사용한다.

(2) AI

AI(Ariculation Index)는 회화 명료도 지수로서 회화 전송의 주파수 특성과 소음 레벨에서 명료도를 예측하는 것으로서 회화 전달 시스템의 평가 기준이다.

(3) 회화 방해 레벨

회화 방해 레벨(SIL : Speech Interference Level)은 명료도 지수(AI)를 간략화한 회화 방해에 관한 평가법으로서 소음을 600~1200Hz, 1200~2400Hz, 2400~4800Hz의 3개의 주파수 영역으로 분석한 음압 레벨의 산술 평균값으로 정의한다.

(4) NC 곡선

NC(Noise Criteria) 곡선은 사무실의 실내 소음을 평가하기 위한 척도로서 1/1 옥타브 분석으로 실내 소음을 평가하는 방법이다. 영화관에서 실내 소음의 허용값이 NC-30이라면 1/1 옥타브 밴드 음압 레벨이 [그림 8-10]과 같이 NC-30 곡선의 이하가 된다.

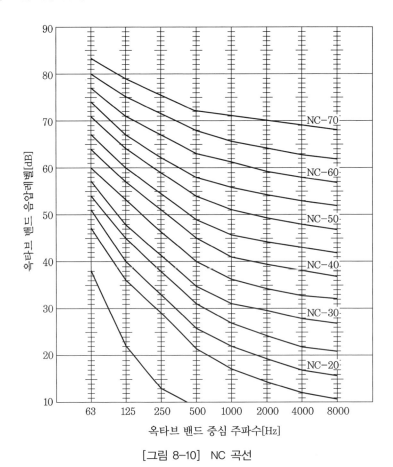

[그림 8-10] NC 곡선

[표 8-5] 실내 소음의 허용값

실의 종류	NC값	dB(A)
방송 스튜디오	15~20	25~30
음향 스튜디오	15~25	25~34
라디오, TV 스튜디오	20~30	30~38
콘서트홀, 리사이틀홀, 오페라하우스	15~25	25~34
대형 오디토리엄, 드라마극장	<25	<34
소형 오디토리엄, 극장	<35	<44
침실, 병원, 호텔, 모텔, 아파트	25~40	34~47
강당, 회의장, 교회	<30	<38
교실, 세미나실, 독서실, 실험실	30~40	38~47
개인 사무실, 소회의실 등	30~40	38~47
대형 사무실, 접객실, 상점, 레스토랑 등	35~45	42~2

* dB(A)≒NC값+10

(5) PNC 곡선

PNC(Preferred Noise Criteria) 곡선은 NC 곡선의 단점을 보완해서 저주파수 대역 및 고주파수 대역에서 엄격하게 평가되었으며, 음질에 대한 불쾌감을 고려한 곡선이다.

(6) NR 곡선

NR(Noise Rating) 곡선은 소음을 총력 장애, 회화 방해, 시끄러움 등 3가지 면에서 평가한 곡선이다.

3-2 환경 소음 평가법

환경 소음 평가법은 등가 소음 레벨(L_{eq})이 널리 사용되고 있으며, 현재 소음 진동 규제법에도 등가 소음 레벨이 사용되고 있다.

(1) 등가 소음 레벨

등가 소음 레벨(L_{eq} ; equivalent sound level)은 변동이 심한 소음의 평가 방법으로 널리 사용된다. 즉, 변동하는 소음을 일정한 시간 동안 변동하지 않는 평균 레벨의 크기로 환산하는 방법으로서 A 보정 회로의 값을 기본으로 사용한다.

$$L_{eq} = 10\log \sum_{i=1}^{n} \left(\frac{1}{100} \times f_i \times 10^{\frac{L_i}{10}} \right) (\text{dB})$$

여기서, T : 총 측정 시간(s)
L_i : 샘플링 시간 Δt마다 소음 레벨(dB(A))
f_i : 일정 소음 레벨 L_i의 지속 시간율(%)

(2) 소음 통계 레벨

소음 통계 레벨(L_N ; percentile noise level)은 전체 측정 시간의 N(%)를 초과하는 소음 레벨로서 L_{50}이란 전체 측정 시간의 50(%)를 초과하는 소음 레벨을 의미한다. 이 %의 값이 작을수록 큰 소음 레벨을 나타내므로 $L_{10} > L_{50} > L_{100}$의 관계가 있다.

(3) 교통 소음 지수

교통 소음 지수(TNI : Traffic Noise Index)는 도로 교통 소음을 인간의 반응과 관련시켜 정량적으로 구한 값으로서 24시간 측정된 A보정 통계 소음 레벨 L_{10}, L_{90}을 기준으로 다음과 같이 산출된다.

$$TNI = 4(L_{10} - L_{90}) + L_{90} - 30$$

(4) 주야 평균 소음 레벨

주야 평균 소음 레벨(L_{dn} ; day-night average sound level)은 야간 소음 레벨의 문제점을 고려하여 하루의 매 시간당 등가 소음 레벨을 측정하여 야간(22:00~07:00)의 매시간 측정값에 10dB를 가산하여 구한 것으로 다음과 같다.

$$L_{dn} = 10\log_{10}\left[\frac{1}{24}\left(15 \times 10^{\frac{L_d}{10}} + 9 \times 10^{\frac{L_n + 10}{10}}\right)\right]$$

여기서, L_d : 주간(07:00~22:00)의 등가 소음도(L_{eq})
L_n : 야간(22:00~07:00)의 등가 소음도(L_{eq})이다.

(5) 소음 공해 레벨

소음 공해 레벨(L_{NP} ; noise pollution level)은 변동 소음의 에너지와 변동에 의한 불만의 증가치를 합하여 평가하는 방법으로 다음 식과 같다.

$$L_{NP} = L_{eq} + 2.56\sigma$$

여기서, σ는 측정 소음의 표준 편차이다.

(6) NNI

NNI(Noise and Number Index)는 영국의 항공기 소음 평가 방법으로 다음 식으로 나타낸다.

$$NNI = {}^*PNL + 16\log_{10}N - 80$$

여기서, *PNL : 하루 중 전체 항공기의 통과 시 PNL의 평균값
N : 하루 중 항공기의 총 이착륙 횟수

(7) 감각 소음 레벨

감각 소음 레벨(PNL : Perceived Noise Level)은 공항 주변의 항공기 소음을 평가하는 척도로서, 소음을 0.5초 이내의 간격으로 옥타브 분석하여 각 대역별 레벨을 구하여 사용한다. 개략 값은 다음과 같이 구한다.

$$PNL = dB(A) + 13 \ \text{또는} \ PNL \fallingdotseq dB(D) + 7$$

4. 소음 규제

4-1 소음의 환경 기준

지역별 소음 규제는 [표 8-6]과 같다.

[표 8-6] 소음 환경 기준 (단위 : L_{eq} dB(A))

지역 구분	적용 대상 지역	기 준	
		낮(06:00~22:00)	밤(22:00~06:00)
일반 지역	"가" 지역	50	40
	"나" 지역	55	45
	"다" 지역	65	55
	"라" 지역	70	65
도로변 지역	"가" 및 "나" 지역	65	55
	"다" 지역	70	60
	"라" 지역	75	70

(1) 지역 구분별 적용 대상 지역의 구분은 다음과 같다.

(가) "가" 지역

① 국토의 계획 및 이용에 관한 법률 제36조 제1항의 규정에 의한 관리지역 중 보전 관리 지역과 자연 환경 보전 지역 및 농림 지역

② 국토의 계획 및 이용에 관한 법률 제36조 제1항의 규정에 의한 도시지역 중 녹지 지역

③ 국토의 계획 및 이용에 관한 법률 시행령 제30조의 규정에 의한 주거 지역 중 전용 주거 지역

④ 의료법 제3조의 규정에 의한 종합 병원의 부지 경계로부터 50미터 이내의 지역

⑤ 초·중등 교육법 제2조 및 고등 교육법 제2조의 규정에 의한 학교의 부지 경계로부터 50미터 이내의 지역

⑥ 도서관 및 독서진흥법 제2조의 규정에 의한 공공 도서관의 부지 경계로부터 50미터 이내의 지역

(나) "나" 지역

① 국토의 계획 및 이용에 관한 법률 제36조 제1항의 규정에 의한 관리지역 중 생산 관리 지역

② 국토의 계획 및 이용에 관한 법률 시행령 제30조의 규정에 의한 주거 지역 중 일반 주거 지역 및 준주거 지역

(다) "다" 지역

① 국토의 계획 및 이용에 관한 법률 제36조 제1항의 규정에 의한 도시지역 중 상업 지역과 동조 동항의 규정에 의한 관리 지역 중 계획 관리 지역

② 국토의 계획 및 이용에 관한 법률 시행령 제30조의 규정에 의한 공업 지역 중 준공업 지역

(라) "라" 지역

국토의 계획 및 이용에 관한 법률 시행령 제30조의 규정에 의한 공업 지역 중 일반 공업 지역 및 전용 공업 지역

(2) 도로라 함은 1종렬의 자동차(2륜 자동차를 제외한다.)가 안전하고 원활하게 주행하기 위하여 필요한 일정폭의 차선을 가진 2차선 이상의 도로를 말한다.

(3) 이 소음 환경 기준은 항공기 소음·철도 소음 및 건설 작업 소음에는 적용하지 아니한다.

(주) 도로변 지역은 도로의 도로 단으로부터 차선×10m

4-2 생활 소음 규제 기준

생활 소음 및 생활 진동의 규제 기준은 [표 8-7], [표 8-8]과 같다.

[표 8-7] 생활 소음 규제 기준 (단위 : L_{eq}dB(A))

대상 지역	시간대별 소음원		아침, 저녁 (05:00~08:00) (18:00~22:00)	주 간 (08:00~18:00)	야 간 (22:00~05:00)
주거 지역, 녹지 지역, 관리 지역 중 취락 지구 및 관광·휴양 개발 진흥 지구, 자연 환경 보전 지역, 그밖의 지역에 있는 학교, 병원 공공 도서관	확성기	옥외 설치	70 이하	80 이하	60 이하
		옥내에서 옥외로 소음이 나오는 경우	50 이하	55 이하	45 이하
	공 장		50 이하	55 이하	45 이하
	사업장	동일 건물	45 이하	50 이하	40 이하
		기 타	50 이하	55 이하	45 이하
	공 사 장		60 이하	65 이하	50 이하

4. 소음 규제 195

	확성기	옥외 설치	70 이하	80 이하	60 이하
기타 지역		옥내에서 옥외로 소음이 나오는 경우	60 이하	65 이하	55 이하
	공 장		60 이하	65 이하	55 이하
	사업장	동일 건물	50 이하	55 이하	45 이하
		기 타	60 이하	65 이하	55 이하
	공 사 장		65 이하	70 이하	50 이하

[표 8-8] 생활 진동 규제 기준   (단위 : L_{eq}dB(A))

시간별 대상 지역	주 간 (06:00~22:00)	심 야 (22:00~06:00)
주거 지역, 녹지 지역, 준도시 지역 중 취락 지구 및 운동·휴양 지구, 자연 환경 보전 지역, 기타 지역 안에 소재한 학교, 병원, 공공 도서관	65 이하	60 이하
기타 지역	70 이하	65 이하

① 소음의 측정 방법과 평가 단위는 「환경 분야 시험·검사 등에 관한 법률」 제6조 제1항 제2호에 따른 환경 오염 공정 시험 기준에서 정하는 바에 따른다.

② 대상 지역의 구분은 「국토의 계획 및 이용에 관한 법률」에 따른다.

③ 규제 기준치는 생활 소음의 영향이 미치는 대상 지역을 기준으로 하여 적용한다.

④ 옥외에 설치한 확성기의 사용은 1회 3분 이내로 하여야 하고, 15분 이상의 간격을 두어야 한다.

⑤ 공사장의 소음 규제 기준은 주간의 경우 특정 공사의 사전 신고 대상 기계·장비를 사용하는 작업 시간이 1일 2시간 이하일 때는 +10dB을, 2시간 초과 4시간 이하일 때는 +5dB을 규제 기준치에 보정한다.

⑥ 발파 소음의 경우 주간에만 규제 기준치(광산의 경우 사업장 규제 기준)에 +10dB을 보정한다.

⑦ 공사장의 규제 기준 중 다음 지역은 공휴일에만 −5dB를 규제 기준치에 보정한다.

• 주거 지역

• 「의료법」에 따른 종합 병원, 「초·중등 교육법」 및 「고등 교육법」에 따른 학교 및 「도서관법」에 따른 공공 도서관의 부지 경계로부터 직선 거리 50m 이내의 지역

⑧ "동일 건물"이란 「건축법」 제2조에 따른 건축물로서 지붕과 기둥 또는 벽이 일체로 되어 있는 건물을 말하며, 동일 건물에 대한 생활 소음 규제 기준은 다음 각 목에 해당하는 영업을 행하는 사업장에만 적용한다.

- 「체육시설의 설치·이용에 관한 법률」 제10조에 따른 체력 단련장업·체육 도장업·무도 학원업·무도장업
- 「학원의 설립·운영 및 과외 교습에 관한 법률」 제2조에 따른 음악교습을 위한 학원·교습소
- 「식품위생법 시행령」 제7조에 따른 단란주점 영업·유흥주점 영업
- 「음악 산업 진흥에 관한 법률」 제2조에 따른 노래연습장업

4-3 공장 소음 배출 허용 기준

대상 소음도에서 다음 표에 의하여 보정한 평가 소음도가 50dB(A) 이하일 것

[표 8-9] 공장 소음 배출 허용 기준   (단위 : L_{eq} dB(A))

보 정 표		
항 목	내 용	보정값
충 격 음	충격음 성분이 있는 경우	+5
관련 시간대에 대한 측정 소음 발생 시간의 백분율	50% 이상 25% 이상 50% 미만 12.5% 이상 25% 미만 12.5% 미만	0 -5 -10 -15
시 간 별	(낮)　　06:00 ~ 18:00 (저녁)　18:00 ~ 24:00 (밤)　　24:00 ~ 익일 06:00	0 +5 +10
지 역 별	가. 도시 지역 　(1) 전용 주거 지역, 녹지 지역 　(2) 일반 주거 지역, 준주거 지역 　(3) 상업 지역, 준공업 지역 　(4) 일반 공업 지역, 전용 공업 지역 나. 준도시 지역 중 취락 지구 및 운동·휴양 지구, 자연환경 보전 지역 중 수산 자원 보전 지구 외의 지구 다. 준도시 지역 중 취락지구 및 운동·휴양 지구 외의 지구, 자연환경 보전 지역 중 수산 자원 보전 지구, 농림 지역, 준농림 지역, 미고시 지역 라. 산업 입지 및 개발에 관한 법률에 의한 국가 산업 단지, 지방 산업 단지 마. 의료법에 의한 종합 병원, 초·중등 교육법 및 고등 교육법에 의한 학교 및 도서관 및 독서 진흥법에 의한 공공 도서관의 부지 경계선에서 50m 이내의 지역	 0 -5 -15 -20 0 -10 -20 0

또한, 공장 진동 규제 기준은 대상 진동 레벨에서 [표 8-10]에 의하여 보정한 평가 진동 레벨이 60dB(V) 이하이어야 한다.

[표 8-10] 공장 진동 배출 허용 기준 (단위 : L_{en}dB(A))

보 정 표		
항 목	내 용	보정값
관련 시간대에 대한 측정 소음 발생 시간의 백분율	50% 이상	0
	25% 이상 50% 미만	-5
	25% 미만	-10
시 간 별	(낮) 06:00 ~ 22:00	0
	(밤) 22:00 ~ 익일 06:00	+5
지 역 별	가. 도시 지역	
	(1) 전용 주거 지역, 녹지 지역	0
	(2) 일반 주거 지역, 준주거 지역	-5
	(3) 상업 지역, 준공업 지역	-10
	(4) 일반 공업 지역, 전용 공업 지역	-15
	나. 준도시 지역 중 취락지구 및 운동·휴양 지구, 자연환경 보전지역 중 수산 자원 보전 지구 외의 지구	0
	다. 준도시 지역 중 취락 지구 및 운동·휴양 지구 외의 지구, 자연환경 보전 지역 중 수산 자원 보전 지구, 농림 지역, 준농림 지역, 미고시 지역	-5
	라. 산업 입지 및 개발에 관한 법률에 의한 국가 산업 단지, 지방 산업 단지	-15
	마. 의료법에 의한 종합 병원, 초·중등 교육법 및 고등 교육법에 의한 학교 및 도서관 및 독서 진흥법에 의한 공공 도서관의 부지 경계선에서 50m 이내의 지역	0

|핵|심|문|제|

1. 소음 측정 계획 시 검토 사항에 대하여 설명하시오.

2. 보통 소음계와 정밀 소음계에 대하여 비교 설명하시오.

3. 소음계의 구조를 자세히 설명하시오.

4. 마이크로폰의 종류에 대하여 설명하시오.

5. 1/1 옥타브와 1/3 옥타브에 대하여 비교 설명하시오.

6. 소음 측정 절차에 대하여 설명하시오.

7. 실내 소음 평가법에 대하여 설명하시오.

8. 환경 소음 평가법에 대하여 설명하시오.

|연|습|문|제|

1. 소음 측정의 목적으로 볼 수 없는 것은?
   ㉮ 작업자의 노동 위생상 필요한 경우
   ㉯ 법규의 기준치 내에 들었는지 확인할 필요가 있는 경우
   ㉰ 소음 방지 설계상 데이터를 준비할 필요가 있을 경우
   ㉱ 기계 부품의 정밀한 제작을 위하여 필요한 경우

2. 공장 소음의 측정 조사 항목과 관련이 적은 것은?
   ㉮ 소음원의 조사　　㉯ 전파 경로 해석　　㉰ 소음 평가　　　　㉱ 소음 대책

3. 일반적으로 널리 사용되는 보통 소음계의 측정 주파수 범위는 몇 Hz인가?
   ㉮ 20~12500　　　　㉯ 31.5~8000　　　　㉰ 50~6000　　　　㉱ 70~6000

4. 소음계의 청감 보정 회로 중 충격음이나 항공기 소음 측정용으로 사용되는 특성은?
   ㉮ A　　　　　　　㉯ B　　　　　　　㉰ C　　　　　　　㉱ D

5. 소음계의 청감 보정 회로 중 인간의 귀의 특성과 같아 환경 소음 측정에 사용되는 보정 회로는?
   ㉮ A　　　　　　　㉯ B　　　　　　　㉰ C　　　　　　　㉱ D

6. 소음계의 반응 속도를 빠름과 느림의 특성을 조절할 수 있는 반응 특성 모드로 FAST와 SLOW가 있다. FAST와 SLOW의 검파 시간은 각각 얼마인가?

㉮ 100ms, 0.5s ㉯ 125ms, 1s ㉰ 250ms, 2s ㉱ 500ms, 4s

7. 소음 측정에서 중심 주파는 몇 Hz인가?

㉮ 62.5 ㉯ 707 ㉰ 1000 ㉱ 1414

8. 보통 소음계의 반응 중 A, B, C 특성이 같은 주파수는?

㉮ 500 ㉯ 1000 ㉰ 2000 ㉱ 4000

9. 암소음이 55dB이고 대상음이 75dB일 때 암소음 보정값은 몇 dB인가?

㉮ 0 ㉯ −1 ㉰ −2.3 ㉱ 5

10. 동일한 소음을 A특성과 C특성에 각각 놓고 측정한 결과 dB(A)≪dB(C)로 나타난 경우 주파수와의 관계는?

㉮ 고주파 성분이 많다. ㉯ 저주파 성분이 많다.
㉰ 주파수가 동일하다. ㉱ 주파수 변동이 크다.

11. 소음계의 동특성 사용법 중 환경 소음과 같이 대상음의 변동이 적은 경우 사용되는 동특성 모드는?

㉮ FAST ㉯ SLOW ㉰ CAL ㉱ BATT

12. 환경 소음 평가법 중 변동이 심한 소음 평가법으로 가장 널리 사용되는 것은?

㉮ 등가 소음 레벨 ㉯ 소음 통계 레벨
㉰ 교통 소음 지수 ㉱ 감각 소음 레벨

13. 사무실의 실내 소음을 평가하기 위한 척도로서 1/1 옥타브 분석으로 실내 소음을 평가하는 방법은?

㉮ AI(Ariculation Index) ㉯ 회화 방해 레벨
㉰ NC(Noise Criteria)곡선 ㉱ A 보정 음압 레벨

14. 공항 주변의 항공기 소음을 평가하는 척도로서, 소음을 0.5초 이내의 간격으로 옥타브 분석하여 각 대역별 레벨을 구하여 사용하는 환경 소음 평가법은?

㉮ NNI(Noise and Number Index) ㉯ 회화 방해 레벨
㉰ 감각 소음 레벨 ㉱ A 보정 음압 레벨

해답 6. ㉯ 7. ㉰ 8. ㉯ 9. ㉮ 10. ㉯ 11. ㉯ 12. ㉮ 13. ㉰ 14. ㉰

제**9**장

소음 진동 공정 시험 방법

▮▮▮ 1. 소음편

제1장 총 칙

1. 목적

이 시험 방법은 소음·진동 규제법 제7조의 규정에 의거 소음을 측정함에 있어서 측정의 정확 및 통일을 유지하기 위하여 필요한 제반 사항에 대하여 규정함을 목적으로 한다.

2. 적용 범위

이 시험 방법은 환경 정책 기본법 제10조 제2항에서 정하는 환경 기준과 소음·진진동 규제법에서 정하는 소음 배출 허용 기준, 소음 규제 기준 및 기타 소음을 측정하기 위한 시험 (측정) 방법에 대하여 규정한다.

3. 용어의 종류

① 소음원 : 소음을 발생하는 기계·기구, 시설 및 기타 물체를 말한다.

② 반사음 : 한 매질 중의 음파가 다른 매질의 경계면에 입사한 후 진행 방향을 변경하여 본래의 매질 중으로 되돌아오는 음을 말한다.

③ 암소음 : 한 장소에 있어서의 특정의 음을 대상으로 생각할 경우 대상 소음이 없을 때 그 장소의 소음을 대상 소음에 대한 암소음이라 한다.

④ 대상 소음 : 암소음 이외에 측정하고자 하는 특정의 소음을 말한다.

⑤ 정상 소음 : 시간적으로 변동하지 아니하거나 또는 변동 폭이 작은 소음을 말한다.

⑥ 변동 소음 : 시간에 따라 소음도 변화폭이 큰 소음을 말한다.

⑦ 충격음 : 폭발음, 타격음과 같이 극히 짧은 시간 동안에 발생하는 높은 세기의 음을 말한다.

⑧ 지시치 : 계기나 기록지 상에서 판독한 소음도로서 실효치(rms값)을 말한다.

⑨ 소음도 : 소음계의 청감 보정 회로를 통하여 측정한 지시치를 말한다.

⑩ 등가소음도 : 임의의 측정 시간 동안 발생한 변동 소음의 총 에너지를 같은 시간 내의 정상 소음의 에너지로 등가하여 얻어진 소음도를 말한다.

⑪ 측정 소음도 : 이 시험 방법에 정한 측정 방법으로 측정한 소음도 및 등가 소음도 등을 말한다.

⑫ 암소음도 : 측정 소음도의 측정 위치에서 대상 소음이 없을 때 이 시험 방법에서 정한 측정 방법으로 측정한 소음도 및 등가 소음도 등을 말한다.

⑬ 대상 소음도 : 측정 소음도에 암소음을 보정한 후 얻어진 소음도를 말한다.

⑭ 평가 소음도 : 대상 소음도에 충격음, 관련 시간대에 대한 측정 소음 발생 시간의 백분율, 시간별, 지역별 등의 보정치를 보정한 후 얻어진 소음도를 말한다.

⑮ KS 규격 : 한국 공업 규격 중 소음계에 관한 규격을 말한다.

⑯ IEC 규격 : 국제 전기 표준회의에서 제정된 소음 측정기기에 관한 규격을 말한다.

4. 측정기기 및 사용 기준

4-1 측정기기

(1) 소음계

(가) 기본 구조

소음을 측정하는 데 사용되는 소음계는 간이 소음계, 보통 소음계, 정밀 소음계 등이 있으며, 최소한 [그림 9-1]과 같은 구성이 필요하다.

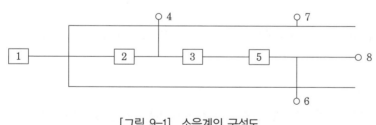

1. 마이크로폰
2. 레벨렌지 변환기
3. 증폭기
4. 교정 장치
5. 청감 보정 회로
6. 동특성 조절기
7. 출력 단자
　(간이 소음계 제외)
8. 지시계기

[그림 9-1] 소음계의 구성도

(나) 구조별 성능

① 마이크로폰(microphone) : 마이크로폰은 지향성이 작은 압력형으로 하며, 기기의 본체와 분리가 가능하여야 한다.

② 증폭기(amplifier) : 마이크로폰에 의하여 음향 에너지를 전기 에너지로 변환시킨 양을 증폭시키는 것을 말한다.

③ 레벨렌지 변환기 : 측정하고자 하는 소음도가 지시계기의 범위 내에 있도록 하기 위

한 감쇠기로서 유효 눈금 범위가 30dB 이하 되는 구조의 것은 변환기에 의한 레벨의 간격이 10dB 간격으로 표시되어야 한다. 다만, 레벨 변환 없이 측정이 가능한 경우 레벨렌지 변환기가 없어도 무방하다.

④ 교정 장치(calibration network calibrator) : 소음 측정기의 감도를 점검 및 교정하는 장치로서 자체에 내장되어 있거나 분리되어 있어야 하며, 80dB(A) 이상이 되는 환경에서도 교정이 가능하여야 한다.

⑤ 청감 보정 회로(weighting networks) : 인체의 청감각을 주파수 보정 특성에 따라 나타내는 것으로 A 특성을 갖춘 것이어야 한다. 다만, 자동차 소음 측정에 사용되는 C 특성도 함께 갖추어야 한다.

⑥ 동특성 조절기(fast-slow switch) : 지시계기의 반응 속도를 빠름 및 느림의 특성으로 조절할 수 있는 조절기를 가져야 한다.

⑦ 출력단자(monitor out) : 소음 신호를 기록기 등에 전송할 수 있는 교류단자를 갖춘 것이어야 한다.

⑧ 지시계기(meter) : 지시계기는 지침형 또는 숫자 표시형이어야 한다. 지침형에서는 유효 지시 범위가 15dB 이상이어야 하고, 각각의 눈금은 1dB 이하를 판독할 수 있어야 하며, 1dB 눈금 간격이 1mm 이상으로 표시되어야 한다. 다만, 숫자 표시형에서는 숫자가 소수점 한 자리까지 표시되어야 한다.

(2) 기록지

자동 혹은 수동으로 연속하여 시간 속하 소음도, 주파수 밴드 속하 소음도 및 기타 측정 결과를 그래프, 점, 숫자 등으로 기록하는 기기를 말한다.

(3) 주파수 분석기

소음의 주파수 성분을 분석하는 데 사용하는 기기로 1/1 옥타브 밴드 분석기, 1/3 옥타브 밴드 분석기 등을 말한다.

(4) 데이터 녹음기

소음계 등의 아날로그 또는 디지털 출력 신호를 녹음·진재생시키는 장비를 말한다.

4-2 부속 장치

(1) 방풍망(anti-wind screen)

소음을 측정할 때 바람으로 인한 영향을 방지하기 위한 장치로서 소음계의 마이크로폰에 부착하여 사용하는 것을 말한다.

(2) 삼각대(tripod)

마이크로폰을 소음계와 분리시켜 소음을 측정할 때 마이크로폰의 지지 장치로 사용하거나 소음계를 고정할 때 사용하는 장치를 말한다.

(3) 표준음 발생기(pistonphone)

소음계의 측정 감도를 교정하는 기기로서 발생음의 주파수와 음압도가 표시되어 있어야 하며, 발생음의 오차는 ±1dB 이내이어야 한다.

4-3 사용 기준

(1) 간이 소음계는 예비 조사 등 소음도의 대략치를 파악하는 데 사용되며 소음을 규제, 인증하기 위한 목적으로 사용되는 기계로서는 KSC-1502에 정한 보통 소음계 또는 이와 동등 이상의 성능을 가진 것으로서 dB 단위로 지시하는 것을 사용하여야 한다.

(2) 소음 측정기는 견고하고 빈번한 사용에 견딜 수 있어야 하며, 항상 정도를 유지할 수 있어야 한다.

(3) 성능

① 측정 가능 주파수 범위는 31.5~8KHz 이상이어야 한다.

② 측정 가능 소음도 범위는 35~130dB 이상이어야 한다.

   다만, 자동차 소음 측정에 사용되는 것은 45~130dB 이상으로 한다.

③ 특성별(A 특성 및 C 특성) 표준 입사각의 응답과 그 편차는 KSC-1502의 부표 1을 만족하여야 한다.

④ 레벨렌지 변환기가 있는 기기에 있어서 레벨렌지 변환기의 전환 오차가 0.5dB 이내이어야 한다.

⑤ 지시계기의 눈금 오차는 0.5dB 이내이어야 한다.

제 2 장 환경 기준의 측정 방법

1. 측정점

(1) 옥외 측정을 원칙으로 하며, "일반 지역"은 당해 지역의 소음을 대표할 수 있는 장소로 하고, "도로변 지역(주1)"에서는 소음으로 인하여 문제를 일으킬 우려가 있는 장소를 택하여야 한다.

   측정점 선정 시에는 당해 지역 소음 평가에 현저한 영향을 미칠 것으로 예상되는 공장 및 사업장, 건설 사업장, 비행장, 철도 등의 부지 내는 피해야 한다.

   (주 1) 도로변 지역의 범위는 도로단으로부터 차선수×10m로 하고, 고속도로 또는 자동차 전용 도로의 경우에는 도로단으로부터 150m 이내의 지역을 말한다.

(2) 일반 지역의 경우에는 가능한 한 측정점 반경 3.5m 이내에 장애물(담, 건물, 기타 반사성 구조물 등)이 없는 지점의 지면 위 1.2~1.5m로 한다.

(3) 도로변 지역의 경우에는 장애물이나 주거, 학교, 병원, 상업 등에 활용되는 건물이 있을 때에는 이들 건축물로부터 도로 방향으로 1m 떨어진 지점의 지면 위 1.2~1.5m 위치로 하며, 건축물이 보도가 없는 도로에 접해 있는 경우에는 도로단에서 측정한다. 다만, 상시 측정용의 경우의 측정 높이는 주변 환경, 통행, 촉수 등을 고려하여 지면 위 1.2~5m 높이로 할 수 있다.

2. 측정 조건

2-1 일반 사항

(1) 소음계의 마이크로폰은 측정위치에 받침 장치를 설치하여 측정하는 것을 원칙으로 한다.

(2) 손으로 소음계를 잡고 측정할 경우에는 소음계는 측정자의 몸으로부터 50cm 이상 떨어져야 한다.

(3) 소음계의 마이크로폰은 주소음원 방향으로 하여야 한다.

(4) 풍속이 2m/sec 이상일 때에는 반드시 마이크로폰에 방풍망을 부착하여야 하며, 풍속이 5m/sec를 초과할 때에는 측정하여서는 안 된다.

(5) 진동이 많은 장소 또는 전자장(대형 전기 기계, 고압선 근처 등)의 영향을 받는 곳에서는 적절한 방지책(방진, 차폐 등)을 강구하여야 한다.

2-2 측정 사항

요일별로 소음 변동이 적은 평일(월요일부터 금요일 사이)에 당해 지역의 환경 소음을 측정하여야 한다.

3. 측정기기의 사용 및 조작

3-1 사용 소음계

KSC-1502에 정한 보통 소음계 또는 동등 이상의 성능을 가진 것이어야 한다.

3-2 일반 사항

(1) 소음계와 소음도 기록기를 연결하여 측정 기록하는 것을 원칙으로 한다. 소음도 기록기가 없는 경우에는 소음계만으로 측정할 수 있다.

(2) 소음계 및 소음도 기록기의 전원과 기기의 동작을 점검하고 매회 교정을 실시하여야 한다(소음계의 출력 단자와 소음도 기록기의 입력단자 연결).

(3) 소음계의 레벨렌지 변환기는 측정 지점의 소음도를 예비 조사한 후 적절하게 고정시켜야 한다.

(4) 소음계와 소음도 기록기를 연결하여 사용할 경우에는 소음계의 과부하 출력이 소음

기록치에 미치는 영향에 주의하여야 한다.

3-3 청감 보정 회로 및 동특성

(1) 소음계의 청감 보정 회로는 A 특성에 고정하여 측정하여야 한다.

(2) 소음계의 동특성은 원칙적으로 빠름(Fast)을 사용하여 측정하여야 한다.

4. 측정 시간 및 측정 지점수

(1) 낮 시간대(06 : 00~22 : 00)에는 당해 지역 소음을 대표할 수 있도록 측정 지점수를 충분히 결정하고, 각 측정 지점에서 2시간 이상 간격으로 4회 이상 측정하여 산술 평균한 값을 측정 소음도로 한다.

(2) 밤 시간대(22 : 00~06 : 00)에는 낮 시간대에 측정한 측정 지점에서 2시간 간격으로 2회 이상 측정하여 산술 평균한 값을 측정 소음도로 한다.

5. 측정 자료 분석

측정 자료는 다음 경우에 따라 분석 · 정리하며, 소수점 첫째 자리에서 반올림한다.

5-1 디지털 소음 자동 분석계를 사용할 경우

샘플 주기를 1초 이내에서 결정하고 5분 이상 측정하여 자동 연산 · 진기록한 등가 소음도를 그 지점의 측정 소음도로 한다.

5-2 소음도 기록기를 사용하여 측정할 경우

5분 이상 측정 기록하여 다음 방법으로 그 지점의 측정 소음도를 정한다.

(1) 기록지상의 지시치 변동이 없을 때에는 그 지시치

(2) 기록지상의 지시치의 변동폭이 5dB(A) 이내일 때에는 구간 내 최대치부터 소음도의 크기순으로 10개를 산술 평균한 소음도

(3) 기록지상의 지시치가 불규칙하고 대폭적으로 변하는 경우에는 [부록 2] 등가 소음도 계산 방법 중 1의 방법에 의한 등가소음도

5-3 소음계만으로 측정할 경우

계기 조정을 위하여 먼저 선정된 측정 위치에서 대략적인 소음의 변화 양상을 파악한 후 소음계 지시치의 변화를 목측으로 5초 간격 50회 판독 · 진기록하여 다음의 방법으로 그 지점의 측정 소음도를 정한다.

(1) 소음계의 지시치에 변동이 없을 때에는 그 지시치

(2) 소음계의 지시치의 변화폭이 5dB(A) 이내일 때에는 구간 내 최대치부터 소음도의 크기순으로 10개를 산술 평균한 소음도

(3) 소음계 지시치의 변화폭이 5dB(A)을 초과할 때에는 [부록 2] 등가 소음도 계산 방법 중 2의 방법에 의한 등가 소음도

다만, 등가 소음을 측정할 수 있는 소음계를 사용할 때에는 5분 동안 측정하여 소음계에 나타난 등가 소음도로 한다.

6. 평가 및 측정 자료의 기록

6-1 평가

5항에서 구한 측정 소음도를 환경 정책 기본법 시행령 제2조 별표 1의 소음 환경 기준과 비교한다.

6-2 측정 자료의 기록

소음 평가를 위한 자료는 서식 1에 의하여 기록한다.

제3장 배출 허용 기준의 측정 방법

1. 측정점

(1) 공장의 부지 경계선(아파트형 공장의 경우에는 공장 건물의 부지 경계선) 중 피해가 우려되는 장소로서 소음도가 높을 것으로 예상되는 지점의 지면 위 1.2~1.5m 높이로 한다.
(2) 공장의 부지 경계선이 불명확하거나 공장의 부지 경계선에 비하여 피해가 예상되는 자의 부지 경계선에서의 소음도가 더 큰 경우에는 피해가 예상되는 자의 부지 경계선으로 한다.
(3) 측정지점에 담, 건물 등 높이가 1.5m를 초과하는 장애물이 있는 경우에는 장애물로부터 소음원 방향으로 1~3.5m 떨어진 지점으로 한다. 다만, 그 장애물이 방음벽이거나 충분한 차음이 예상되는 경우에는 장애물 밖의 1~3.5m 떨어진 지점 중 암영대(暗影帶)의 영향이 적은 지점으로 한다.

2. 측정 조건

2-1 일반 사항

(1) 소음계의 마이크로폰은 측정 위치에 받침 장치로 설치하여 측정하는 것을 원칙으로 한다.
(2) 손으로 소음계를 잡고 측정할 경우에는 소음계는 측정자의 몸으로부터 50cm 이상 떨어져야 한다.
(3) 소음계의 마이크로폰은 주소음원 방향으로 하여야 한다.
(4) 풍속이 2m/sec 이상일 때에는 반드시 마이크로폰에 방풍망을 부착하여야 하며, 풍속

이 5m/sec를 초과할 때에는 측정하여서는 안 된다.

(5) 진동이 많은 장소 또는 전자장(대형 전기기계, 고압선 근처 등)의 영향을 받는 곳에서는 적절한 방지책(방진, 차폐 등)을 강구하여 측정하여야 한다.

2-2 측정 사항

(1) 측정 소음도의 측정은 대상 배출 시설의 소음 발생 기기를 가능한 한 최대 출력으로 가동시킨 정상 상태에서 측정하여야 한다.

(2) 암소음도는 대상 배출시설의 가동을 중지한 상태에서 측정하 여야 한다.

3. 측정기기의 사용 및 조작

3-1 사용 소음계

KSC-1502에 정한 보통 소음계 또는 동등 이상의 성능을 가진 것이어야 한다.

3-2 일반 사항

(1) 소음계와 소음도 기록기를 연결하여 측정·진기록하는 것을 원칙으로 한다. 소음도 기록기가 없는 경우에는 소음계만으로 측정할 수 있다.

(2) 소음계 및 소음도 기록기의 전원과 기기의 동작을 점검하고 매회 교정을 실시하여야 한다(소음계의 출력 단자와 소음도 기록기의 입력 단자 연결).

(3) 소음계의 레벨렌지 변환기는 측정 지점의 소음도를 예비 조사한 후 적절하게 고정시켜야 한다.

(4) 소음계와 소음도 기록기를 연결하여 사용할 경우에는 소음계의 과부하 출력이 소음 기록치에 미치는 영향에 주의하여야 한다.

3-3 청감 보정 회로

(1) 소음계의 청감 보정 회로는 A특성에 고정하여 측정하여야 한다.

(2) 소음계의 동특성은 원칙적으로 빠름(Fast)을 사용하여 측정하여야 한다.

4. 측정 시각 및 측정 지점수

적절한 측정 시각에 3지점 이상의 측정 지점수를 선정·진측정하여 그 중 가장 높은 소음도를 측정 소음도로 한다.

5. 측정 자료 분석 및 암소음 보정

5-1 자료 분석 방법

측정 자료는 다음 경우에 따라 분석·정리하며, 소수점 첫째 자리에서 반올림한다.

(1) 디지털 소음 자동 분석계를 사용할 경우

샘플 주기를 1초 이내에서 결정하고 5분 이상 측정하여 자동 연산·진기록한 등가 소음도를 그 지점의 측정 소음도 또는 암소음도로 한다.

(2) 소음도 기록기를 사용하여 측정할 경우

5분 이상 측정 기록하여 다음 방법으로 그 지점의 측정 소음도 또는 암소음도를 정한다.
  (가) 기록지상의 지시치에 변동이 없을 때에는 그 지시치
  (나) 기록지상의 지시치의 변동폭이 5dB(A) 이내일 때에는 구간 내 최대치부터 소음도의 크기순으로 10개를 산술 평균한 소음도
  (다) 기록지상의 지시치가 불규칙하고 대폭적으로 변하는 경우에는 [부록 2] 등가 소음도 계산 방법 중 1의 방법에 의한 등가 소음도

다만, 이때 충격음의 영향은 소음·진진동 규제법 시행규칙 제6조 별표 4의 보정표에 의해 보정한다.

(3) 소음계만으로 측정할 경우

계기 조정을 위하여 먼저 선정된 측정 위치에서 대략적인 소음의 변화 양상을 파악한 후, 소음계 지시치의 변화를 목측으로 5초 간격 50회 판독·진기록하여 다음의 방법으로 그 지점의 측정 소음도 또는 암소음도를 측정한다.
  (가) 소음계의 지시치에 변동이 없을 때에는 그 지시치
  (나) 소음계의 지시치의 변화폭이 5dB(A) 이내일 때에는 구간 내 최대치부터 소음도의 크기순으로 10개를 산술 평균한 소음도
  (다) 소음계 지시치의 변화폭이 5dB(A)을 초과할 때에는 [부록 2] 등가 소음도 계산 방법 중 2의 방법에 의한 등가 소음도. 다만, 이때 충격음의 영향은 소음·진동 규제법 시행규칙 제6조 별표 4의 보정표에 의해 보정한다.

한편, 등가 소음을 측정할 수 있는 소음계를 사용할 때에는 5분 동안 측정하여 소음계에 나타난 등가 소음도로 한다.

5-2 암소음 보정

측정 소음도에 다음과 같이 암소음을 보정하여 대상 소음도로 한다.
(1) 측정 소음도가 암소음보다 10dB(A) 이상 크면 암소음의 영향이 극히 작기 때문에 암소음의 보정 없이 측정 소음도를 대상 소음도로 한다.
(2) 측정 소음도가 암소음보다 3~9dB(A) 차이로 크면 암소음의 영향이 있기 때문에 측정 소음도에 "표" 보정표에 의한 보정치를 보정한 후 대상 소음도를 구한다.

[표 1] 암소음의 영향에 대한 보정표 　　　　단위 : dB(A)

측정 소음도와 암소음도의 차	3	4	5	6	7	8	9
보 정 치	-3	-2			-1		

다만, 암소음도 측정 시 해당 공장의 공정상 일부 배출 시설의 가동중지가 어렵다고 인정되고, 해당 배출 시설에서 발생한 소음이 암소음에 영향을 미친다고 판단될 경우에는 암소음도 측정 없이 측정 소음도를 대상 소음도로 할 수 있다.

(3) 측정 소음도가 암소음도보다 2dB(A) 이하로 크면 암소음이 대상 소음보다 크므로 (1) 또는 (2)항이 만족되는 조건에서 재측정하여 대상 소음도를 구하여야 한다.

6. 평가 및 측정 자료의 기록

6-1 평가

(1) 소음 평가를 위한 보정

대상 소음도에 소음·진진동 규제법 시행규칙 제6조 별표 4의 보정표에 정한 보정치를 보정하여 평가 소음도를 구하여야 한다. 다만, 피해가 예상되는 자의 부지 경계선에서 측정할 때 측정 지점의 지역 구분 적용 시 공장이 위치한 지역과 피해가 예상되는 자의 지역이 서로 다를 경우에는 지역별 보정치의 적용을 대상 공장이 위치한 지역을 기준으로 적용한다.

(2) 소음·진동 규제법 시행규칙 제6조 별표 4 보정표에 대한 보정 원칙

(가) 관련 시간대에 대한 측정 소음 발생 시간의 백분율은 별표 4의 비고 1에 따른 낮, 저녁 및 밤의 각각의 정상 가동 시간(휴식, 기계 수리 등의 시간을 제외한 실질적인 기계 작동 시간)을 구하고 시간 구분에 따른 해당 관련 시간대에 대한 백분율을 계산하여, 당해 시간 구분에 따라 적용하여야 한다. 이때 시간의 구분은 보정표의 시간별 항목의 기준에 따라야 하며, 가동 시간은 측정 당일 전 30일간의 정상 가동 시간을 산술 평균하여 정하여야 한다. 다만, 신규 배출 업소의 경우에는 30일간의 예상 가동 시간으로 갈음한다.

(나) 측정 소음도 및 암소음도는 당해 시간별에 따라 측정·진보정함을 원칙으로 하나 배출 시설이 변동 없이 낮 및 저녁시간, 밤 및 낮 시간 또는 24시간 가동한 경우에는 낮 시간대의 대상 소음도를 저녁, 밤 시간의 대상 소음도로 적용하여 각각 평가하여야 한다.

6-2 측정 자료 기록

측정 자료는 서식 2에 의하여 기록한다.

제 4 장 규제 기준의 측정 방법

제 1 절 생활 소음

1. 측정점

(1) 측정점은 피해가 예상되는 자의 부지 경계선 중 소음도가 높을 것으로 예상되는 지점의 지면 위 1.2~1.5m 높이로 한다.

(2) 측정점에 담, 건물 등 높이가 1.5m를 초과하는 장애물이 있는 경우에는 장애물로부터 소음원 방향으로 1~3.5m 떨어진 지점으로 한다. 다만, 그 장애물이 방음벽이거나 충분한 차음이 예상되는 경우에는 장애물 밖의 1~3.5m 떨어진 지점 중 암영대(暗影帶)의 영향이 적은 지점으로 한다.

(3) 위 (1) 및 (2)의 규정에도 불구하고 피해가 우려되는 곳이 2층 이상의 건물인 경우 등으로서 피해가 우려되는 자의 부지 경계선에 비하여 소음도가 더 큰 장소가 있는 경우에는 소음도가 높은 곳에서 소음원 방향으로 창문·출입문 또는 건물벽 밖의 0.5~1m 떨어진 지점으로 한다.

2. 측정 조건

2-1 일반 사항

(1) 소음계의 마이크로폰은 측정 위치에 받침 장치를 설치하여 측정하는 것을 원칙으로 한다.

(2) 손으로 소음계를 잡고 측정할 경우에 소음계는 측정자의 몸으로부터 50cm 이상 떨어져야 한다.

(3) 소음계의 마이크로폰은 주소음원 방향으로 하여야 한다.

(4) 풍속이 2m/sec 이상일 때에는 반드시 마이크로폰에 방풍망을 부착하여야 하며, 풍속이 5m/sec를 초과할 때에는 측정하여서는 아니 된다.

(5) 진동이 많은 장소 또는 전자장(대형 전기 기계, 고압선 근처 등)의 영향을 받는 곳에서는 적절한 방지책(방진, 차폐 등)을 강구하여 측정하여야 한다.

2-2 측정 사항

(1) 측정 소음도의 측정은 대상 소음원을 정상적으로 가동시킨 상태에서 측정하여야 한다.

(2) 암소음도는 대상 소음원의 가동을 중지한 상태에서 측정하여야 한다.

3. 측정기기의 조작

3-1 사용 소음계

KSC-1502에 정한 보통 소음계 또는 동등 이상의 성능을 가진 것이어야 한다.

3-2 일반 사항

(1) 소음계와 소음도 기록기를 연결하여 측정·기록하는 것을 원칙으로 한다. 소음도 기록기가 없을 경우에는 소음계만으로 측정할 수 있다.

(2) 소음계 및 소음도 기록기의 전원과 기기의 동작을 점검하고 매회 교정을 실시하여야 한다(소음계의 출력 단자와 소음도기록기의 입력 단자 연결).

(3) 소음계의 레벨렌지 변환기는 측정 지점의 소음도를 예비 조사한 후 적절하게 고정시켜야 한다.

(4) 소음계와 소음도 기록기를 연결하여 사용할 경우에는 소음계의 과부하 출력이 소음 기록치에 미치는 영향에 주의하여야 한다.

3-3 청감 보정 회로 및 동 특성

(1) 소음계의 청감 보정 회로는 A 특성에 고정하여 측정하여야 한다.

(2) 소음계의 동특성은 원칙적으로 빠름(fast)을 사용하여 측정하여야 한다.

4. 측정 시각 및 측정 지점수

적절한 측정 시각에 2지점 이상의 측정 지점수를 선정·진측정하여 그 중 가장 높은 소음도를 측정 소음도로 한다.

5. 측정 자료 분석 및 암소음 보정

5-1 자료 분석 방법

측정 자료는 다음 경우에 따라 분석·진정리하며, 소수점 첫째 자리에서 반올림한다. 다만, 측정 소음도 측정시 대상 소음의 발생 시간이 5분 이내인 경우에는 그 발생 시간 동안 측정 기록한다.

(1) 디지털 소음 자동 분석계를 사용할 경우

샘플주기를 1초 이내에서 결정하고 5분 이상 측정하여 자동 연산·기록한 등가 소음도를 그 지점의 측정 소음도 또는 암소음도로 한다.

(2) 소음도 기록기를 사용하여 측정할 경우

5분 이상 측정 기록하여 다음 방법으로 그 지점의 측정 소음도 또는 암소음도를 정한다.

(가) 기록지상의 지시치의 변동폭이 5dB(A) 이내일 때에는 변화폭의 중간 소음도

(나) 기록지상의 지시치가 불규칙하고 대폭적으로 변하는 경우에는 최대치에서 소음도의 크기순으로 10개를 택하여 산술 평균한 소음도

(3) 소음계만으로 측정할 경우

계기 조정을 위하여 먼저 선정된 측정 위치에서 대략적인 소음의 변화 양상을 파악한 후,

소음계 지시치의 변화를 목측으로 5초 간격 50회 판독·기록하여 다음의 방법으로 그 지점의 측정 소음도 또는 암소음도를 정한다.

(가) 소음계의 지시치의 변화폭이 5dB(A) 이내일 때에는 변화폭의 중간 소음도

(나) 소음계 지시치가 불규칙하고 대폭적으로 변하는 경우에는 최대치에서 소음도의 크기순으로 10개를 택하여 산술 평균한 소음도. 다만, 등가 소음을 측정할 수 있는 소음계를 사용할 때에는 5분 동안 측정하여 소음계에 나타난 등가소음도로 한다.

5-2 암소음 보정

측정 소음도에 다음과 같이 암소음을 보정하여 대상 소음도로 한다.

(1) 측정 소음도가 암소음보다 10dB(A) 이상 크면 암소음의 영향이 극히 작기 때문에 암소음의 보정 없이 측정 소음도를 대상 소음도로 한다.

(2) 측정 소음도가 암소음도보다 3~9dB(A) 차이로 크면 암소음의 영향이 있기 때문에 측정 소음도에 "표 2" 보정표에 의한 보정치를 보정한 후 대상 소음도를 구한다.

「표 2」 암소음의 영향에 대한 보정표   단위 : dB(A)

측정 소음도와 암소음도의 차	3	4	5	6	7	8	9
보 정 치	−3	−2			−1		

(3) 측정 소음도가 암소음도보다 2dB(A) 이하로 크면 암소음이 대상 소음보다 크므로 (1) 또는 (2)항이 만족되는 조건에서 재측정하여 대상 소음도를 구하여야 한다.

6. 평가 및 측정 자료 기록

6-1 평가

5-2항으로부터 구한 대상 소음도를 생활 소음 규제 기준과 비교하여 판정한다.

6-2 측정 자료 기록

측정 자료는 서식 3에 의하여 기록한다.

제5장 소음 한도의 측정 방법

제1절 도로 소음

1. 측정점

(1) 측정점은 피해가 예상되는 자의 부지 경계선 중 소음도가 높을 것으로 예상되는 지점

에서 지면 위 1.2~1.5m 높이로 한다.

(2) 측정점에 담, 건물 등 높이가 1.5m를 초과하는 장애물이 있는 경우에는 장애물로부터 도로 방향으로 1~3.5m 떨어진 지점으로 한다. 다만, 그 장애물이 방음벽이거나 충분한 차음이 예상되는 경우에는 장애물 밖의 1~3.5m 떨어진 지점 중 암영대(暗影帶)의 영향이 적은 지점으로 한다.

(3) 위 (1) 및 (2)의 규정에도 불구하고 피해가 우려되는 곳이 2층 이상의 건물인 경우 등으로서 피해가 예상되는 자의 부지 경계선에 비하여 소음도가 더 큰 장소가 있는 경우에는 소음도가 높은 곳에서 소음원 방향으로 창문·출입문 또는 건물벽 밖의 0.5~1m 떨어진 지점으로 한다.

2. 측정 조건
2-1 일반 사항
제4장 제1절 2-1항에 의한다.

2-2 측정 사항
요일별로 소음 변동이 적은 평일(월요일부터 금요일 사이)에 당해 지역의 도로 교통 소음을 측정하여야 한다.

3. 측정 기기의 조작
3-1 사용 소음계
제4장 제1절 3-1항에 의한다.

3-2 일반 사항
제4장 제1절 3-2항에 의한다.

3-3 청감보정회로 및 동특성
제4장 제1절 3-3항에 의한다.

4. 측정 시간 및 측정 지점수
당해 지역 도로 교통 소음을 대표할 수 있는 시각에 2개 이상의 측정지 점수를 선정하여 각 측정 지점에서 4시간 이상 간격으로 2회 이상 측정하여 산술 평균한 값을 측정 소음도로 한다.

5. 측정 자료 분석
측정 자료는 다음 경우에 따라 분석·정리하며, 소수점 첫째 자리에서 반올림한다.

5-1 디지털 소음 자동 분석계를 사용할 경우

샘플 주기를 1초 이내에서 결정하고 5분 이상 측정하여 자동 연산 기록한 등가 소음도를 그 지점의 측정 음도 또는 암소음도로 한다.

5-2 소음도 기록기를 사용하여 측정할 경우

5분이상 측정·기록하여 다음 방법으로 그 지점의 측정 소음도를 정한다.

(1) 기록지상의 지시치에 변동이 없을 때에는 그 지시치

(2) 기록지상의 지시치의 변동폭이 5dB(A) 이내일 때에는 구간 내 최대치부터 소음도의 크기순으로 10개를 산술 평균한 소음도

(3) 기록지상의 지시치가 불규칙하고 대폭적으로 변하는 경우에는 [부록 2] 등가 소음도 계산 방법 중 1의 방법에 의한 등가소음도

5-3 소음계만으로 측정할 경우

계기 조정을 위하여 먼저 선정된 측정 위치에서 대략적인 소음의 변화 양상을 파악한 후, 소음계 지시치의 변화를 목측으로 5초 간격 50회 판독·기록하여 다음의 방법으로 그 지점의 측정 소음도를 정한다.

(1) 소음계의 지시치에 변동이 없을 때에는 그 지시치

(2) 소음계의 지시치의 변화폭이 5dB(A)이내일 때에는 구간 내 최대치부터 소음도의 크기순으로 10개를 산술 평균한 소음도

(3) 소음계 지시치의 변화폭이 5dB(A)을 초과할 때에는 [부록 2] 등가 소음도 계산 방법 중 2의 방법에 의한 등가소음도. 다만, 등가 소음을 측정할 수 있는 소음계를 사용할 때에는 5분 동안 측정하여 소음계에 나타난 등가 소음도로 한다.

6. 평가 및 측정 자료의 기록

6-1 평가

교통 소음을 적용하고자 하는 경우에는 5항으로부터 구한 측정 소음도를 교통 소음의 한도(도로 부문)와 비교하여 평가한다.

6-2 측정 자료 기록

측정 자료는 서식 4에 의하여 기록한다.

제 2 절   철도 소음

1. 측정점

(1) 옥외 측정을 원칙으로 하며, 그 지역의 철도 소음을 대표할 수 있는 장소나 철도 소음

으로 인하여 문제를 일으킬 우려가 있는 장소로서 지면 위 1.2~1.5m 높이로 한다.

(2) 측정점에 장애물이나 주거, 학교, 병원, 상업 등에 활용되는 건물이 있을 때에는 건축물로부터 철도 방향으로 1m 떨어진 지점의 지면 위 1.2~1.5m로 한다.

2. 측정 조건

2-1 일반 사항

제4장 제1절 2-1항에 의한다.

2-2 측정 사항

요일별로 소음 변동이 적은 평일(월요일부터 금요일 사이)에 당해지역의 철도 소음을 측정한다.

3. 측정 기기의 조작

3-1 사용 소음계

제4장 제1절 3-1항에 의한다.

3-2 일반 사항

제4장 제1절 3-2항에 의한다.

3-3 청감 보정 회로 및 동특성

(1) 소음계의 청감 보정 회로는 A 특성에 고정하여 측정한다.

(2) 소음계의 동특성을 빠름(fast)으로 하여 측정한다.

4. 측정 시각 및 측정 횟수

기상 조건, 열차 운행 횟수 및 속도 등을 고려하여 당해 지역의 철도 소음을 대표할 수 있는 낮 시간대는 2시간 간격을 두고 1시간씩 2회 측정하여 산술 평균하며, 밤 시간대는 1회 1시간 동안 측정한다.

5. 측정 자료 분석

(1) 샘플 주기를 1초 내외로 결정하고 1시간 동안 연속 측정하여 자동 연산·진기록한 등가 소음도를 그 지점의 측정 소음도로 하며, 소수점 첫째 자리에서 반올림한다.

(2) 위 (1)의 규정에도 불구하고 암소음과 철도의 최고 소음의 차이가 10dB(A) 이하인 경우 등 암소음이 상당히 크다고 판단되는 경우에는 다음과 같이 철도 소음을 측정하여 소수점 첫째 자리에서 반올림한다.

$$L_{eq}(1h) = \overline{L_{max}} + 10 \log(N) - 32.6 \, dB(A)$$

$$여기서, \ \overline{L_{max}} = 10 \log[(1/N)(\sum_{i=1}^{N}10^{(0.1L_{maxi})})]$$

$$N = 1시간 \ 동안의 \ 열차 \ 통행량(왕복 \ 대수)$$

$$L_{maxi} = i번째 \ 열차의 \ 최고 \ 소음도 \ [dB(A)]$$

6. 평가 및 측정 자료의 기록

6-1 평 가

(1) 5항으로부터 구한 측정 소음도를 교통 소음의 한도(철도 부문)와 비교하여 평가한다.

(2) 철도 소음 한도를 적용하기 위하여 측정하고자 할 경우에는 철도 보호 지구 외의 지역에서 측정·평가한다.

6-2 측정 자료의 기록

철도 소음 평가를 위한 자료는 서식 5에 의하여 기록한다.

제 3 절 항공기 소음

1. 측정점

(1) 옥외 측정을 원칙으로 하며, 그 지역의 항공기 소음을 대표할 수 있는 장소나 항공기 소음으로 인하여 문제를 일으킬 우려가 있는 장소를 택하여야 한다. 다만, 측정 지점 반경 3.5m 이내는 가급적 평활하고, 시멘트 등으로 포장되어 있어야 하며 수풀, 수림, 관목 등에 의한 흡음의 영향이 없는 장소로 한다.

(2) 측정점은 지면 또는 바닥면에서 1.2~1.5m 높이로 하며, 상시 측정용의 경우에는 주변 환경, 통행, 타인의 촉수 등을 고려하여 지면 또는 바닥면에서 1.2~5m 높이로 할 수 있다. 한편, 측정 위치를 정점으로 한 원추형 상부 공간 내에는 측정치에 영향을 줄 수 있는 장애물이 있어서는 안 된다.

원추형 상부 공간이란 측정 위치를 지나는 지면 또는 바닥면의 법선에 반각 80°의 선분이 지나는 공간을 말한다.

2. 측정 조건

2-1 일반 사항

(1) 소음계의 마이크로폰은 측정위치에 받침 장치를 설치하여 측정하는 것을 원칙으로 한다.

(2) 손으로 소음계를 잡고 측정할 경우에는 소음계는 측정자의 몸으로부터 50cm 이상 떨어져야 하며, 측정자는 비행 경로에 수직하게 위치하여야 한다.

(3) 소음계의 마이크로폰은 소음원 방향으로 하여야 한다.

(4) 바람(풍속 : 2m/sec 이상)으로 인하여 측정치에 영향을 줄 우려가 있을 때는 반드시 방풍망을 부착하여야 한다. 다만, 풍속이 5m/sec를 초과할 때는 측정하여서는 안 된다(상시 측정용 옥외 마이크로폰은 그러하지 않는다).

(5) 진동이 많은 장소 또는 전자장(대형 전기 기계, 고압선 근처 등)의 영향을 받는 곳에서는 적절한 방지책(방진, 차폐 등)을 강구하여 측정하여야 한다.

2-2 측정 사항

(1) 최고 소음도는 매 항공기 통과 시마다 암소음보다 높은 상황에서 측정하여야 하며, 그 지시치 중의 최고치를 말한다.

(2) 비행 횟수는 시간대별로 구분하여 조사하여야 하며 0시에서 07시까지의 비행 횟수를 N1, 07시에서 19시까지의 비행 횟수를 N2, 19시에서 22시까지의 비행 횟수를 N3, 22시에서 24시까지의 비행 횟수를 N4라 한다.

3. 측정 기기의 조작

3-1 소음계는 KSC-1502에 정한 보통 소음계 또는 동등 이상의 성능을 가진 것이어야 한다.

3-2 일반 사항

제4장 제1절 3-2항에 의한다.

3-3 청감 보정 회로 및 동특성

(1) 소음계의 청감 보정 회로는 A특성에 고정하여 측정하여야 한다.

(2) 소음계의 동특성을 느림(slow)을 사용하여 측정하여야 한다.

4. 측정 시각 및 기간

항공기의 비행 상황, 풍향 등의 기상 조건을 고려하여 당해 측정 지점에서의 항공기 소음을 대표할 수 있는 시기를 선정하여 원칙적으로 연속 7일간 측정한다. 다만, 당해 지역을 통과하는 항공기의 종류, 비행 횟수, 비행 경로, 비행 시각 등이 연간을 통하여 표준적인 조건일 경우 측정 일수를 줄일 수 있다.

5. 측정 자료 분석

측정 자료는 다음 방법으로 분석 · 정리하여 항공기 소음 평가 레벨인 WECPNL을 구하며, 소수점 첫째 자리에서 반올림한다. 다만, 헬리포트 주변 등과 같이 암소음보다 10dB(A) 이상 큰 항공기 소음의 지속시간 평균치(D)가 30초 이상일 경우에는 보정치[$+ 10 \log (D)/20$]를 WECPNL에 보정하여야 한다.

5-1 항공기 소음 자동 분석계를 사용할 경우

샘플 주기를 1초 이내에서 결정하고 7일간 연속 측정하여 5-2항의 절차에 준하여 자동 연산·기록한 WECPNL

5-2 소음도 기록기를 사용할 경우

m(측정일수)일간 연속 측정·기록하여 다음 방법으로 그 지점의 WECPNL를 구한다.

(1) 1일 단위로 매 항공기 통과 시에 측정 기록한 기록지상의 최고치를 판독·기록하여, 다음 식으로 당일의 평균 최고 소음도를 LA를 구한다.

$$LA = 10\log[1/N(\sum_{i=1}^{N} 10^{0.1Li})]dB(A)$$

여기서 N은 1일 중의 항공기소음 측정 횟수이며, Li는 I번째 항공기 통과 시 측정 기록한 소음도의 최고치이다.

(2) 1일 단위의 WECPNL을 다음 식으로 구한다.

$$WECPNL = LA + 10\log N - 27$$

여기서 N은 1일간 항공기의 등가 통과 횟수로 N=N2+3N3+10(N1+N4)이다.

(3) m일간 평균 WECPNL인 WECPNL을 다음 식으로 구한다.

$$WECPNL = 10\log[1/m(\sum_{i=1}^{m} 10^{0.1WECPNL_i})]$$

여기서 m은 항공기소음 측정 일수이며, WECPNLi는 i일째 WECPNL 값이다.

다만, (1) 및 (2)항의 대상 항공기 소음은 원칙적으로 암소음보다 10dB(A) 이상 크고, 항공기 소음의 지속 시간이 10초 이상인 것으로 한다.

5-3 소음계만을 사용할 경우

7일간 연속하여 항공기 통과 시마다의 최고 소음도를 판독하여 기록하고, 시간대별 항공기 통과 횟수를 조사한 후 5-2항의 절차에 따라 WECPNL를 구한다.

6. 평가 및 측정 자료의 기록

6-1 평가

5항에서 구한 측정 소음도를 항공기 소음도의 한도와 비교하여 평가한다.

6-2 측정 자료의 기록

항공기 소음 평가를 위한 자료는 서식 6에 의하여 기록한다.

【부록 1】

발파 소음 측정 방법

1. 측정점
   (1) 측정점은 피해가 예상되는 자의 부지 경계선 중 소음도가 높을 것으로 예상되는 지
       점에서 지면 위 1.2~1.5m 높이로 한다.
   (2) 측정점에 담, 건물 등 높이가 1.5m를 초과하는 장애물이 있는 경우에는 장애물로부
       터 소음원 방향으로 1~3.5m 떨어진 지점으로 한다. 다만, 그 장애물이 방음벽이거
       나 충분한 차음이 예상되는 경우에는 장애물 밖의 1~3.5m 떨어진 지점 중 암영대
       (暗影帶)의 영향이 적은 지점으로 한다.

2. 측정 조건
2-1 일반 사항
  제4장 제1절 2-1항에 의한다.

2-2 측정 사항
  (1) 측정 소음도는 발파 소음이 지속되는 기간 동안에 측정하여야 한다.
  (2) 암소음도는 대상 소음(발파 소음)이 없을 때 측정하여야 한다.

3. 측정 기기의 사용 및 조작
3-1 사용 소음계
  제4장 제1절 3-1항에 의한다.

3-2 일반 사항
  (1) 소음계와 소음도 기록기를 연결하여 측정·진기록하는 것을 원칙으로 한다.
     다만, 소음계만으로 측정할 경우에는 최고 소음도가 고정(hold)되는 것에 한한다.
  (2) 소음계 및 소음도 기록기의 전원과 기기의 동작을 점검하고 매회 교정을 실시하여
     야 한다.
  (3) 소음계의 레벨렌지 변환기는 측정 소음도의 크기에 부응할 수 있도록 고정시켜야
     한다.
  (4) 소음계와 소음도 기록기를 연결하여 사용할 경우에는 소음계의 과부하 출력이 소음
     기록치에 미치는 영향에 주의하여야 한다.
  (5) 소음도 기록기의 기록 속도 등은 소음계의 동특성에 부응하게 조작한다.

3-3 청감 보정 회로 및 동특성

제4장 제1절 3-3항에 의한다.

4. 측정 시각 및 측정 지점수

낮 시간대(06 : 00~22 : 00) 및 밤시간대(22 : 00~06 : 00)의 각 시간대 중에서 최대 발파 소음이 예상되는 시각에 1지점 이상의 측정 지점수를 택하여야 한다.

5. 측정 자료 분석 및 암소음 보정

5-1 자료 분석 방법

측정 소음도 및 암소음도는 소수점 첫째 자리에서 반올림한다.

(1) 측정 소음도

 (가) 디지털 소음 자동 분석계를 사용할 때에는 샘플 주기를 0.1초 이하로 놓고 발파 소음의 발생 시간(수초 이내) 동안 측정하여 자동 연산·진기록한 최고치(L1 등)를 측정 소음도로 한다.

 (나) 소음도 기록기를 사용할 때에는 기록지상의 지시치의 최고치를 측정 소음도로 한다.

 (다) 최고 소음 고정(hold)용 소음계를 사용할 때에는 당해 지시치를 측정 소음도로 한다.

(2) 암소음도

(가) 디지털 소음 자동 분석계를 사용할 경우

샘플 주기를 1초 이내에서 결정하고 5분 이상 측정하여 자동 연산·기록한 등가 소음도를 그 지점의 암소음도로 한다.

(나) 소음 기록기를 사용하여 측정할 경우

5분 이상 측정·기록하여 다음 방법으로 그 지점의 측정 소음도를 정한다.

 ① 기록지상의 지시치에 변동이 없을 때에는 그 지시치

 ② 기록지상의 지시치의 변동폭이 5dB(A) 이내일 때에는 구간 내 최대치로부터 소음도의 크기순으로 10개를 산술 평균한 소음도

 ③ 기록지상의 지시치가 불규칙하고 대폭적으로 변하는 경우에는 [부록 2] 등가 소음도 계산 방법 중 1의 방법에 의한 등가 소음도

(3) 소음계만으로 측정할 경우

계기 조정을 위하여 먼저 선정된 측정 위치에서 대략적인 소음의 변화 양상을 파악한 후, 소음계 지시치의 변화를 목측으로 5초 간격 50회 판독·기록하여 다음의 방법으로 그 지점의 암소음도를 정한다.

 ① 소음계의 지시치에 변동이 없을 때에는 그 지시치

② 소음계의 지시치의 변화 폭이 5dB(A) 이내일 때에는 구간 내 최대치로부터 소음도의 크기순으로 10개를 산술 평균한 소음도

③ 소음계의 지시치의 변화 폭이 5dB(A)을 초과할 때에는 [부록 2] 등가 소음도 계산 방법 중 2의 방법에 의한 등가 소음도. 다만, 등가 소음을 측정할 수 있는 소음계를 사용할 때에는 5분 동안 측정하여 소음계에 나타난 등가 소음도로 한다.

5-2 암소음 보정

제4장 제1절 5-2항에 의한다.

6. 평가 및 측정 자료의 기록

6-1 평가

5-2항에서 구한 대상 소음도에 시간대별 평균 발파 횟수(N)에 따른 보정량(10logN)을 보정한다. 시간대별 발파 횟수는 작업일지 또는 폭약 사용 신고서 등을 참조하여 7일간의 평균값을 계산한 각 시간대별 평균 발파 횟수로 갈음한다.

6-2 측정 자료 기록

측정 자료는 서식 7에 의하여 기록한다.

【부록 2】

등가 소음도 계산 방법

1. 소음도 기록기를 사용하여 측정할 경우

(1) 5분 동안 측정·기록한 기록지상의 값을 5초 간격으로 50회 판독하여 [표 1] 소음 측정 기록지의 소음도 구간별 해당 기록란에 V모양으로 기록한다.

(2) 위에서 기록한 각 소음도 구간의 샘플 수를 전체 샘플 수에 대한 백분율을 구해서 [표 2] 등가 소음 기록지 (2)란의 해당 소음도 구간에 기록한다.

(3) [표 2] 등가 소음 기록지의 (1)란과 (2)란을 곱해서 (3)란에 기입한다.

(4) (3)란의 값을 전부 합하여 합계(Σ)를 구하고 이를 상용 대수를 취한 후 10을 곱하면 등가 소음도(Leq)가 구해진다.

$$\text{Leq} = 10 \ \log \sum_{i=1}^{N} (\frac{1}{100} \times 10^{0.1Li} \times f_i)$$

2. 소음계만을 측정할 경우

(1) 소음계의 지시치를 계속 주시하면서 5초마다의 소음도를 (표 1) 소음측정기록지의 소음도 구간별 해당 기록란에 V모양으로 50회 기록한다.

(2) (1)에서 소음도를 읽는 순간에 지시치가 지시판 범위를 벗어날 때에는 (이때에 레벨렌지는 변환하지 않음) 각각 지시판의 위 또는 아래쪽에 해당하는 소음도 구간에 발생 빈도를 기록한다.

(3) 이같이 결정된 각 소음도 구간의 기록된 샘플 수를 전체 샘플 수에 대한 백분율을 구해서 (표 2) 등가 소음 기록지의 (2)란의 해당 소음도 구간에 기록한다.

(4) (표 2) 등가 소음 기록지의 (1)란과 (2)란을 곱해서 (3)란에 기입한다.

(5) (3)란의 값을 전부 합하여 합계(Σ)를 구하고 이를 상용 대수를 취한 후 10을 곱하면 등가 소음도(Leq)가 구해진다.

(6) (2)의 지시판 위쪽을 벗어난 소음도 구간에 대해서 (3)에서 구한 백분율이 10%를 초과할 경우에 한하여서는 (5)에서 구해진 등가 소음도 값에 2dB(A)를 더해 준다.

　주) 기록지나 소음계로부터의 판독치가 각 소음도 구간(소음 측정 기록지)의 하한치일 때에는 당해 소음도 구간의 기록란에, 상한치일 때에는 그 다음 소음도 구간의 기록란에 기록한다.

[표 1 소음 측정 기록지]

소음도{dB(A)}	기록란	비 고
20~25		
25~30		
30~35		
35~40		
40~45		
45~50		
50~55		
55~60		
65~70		
70~75		
75~80		
80~85		
85~90		
90~95		
95~100		
100~105		
105~110		

[표 2 등가 소음 측정 기록지]

소음도 {dB(A)}	Li{dB(A)}	$\frac{1}{100}\times 10^{0.1L_i}$ (1)	fᵢ(%)(2)	(1)×(2) = (3)
20~25	22.5	0.178×10		
25~30	27.5	0.562×10		
30~35	32.5	0.178×10^2		
35~40	37.5	0.562×10^2		
40~45	42.5	0.178×10^3		
45~50	47.5	0.562×10^3		
50~55	52.5	0.178×10^4		
55~60	57.5	0.562×10^4		
60~65	62.5	0.178×10^5		
65~70	67.5	0.562×10^5		
70~75	72.5	0.178×10^6		
75~80	77.5	0.562×10^6		
80~85	82.5	0.178×10^7		
85~90	87.5	0.562×10^7		
90~95	92.5	0.178×10^8		
95~100	97.5	0.562×10^8		
100~105	102.5	0.178×10^9		
105~110	107.5	0.562×10^9		
				Σ
				Leq=10 log Σ

【서식 1】

환경 소음 측정 자료 평가표

작성 연월일 :　　　년　　월　　일

1. 측정 연월일	년　　월　　일　　요일　　시　분부터 시　분까지		
2. 측정 지역	소재지 :		
3. 측정자	소속 :　　　　　　직명 :　　　성명 :　　　　(인) 소속 :　　　　　　직명 :　　　성명 :　　　　(인)		
4. 측정기기	소음계명 :　　　　　　　기록기명 : 부속 장치 :　　　　　　삼각대, 방풍망		
5. 측정 환경	반사음의 영향 :　　　　　풍속 : 진동, 전자장의 영향 :		
6. 소음 측정 현황			
지역 구분	측정 지점	측정 시각	주요 소음원	측정 지점 약도
		시　　분		

7. 측정 자료 분석 결과(기록지 등 첨부)

　　가. 측정 소음도 :　　　　　　　　　　dB(A)

【서식 2】

공장 소음 측정 자료 평가표

작성 연월일 :　　　　년　　월　　일

1. 측정 연월일	년　　월　　일　요일	시　　분부터 시　　분까지
2. 측정 대상 업소	소재지 : 명 칭 :	사업주 :
3. 측정자	소속 :　　　　직명 :　　　　성명 :　　　(인) 소속 :　　　　직명 :　　　　성명 :　　　(인)	
4. 측정기기	소음계명 : 소음도 기록기명 : 부속 장치 :　　　　　삼각대, 방풍망	
5. 측정 환경	반사음의 영향 : 바람, 진동, 전자장의 영향 :	

6. 측정 대상 업소의 소음원과 측정 지점

소음원(기계명)	규 격	대 수	측정 지점 약도

7. 측정 자료 분석 결과(기록지 첨부)

　　가. 측정 소음도 :　　　　　　dB(A)

　　나. 암소음도 :　　　　　　dB(A)

　　다. 대상 소음도 :　　　　　　dB(A)

8. 소음 평가

항목	내용	보정치
충격음 관련 시간대에 대한 측정 소음 발생 시간의 백분율(%) 시간별 지역별		
보정치 합계		

9. 평가 소음도(대상 소음도에 보정치 합계를 보정)

　　평가 소음도 :　　　　　　dB(A)

【서식 3】

생활 소음 측정 자료 평가표

작성 연월일 :　　　년　　월　　일

1. 측정 연월일	년　　월　　일　요일　　시　　분부터 　　　　　　　　　　시　　분까지		
2. 측정 대상	소재지 : 명 칭 :		
3. 측정자	소속 :　　　　　직명 :　　　성명 :　　　(인) 소속 :　　　　　직명 :　　　성명 :　　　(인)		
4. 측정기기	소음계명 :　　　　　　　기록기명 : 부속 장치 :　　　　　　삼각대, 방풍망		
5. 측정 환경	반사음의 영향 :　　　　　　풍속 : 진동, 전자장의 영향 :		
6. 측정 대상의 소음원과 측정 지점			
소음원	규 격	대 수	측정 지점 약도
			(지역 구분 :　　　　　　　　　　)

7. 측정 자료 분석 결과(기록지 등 첨부)

　가. 측정 소음도 :　　　　　　dB(A)

　나. 암소음도 :　　　　　　dB(A)

　다. 대상 소음도 :　　　　　　dB(A)

【서식 4】

도로 교통 소음 측정 자료 평가표

작성 연월일 :　　　년　　월　　일

1. 측정 연월일	년　　월　　일　요일 　시　　분부터 　시　　분까지
2. 측정 대상	소재지 : 도로명 :
3. 관리자	
4. 측정자	소속 :　　　　　　직명 :　　　성명 :　　　(인) 소속 :　　　　　　직명 :　　　성명 :　　　(인)
5. 측정기기	소음계명 :　　　　　　　기록기명 : 부속장치 :　　　　　　　삼각대, 방풍망
6. 측정 환경	반사음의 영향 :　　　　　풍속 : 진동, 전자장의 영향 :

7. 측정 대상과 측정 지점

도로 구조	교통 특성	측정 지점 약도
차선수 : 도로 유형 : 구배 : 기타 :	시간당 교통량 (　　　　　　　대/hr) 대형차 통행량 (　　　　　　　대/hr) 평균차속 (　　　　　　　km/hr)	 (지역 구분 :　　　　　　)

8. 측정 자료 분석 결과(기록지 등 첨부)

　　측정 소음도 :　　　　　　　　　dB(A)

【서식 5】

철도 소음 측정 자료 평가표

작성 연월일 :   년   월   일

1. 측정 연월일	년 월 일 요일 시 분부터 시 분까지
2. 측정 대상	소 재 지 : 철도선명 :
3. 관리자	
4. 측정자	소속 : 직명 : 성명 : (인) 소속 : 직명 : 성명 : (인)
5. 측정기기	소음계명 : 기록기명 : 부속장치 : 삼각대, 방풍망
6. 측정 환경	반사음의 영향 : 풍속 : 진동, 전자장의 영향 :

7. 측정 대상과 측정 지점

도로 구조	교통 특성	측정 지점 약도
철도선 구분 : 구 배 : 기 타 :	시간당 교통량 : (대/hr) 평균 열차 속도 : (km/hr)	(지역 구분 :)

8. 측정 자료 분석 결과(기록지 등 첨부)

    측정 소음도 :   Leq(1h) dB(A)

【서식 6】

항공기 소음 측정 자료 평가표

작성 연월일 :　　　년　　월　　일

1. 측정 연월일	년　월　일　요일　　시　분부터 시　분까지			
2. 측정 대상	소재지 :			
3. 측정자	소속 :　　　　직명 :　　　성명 :　　(인) 소속 :　　　　직명 :　　　성명 :　　(인)			
4. 측정기기	소음계명 :　　　　　　기록기명 : 부속장치 :　　　　　　삼각대, 방풍망			
5. 측정 환경	반사음의 영향 :　　　　풍속 : 진동, 전자장의 영향 :			

6. 측정 대상과 측정 지점

지역 구분	측정 지점	일별 WECPNL	비행 횟수	측정 지점 약도
		1일차 : 2일차 : 3일차 : 4일차 : 5일차 : 6일차 : 7일차 :	낮 저녁 밤	

7. 측정 자료 분석 결과(기록지 등 첨부)

　가. 평균 지속 시간 :　　　　　　　　초(30초 이상일 때)

　나. 항공기 소음 평가 레벨 :　　　　WECPNL dB(A)

【서식 7】

발파 소음 측정 자료 평가표

작성 연월일 :   년   월   일

1. 측정 연월일	년 월 일 요일 시 분부터 시 분까지
2. 측정 대상	소재지 : 명 칭 :
3. 사업주	주소 : 성명 : (인)
4. 측정자	소속 : 직명 : 성명 : (인) 소속 : 직명 : 성명 : (인)
5. 측정기기	소음계명 : 기록기명 : 부속 장치 : 삼각대, 방풍망
6. 측정 환경	반사음의 영향 : 풍속 : 진동, 전자장의 영향 :

7. 측정 대상의 소음원과 측정 지점

폭약의 종류	1회 사용량	발파 횟수	측정 지점 약도
	kg	낮 : 밤 :	(지역 구분 :)

8. 측정 자료 분석 결과(기록지 등 첨부)
　　가. 측정 소음도 :　　　　　dB(A)
　　나. 암소음도 :　　　　　dB(A)
　　다. 대상 소음도 :　　　　　dB(A)

2. 진동편

제1장 총 칙

1. 목적

이 시험 방법은 소음·진동 규제법 제7조의 규정에 의거 진동을 측정함에 있어서 측정의 정확 및 통일을 유지하기 위하여 필요한 제반 사항에 대하여 규정함을 목적으로 한다.

2. 적용 범위

이 시험 방법은 소음·진동 규제법에서 정하는 진동 배출 허용 기준, 진동 규제 기준 및 기타 진동을 측정하기 위한 시험(측정) 방법에 대하여 규정한다.

3. 용어의 정의

(1) 진동원 : 진동을 발생하는 기계·기구, 시설 및 기타 물체를 말한다.

(2) 암진동 : 한 장소에 있어서의 특정의 진동을 대상으로 생각할 경우 대상 진동이 없을 때 그 장소의 진동을 대상 진동에 대한 암진동이라 한다.

(3) 대상 진동 : 암진동 이외에 측정하고자 하는 특정의 진동을 말한다.

(4) 정상 진동 : 시간적으로 변동하지 아니하거나 또는 변동폭이 작은 진동을 말한다.

(5) 변동 진동 : 시간에 따른 진동 레벨의 변화폭이 크게 변하는 진동을 말한다.

(6) 충격 진동 : 단조기의 사용, 폭약의 발파 시 등과 같이 극히 짧은 시간 동안에 발생하는 높은 세기의 진동을 말한다.

(7) 지시치 : 계기나 기록지상에서 판독하는 진동 레벨로서 실효값(rms값)을 말한다.

(8) 진동 레벨 : 진동 레벨의 감각 보정 회로(수직)를 통하여 측정한 진동 가속도 레벨의 지시치를 말하며, 단위는 dB(V)로 표시한다. 진동 가속도 레벨의 정의는 $20 \log(a/a_o)$ 의 수식에 따르고, 여기서 a는 측정하고자 하는 진동의 가속도 실효치(단위 m/sec^2)이며, a_o는 기준 진동의 가속도 실효치로 $10^{-5} m/sec^2$으로 한다.

(9) 측정 진동 레벨 : 이 시험 방법에 정한 측정 방법으로 측정한 진동 레벨을 말한다.

(10) 암진동 레벨 : 측정 진동 레벨의 측정 위치에서 이 시험 방법에 정한 측정 방법으로 측정한 진동 레벨을 말한다.

(11) 대상 진동 레벨 : 측정 진동 레벨에 암진동의 영향을 보정한 후 얻어진 진동 레벨을 말한다.

(12) 평가 진동 레벨 : 대상 진동 레벨에 관련 시간대에 대한 측정 진동 레벨 발생 시간의 백분율, 시간별, 지역별 등의 보정치를 보정한 후 얻어진 진동 레벨을 말한다.

(13) KS 규격 : 한국 공업 규격 중 진동 레벨계에 관한 규격을 말한다.

4. 측정기기 및 사용 기준

4-1 측정기기

(1) 진동 레벨계

(가) 기본 구조

진동을 측정하는 데 사용되는 진동 레벨계는 최소한 [그림 1]과 같은 구성이 필요하다.

(나) 구조별 성능

① 진동 픽업(pick-up) : 지면에 설치할 수 있는 구조로서 진동 신호를 전기 신호로 바꾸어 주는 장치를 말하며, 환경 진동을 측정할 수 있어야 한다.

② 레벨렌지 변환기(attenuator) : 측정하고자 하는 진동이 지시계기의 범위 내에 있도록 하기 위한 감쇠기로서 유효 능금 범위가 30dB 이하 되는 구조의 것은 변환기에 의한 레벨의 간격이 10dB 간격으로 표시되어야 한다. 다만, 레벨 변환 없이 측정이 가능한 경우 레벨렌지 변환기가 없어도 무방하다.

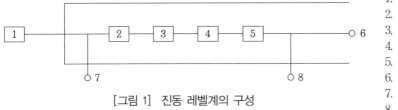

[그림 1] 진동 레벨계의 구성

1. 진동 픽업
2. 레벨렌지 변환기
3. 증폭기
4. 감각 보정 회로
5. 동특성 조절기
6. 지시계기
7. 교정 장치
8. 출력 단자

③ 증폭기(amplifier) : 진동 픽업에 의해 변환된 전기 신호를 증폭시키는 장치를 말한다.

④ 감각 보정 회로(weighting networks) : 인체의 수진 감각을 주파수 보정 특성에 따라 나타내는 것으로 V 특성(수직 특성)을 갖춘 것이어야 한다.

⑤ 동특성 조절기(fast-slow switch) : 지시계기의 반응 속도를 빠름 및 느림 특성으로 조절할 수 있는 조절기를 가져야 한다.

⑥ 지시계기(meter) : 지시계기는 지침형 또는 숫자 표시형이어야 한다. 지침형에서 유효 지시 범위가 15dB 이상이어야 하고, 각각의 눈금은 1dB 이하를 판독할 수 있어야 하며, 1dB 눈금 간격이 1mm 이상으로 표시되어야 한다. 다만, 숫자 표시형에서는 숫자가 소수점 한 자리까지 표시되어야 한다.

⑦ 교정 장치(calibration network calibrator) : 진동 측정기의 감도를 점검 및 교정하는 장치로서 자체에 내장되어 있거나 분리되어 있어야 한다.

⑧ 출력 단자(output) : 진동 신호를 기록기 등에 전송할 수 있는 교류 출력 단자를 갖
   춘 것이어야 한다.

(2) 기록기
각종 출력 신호를 자동 또는 수동으로 연속하여 그래프, 점, 숫자 등으로 기록하는 장비
를 말한다.

(3) 주파수 분석기
공해 진동의 주파수 성분을 분석하는 데 사용되는 것으로 정폭형 또는 정비형 필터가 내
장된 장비를 말한다.

(4) 데이터 녹음기
진동 레벨의 아날로그 또는 디지털 출력 신호를 녹음, 재생시키는 장비를 말한다.

4-2 부속 장치

(1) 표준 진동 발생기(calibrator)
진동 레벨계의 측정 감도를 교정하는 기기로서 발생 진동의 주파수와 진동 가속도 레벨이
표시되어 있어야 하며, 발생 진동의 오차는 ±1dB 이내이어야 한다.

4-3 사용 기준

(1) 진동 측정기는 KSC-1507에 정한 진동 레벨계 또는 이와 동등이상의 성능을 가진 것
   이어야 하며, dB 단위(ref=$10^{-5}m/s^2$)로 지시하는 것이어야 한다.
(2) 진동 측정기는 견고하고, 빈번한 사용에 견딜 수 있어야 하며, 항상 정도를 유지할 수
   있어야 한다.
(3) 성능
   ① 측정 가능 주파수 범위는 1~90Hz 이상이어야 한다.
   ② 측정 가능 진동 레벨의 단위는 45~120dB 이상이어야 한다.
   ③ 감각 특성의 상대 응답과 허용 오차는 KSC-1507의 표 1의 연직 진동 특성에 만족
      하여야 한다.
   ④ 진동 픽업의 횡감도는 규정 주파수에서 수감축 감도에 대한 차이가 15dB 이상이어
      야 한다(연직 특성).
   ⑤ 레벨렌지 변환기가 있는 기기에 있어서 레벨렌지 변환기의 전환 오차가 0.5dB 이
      내이어야 한다.
   ⑥ 지시계기의 눈금 오차는 0.5dB 이내이어야 한다.

제 2 장 배출 허용 기준의 측정 방법

1. 측정점

(1) 측정점은 공장의 부지 경계선(아파트형 공장의 경우에는 공장 건물의 부지 경계선) 중 피해가 우려되는 장소로서 진동 레벨이 높을 것으로 예상되는 지점을 택하여야 한다.

(2) 공장의 부지 경계선이 불명확하거나 공장의 부지 경계선에 비하여 피해가 예상되는 자의 부지 경계선에서의 진동 레벨이 더 큰 경우에는 피해가 예상되는 자의 부지 경계선으로 한다.

2. 측정 조건

2-1 일반 사항

(1) 진동 픽업(pick-up)의 설치 장소는 옥외 지표를 원칙으로 하고 복잡한 반사, 회절 현상이 예상되는 지점은 피한다.

(2) 진동 픽업의 설치 장소는 완충물이 없고, 충분히 다져서 단단히 굳은 장소로 한다.

(3) 진동 픽업의 설치 장소는 경사 또는 요철이 없는 장소로 하고, 수평면을 충분히 확보할 수 있는 장소로 한다.

(4) 진동 픽업은 수직 방향 진동 레벨을 측정할 수 있도록 설치한다.

(5) 진동 픽업 및 진동 레벨계를 온도, 자기, 전기 등의 외부 영향을 받지 않는 장소에 설치한다.

2-2 측정 사항

(1) 측정 진동 레벨은 대상 배출 시설의 진동 발생원을 가능한 한 최대 출력으로 가동시킨 정상 상태에서 측정한다.

(2) 암진동 레벨은 대상 배출 시설의 가동을 중지한 상태에서 측정한다.

3. 측정 기기의 사용 및 조작

3-1 사용 진동 레벨계

KSC-1507에 정한 진동 레벨계 또는 동등 이상의 성능을 가진 것이어야 한다.

3-2 일반 사항

(1) 진동 레벨계와 진동 레벨 기록기를 연결하여 측정·기록하는 것을 원칙으로 한다. 진동 레벨 기록기가 없는 경우에는 진 레벨계만으로 측정할 수 있다.

(2) 진동 레벨계의 출력 단자와 진동 레벨 기록기의 입력 단자를 연결한 후 전원과 기기의 동작을 점검하고 매회 교정을 실시하여야 한다.

(3) 진동 레벨계의 레벨렌지 변환기는 측정 지점의 진동 레벨을 예비 조사한 후 적절하게 고정시켜야 한다.

(4) 진동 레벨계와 진동 레벨 기록기를 연결하여 사용할 경우에는 진동 레벨계의 과부하 출력이 진동 기록치에 미치는 영향에 주의하여야 한다.

(5) 진동 픽업의 연결선은 잡음 등을 방지하기 위하여 지표면에 일직선으로 설치한다.

3-3 감각 보정 회로 및 동특성

(1) 진동 레벨계의 감각 보정 회로는 별도 규정이 없는 한 V 특성(수직)에 고정하여 측정하여야 한다.

(2) 진동 레벨계의 동특성은 원칙적으로 느림(slow)을 사용하여 측정하여야 한다.

4. 측정 시간 및 측정 지점수

적절한 측정 시각에 3지점 이상의 측정지 점수를 선정·측정하여 그 중 높은 진동 레벨을 측정 진동 레벨로 한다.

5. 측정 자료 분석 및 암진동 보정

5-1 자료 분석 방법

측정 자료는 다음 경우에 따라 분석·정리하며, 소수점 첫째 자리에서 반올림한다.

(1) 디지털 진동 자동 분석계를 사용할 경우

샘플 주기를 1초 이내에서 결정하고 5분 이상 측정하여 자동 연산·기록한 80% 범위의 상단치인 L_{10}값을 그 지점의 측정 진동 레벨 또는 암진동 레벨로 한다.

(2) 진동 레벨 기록기를 사용하여 측정할 경우

5분 이상 측정·기록하여 다음 방법으로 그 지점의 측정 진동 레벨 또는 암진동 레벨을 정한다.

(가) 기록지상의 지시치에 변동이 없을 때에는 그 지시치

(나) 기록지상의 지시치의 변동 폭이 5dB(V) 이내일 때에는 구간내 최대치로부터 진동 레벨의 크기순으로 10개를 산술 평균한 진동 레벨

(다) 기록지상의 지시치가 불규칙하고 대폭적으로 변하는 경우에는 [부록 2] L_{10}진동 레벨 계산 방법에 의한 L_{10}값

(3) 진동 레벨계만으로 측정할 경우

계기 조정을 위하여 먼저 선정된 측정 위치에서 대략적인 진동의 변화 양상을 파악한 후, 진동 레벨계 지시치의 변화를 목측으로 5초 간격 50회 판독·기록하여 다음의 방법으로 그 지점의 측정 진동 레벨 또는 암진동 레벨을 결정한다.

(가) 진동 레벨계의 지시치에 변동이 없을 때에는 그 지시치

(나) 진동 레벨계의 지시치의 변화 폭이 5dB(V) 이내일 때에는 구간 내 최대치로부터 진동 레벨의 크기순으로 10개를 산술 평균한 진동 레벨

(다) 진동 레벨계 지시치가 불규칙하고 대폭적으로 변할 때에는 [부록 2] L_{10} 진동 레벨 계산 방법에 의한 L_{10}값. 다만, L_{10} 진동 레벨을 측정할 수 있는 진동 레벨계를 사용할 때는 5분간 측정하여 진동 레벨계에 나타난 L_{10}값으로 한다.

5-2 암진동 보정

측정 진동 레벨에 다음과 같이 암진동을 보정하여 대상 진동 레벨로 한다.

(1) 측정 진동 레벨이 암진동 레벨보다 10dB(V) 이상 크면 암진동의 영향이 극히 작기 때문에 암진동의 보정 없이 측정 진동 레벨을 대상 진동 레벨로 한다.

(2) 측정 진동 레벨이 암진동 레벨보다 3~9dB(V) 차이로 크면 암진동의 영향이 있기 때문에 측정 진동 레벨에 "표 1" 보정표에 의한 암진동 보정을 하여 대상 진동 레벨로 구한다.

다만, 암진동 레벨 측정 시 당해 공장의 공정상 일부 배출 시설의 가동 중지가 어렵다고 인정되고, 해당 배출 시설에서 발생한 진동이 암진동에 영향을 미친다고 판단될 경우에는 암진동 레벨 측정 없이 측정 레벨 진동을 대상 진동 레벨로 할 수 있다.

「표 1」 암진동의 영향에 대한 보정표   단위 : dB(V)

측정 진동 레벨도와 암진동 레벨의 차	3	4	5	6	7	8	9
보 정 치	-3	-2			-1		

(3) 측정 진동 레벨이 암진동 레벨보다 2dB(V) 이하로 크면 암진동이 대상 진동보다 크므로 (1) 또는 (2)항이 만족되는 조건에서 재측정하여 대상 진동 레벨을 구하여야 한다.

6. 평가 및 측정 자료의 기록

6-1 평가

(1) 진동 평가를 위한 보정

대상 진동 레벨에 소음·진진동 규제법 시행규칙 제6조 별표 4의 보정표에 정한 보정치를 보정하여 평가 진동 레벨을 구하여야 한다.

(2) 소음·진동 규제법 시행규칙 제6조 별표 4 보정표에 대한 보정 원칙

(가) 관련 시간대에 대한 측정 진동 레벨 발생 시간의 백분율은 별표 4-2의 비고 1. 낮, 밤의 각각의 정상 가동 시간(휴식, 기계 수리 등의 시간을 제외한 실질적인 기계 작동 시간)을 구하고 시간 구분에 따른 해당 관련 시간대에 대한 백분율을 계산하

여, 당해 시간 구분에 따라 적용하여야 한다.

이때 시간의 구분은 보정표의 시간별 항목의 기준에 따라야 하며, 가동 시간은 측정 당일 전 30일간의 정상 가동시간을 산술 평균하여 정하여야 한다. 다만, 신규 배출 업소의 경우에는 30일간의 예상 가동 시간으로 갈음한다.

(나) 측정 진동 레벨 및 암진동 레벨은 당해 시간별에 따라 측정 보정함을 원칙으로 하나 배출 시설이 변동 없이 낮 및 밤 또는 24시간 가동할 경우에는 낮 시간대의 대상 진동 레벨을 밤 시간의 대상 진동 레벨로 적용하여 각각 평가하여야 한다.

6-2 측정 자료 기록

측정 자료는 서식 1에 의하여 기록한다.

제3장 규제 기준의 측정 방법

제1절 생활 진동

1. 측정점

측정점은 피해가 예상되는 자의 부지 경계선 중 진동 레벨이 높을 것으로 예상되는 지점을 택하여야 한다.

2. 측정 조건

2-1 일반 사항

(1) 진동 픽업(pick-up)의 설치 장소는 옥외 지표를 원칙으로 하고 복잡한 반사, 회절 현상이 예상되는 지점은 피한다.

(2) 진동 픽업의 설치 장소는 완충물이 없고, 충분히 다져서 단단히 굳은 장소로 한다.

(3) 진동 픽업의 설치 장소는 경사 또는 요철이 없는 장소로 하고, 수평면을 충분히 확보할 수 있는 장소로 한다.

(4) 진동 픽업은 수직 방향 진동 레벨을 측정할 수 있도록 설치한다.

(5) 진동 픽업 및 진동 레벨계는 온도, 자기, 전기 등의 외부 영향을 받지 않는 장소에 설치한다.

2-2 측정 사항

(1) 측정 진동 레벨은 대상 진동 발생원을 가능한 한 최대 출력으로 가동시킨 정상 상태에서 측정하여야 한다.

(2) 암진동 레벨은 대상 진동원의 가동을 중지한 상태에서 측정하여야 한다.

3. 측정 기기의 사용 및 조작
3-1 사용 진동 레벨계
KSC-1507에 정한 진동 레벨계 또는 동등 이상의 성능을 가진 것이어야 한다.

3-2 일반 사항
(1) 진동 레벨계와 진동 레벨 기록기를 연결하여 측정·기록하는 것을 원칙으로 한다. 진동 레벨 기록기가 없는 경우에는 진동레 벨계만으로 측정할 수 있다.

(2) 진동 레벨계의 출력 단자와 진동 레벨 기록기의 입력 단자를 연결한 후 전원과 기기의 동작을 점검하고 매회 교정을 실시하여야 한다.

(3) 진동 레벨계의 레벨렌지 변환기는 측정지점의 진동 레벨을 예비 조사한 후 적절하게 고정시켜야 한다.

(4) 진동 레벨계와 진동 레벨 기록기를 연결하여 사용할 경우에는 진동 레벨계 기록기의 과부하 출력이 진동 기록치에 미치는 영향에 주의하여야 한다.

(5) 진동 픽업의 연결선은 잡음 등을 방지하기 위하여 지표면에 일직선으로 설치한다.

3-3 감각 보정 회로 및 동특성
(1) 진동 레벨계의 감각 보정 회로는 별도 규정이 없는 한 V 특성(수직)에 고정하여 측정하여야 한다.

(2) 진동 레벨계의 동특성은 원칙적으로 느림(slow)을 사용하여 측정하여야 한다.

4. 측정 시간 및 측정 지점수
적절한 측정 시각에 2지점 이상의 측정 지점수를 선정·측정하여 그 중 높은 진동 레벨을 측정 진동 레벨로 한다.

5. 측정 자료 분석 및 암진동 보정
5-1 자료 분석 방법
측정 자료는 다음 경우에 따라 분석·정리하며, 소수점 첫째 자리에서 반올림한다. 다만, 측정 진동 레벨 측정 시 대상 진동의 발생 시간이 5분 이내인 경우에는 그 발생 시간 동안 측정·기록한다.

(1) 디지털 진동 자동 분석계를 사용할 경우

샘플 주기를 1초 이내에서 결정하고 5분 이상 측정하여 자동 연산 기록한 80% 범위의 상단치인 L_{10}값을 그 지점의 측정진동 레벨 또는 암진동 레벨로 한다.

(2) 진동 레벨 기록기를 사용하여 측정할 경우

5분 이상 측정 기록하여 다음 방법으로 그 지점의 측정 진동 레벨 또는 암진동 레벨을 정한다.

(가) 기록지상의 지시치에 변동이 없을 때에는 그 지시치

(나) 기록지상의 지시치의 변동폭이 5dB(V) 이내일 때에는 구간 내 최대치로부터 진동 레벨의 크기순으로 10개를 산술평균한 진동 레벨

(다) 기록지상의 지시치가 불규칙하고 대폭적으로 변할 때에는 [부록 2] L_{10} 진동 레벨 계산 방법에 의한 L_{10}값

(3) 진동 레벨계만으로 측정할 경우

계기 조정을 위하여 먼저 선정된 측정 위치에서 대략적인 진동 레벨의 변화 양상을 파악한 후, 진동 레벨계 지시치의 변화를 목측으로 5초 간격 50회 판독·기록하여 다음의 방법으로 그 지점의 측정 진동 레벨 또는 암진동 레벨을 결정한다.

(가) 진동 레벨계의 지시치에 변동이 없을 때에는 그 지시치

(나) 진동 레벨계의 지시치의 변화폭이 5dB(V) 이내일 때에는 구간 내 최대치로부터 진동 레벨의 크기순으로 10개를 산술 평균한 진동 레벨

(다) 진동 레벨계 지시치가 불규칙하고 대폭적으로 변할 때에는 [부록 2] L_{10} 진동 레벨 계산 방법에 의한 L_{10}값. 다만, L_{10} 진동 레벨을 측정할 수 있는 진동 레벨계를 사용할 때는 5분간 측정하여 진동 레벨계에 나타난 L_{10}값으로 한다.

5-2 암진동 보정

측정 진동 레벨에 다음과 같이 암진동을 보정하여 대상 진동 레벨로 한다.

(1) 측정 진동 레벨이 암진동 레벨보다 10dB(V) 이상 크면 암진동의 영향이 극히 작기 때문에 암진동 보정 이 측정 진동 레벨을 대상 진동 레벨로 한다.

(2) 측정 진동 레벨이 암진동 레벨보다 3~9dB(V) 차이로 크면 암진동의 영향이 있기 때문에 측정 진동 레벨에 "표 1"의 보정표에 정한 암진동 보정치를 보정하여 대상 진동 레벨을 구한다.

[표 1] 암진동의 영향에 대한 보정표   단위 : dB(V)

측정 진동 레벨도와 암진동 레벨의 차	3	4	5	6	7	8	9
암진동 보정치	-3	-2		-1			

(3) 측정 진동 레벨이 암진동 레벨보다 2dB(V) 이하로 크면 암진동이 대상 진동 레벨보다 크므로 (1) 또는 (2)항이 만족되는 조건에서 재측정하여 대상 진동 레벨을 구하여야 한다.

6. 평가 및 측정 자료의 기록

6-1 평가

5-2항으로부터 구한 대상 진동 레벨을 생활 진동 규제 기준과 비교하여 판정한다.

6-2 측정 자료 기록

측정 자료는 서식 2에 의하여 기록한다.

제4장 진동 한도의 측정 방법

제1절 도로 진동

1. 측정점

측정점은 피해가 예상되는 자의 부지 경계선 중 진동 레벨이 높을 것으로 예상되는 지점을 택하여야 한다.

2. 측정 조건

2-1 일반 사항

제3장 제1절 2-1항에 의한다.

2-2 측정 사항

요일별로 진동 변동이 적은 평일(월요일부터 금요일 사이)에 당해 지역의 도로 교통 진동을 측정하여야 한다.

3. 측정기기의 사용 및 조작

3-1 사용 진동 레벨계

제3장 제1절 3-1항에 의한다.

3-2 일반 사항

제3장 제1절 3-2항에 의한다.

3-3 감각 보정 회로 및 동특성

제3장 제1절 3-3항에 의한다.

4. 측정 시간 및 측정 지점수

당해 지역 도로 교통 진동을 대표할 수 있는 시각에 2지점 이상의 측정 지점수를 정하여 각 측정 지점에서 4시간 이상 간격으로 2회 이상 측정하여 산술 평균한 값을 측정 진동 레벨로 한다.

5. 측정 자료 분석

5-1 자료 분석 방법

측정 자료는 다음 경우에 따라 분석·정리하며, 소수점 첫째 자리에서 반올림한다.

(1) 디지털 진동 자동 분석계를 사용할 경우

샘플 주기를 1초 이내에서 결정하고 5분이상 측정하여 자동 연산·기록한 80% 범위의 상단치인 L_{10}값을 그 지점의 측정 진동 레벨로 한다.

(2) 진동 레벨 기록기를 사용하여 측정할 경우

5분 이상 측정·기록하여 다음 방법으로 그 지점의 측정 진동 레벨을 정한다.

  (가) 기록지상의 지시치에 변동이 없을 때에는 그 지시치

  (나) 기록지상의 지시치의 변동폭이 5dB(V) 이내일 때에는 구간 내 최대치로부터 진동 레벨의 크기순으로 10개를 산술평균한 진동 레벨

  (다) 기록지상의 지시치가 불규칙하고 대폭적으로 변할 때에는 [부록 2] L_{10} 진동 레벨 계산 방법에 의한 L_{10}값

(3) 진동 레벨계만으로 측정할 경우

계기 조정을 위하여 먼저 선정된 측정 위치에서 대략적인 진동 레벨의 변화 양상을 파악한 후, 진동 레벨계 지시치의 변화를 목측으로 5초 간격 50회 판독·기록하여 다음의 방법으로 그 지점의 측정 진동 레벨을 정한다.

  (가) 진동 레벨계의 지시치에 변동이 없을 때에는 그 지시치

  (나) 진동 레벨계의 지시치의 변동폭이 5dB(V) 이내일 때에는 구간 내 최대치로부터 진동 레벨의 크기순으로 10개를 산술 평균한 진동 레벨

  (다) 진동 레벨계 지시치가 불규칙하고 대폭적으로 변할 때에는 [부록 2] L_{10} 진동 레벨 계산 방법에 의한 L_{10}값. 다만, L_{10} 진동 레벨을 측정할 측진동 레벨계를 사용할 때 측 5분간 측정하여 진동 레벨계에 나타난 L_{10}값으로 한다.

6. 평가 및 측정 자료의 기록

6-1 평가

교통 진동의 한도를 적용하고자 하는 경우에는 5항으로부터 구한 측정 진동 레벨을 교통 진동의 한도(도로 부분)와 비교하여 평가한다.

6-2 측정 자료 기록

측정 자료는 서식 3에 의하여 기록한다.

제2절 철도 진동

1. 측정점

옥외 측정을 원칙으로 하며, 그 지역의 철도 진동을 대표할 수 있는 지점이나 철도 진동으로 인하여 문제를 일으킬 우려가 있는 지점을 택하여야 한다.

2. 일반적 측정 조건

제3장 제1절 2-1항에 의한다.

3. 측정 기기의 사용 및 조작

3-1 사용 진동 레벨계

제3장 제1절 3-1항에 의한다.

3-2 일반 사항

제3장 제1절 3-2항에 의한다.

3-3 감각 보정 회로 및 동특성

제3장 제1절 3-3항에 의한다.

4. 측정 시간

기상 조건, 열차의 운행 횟수 및 속도 등을 고려하여 당해 지역의 철도 진동을 대표할 수 있는 시간대에 측정한다.

5. 측정 자료 분석

열차 통과 시마다 최고 진동 레벨이 암진동 레벨보다 최소 5dB(V) 이상 큰 것에 한하여 연속 10개 열차(상하행 포함) 이상을 대상으로 최고 진동 레벨을 측정·기록하고, 그 중 중앙값 이상을 산술 평균한 값을 철도 진동 레벨로 한다. 다만, 열차의 운행 횟수가 밤·낮 시간대별로 1일 10회 미만인 경우에는 측정 열차수를 줄여 그 중 중앙값 이상을 산술 평균한 값을 철도 진동 레벨로 할 수 있다. 측정 자료는 소수점 첫째 자리에서 반올림한다.

6. 평가 및 측정 자료의 기록

6-1 평가

5항에서 구한 측정 진동 레벨을 철도 진동의 한도와 비교하여 평가한다.

6-2 측정 자료의 기록

측정 자료는 서식 4에 의하여 기록한다.

【부록 1】

발파 진동 측정 방법

1. 측정점

측정점은 피해가 예상되는 자의 부지 경계선 중 진동 레벨이 높을 것으로 예상되는 지점을 택하여야 한다.

2. 측정 조건
2-1 일반 사항

제3장 제1절 2-1항에 의한다.

2-2 측정 사항

(1) 측정 진동 레벨은 발파 진동이 지속되는 기간 동안에 측정하여야 한다.
(2) 암진동 레벨은 대상 진동(발파 진동)이 없을 때 측정하여야 한다.

3. 측정기기의 사용 및 조작
3-1 사용 진동 레벨계

제3장 제1절 3-1항에 의한다.

3-2 일반 사항

(1) 진동 레벨계와 진동 레벨 기록기를 연결하여 측정·기록하는 것을 원칙으로 한다. 진동 레벨계만으로 측정할 경우에는 최고 진동 레벨이 고정(hold)되는 것에 한한다.
(2) 진동 레벨계의 출력 단자와 진동 레벨 기록기의 입력 단자를 연결한 후 전원과 기기의 동작을 점검하고 매회 교정을 실시하여야 한다.
(3) 진동 레벨계의 레벨렌지 변환기는 측정 지점의 진동 레벨을 예비 조사한 후 적절하게 고정시켜야 한다.
(4) 진동 레벨계와 진동 레벨 기록기를 연결하여 사용할 경우에는 진동 레벨계 기록기의 과부하 출력이 진동 기록치에 미치는 영향에 주의하여야 한다.
(5) 진동 레벨 기록기의 기록속도 등은 진동 레벨계의 동특성에 부응하게 조작한다.
(6) 진동 픽업의 연결선은 잡음 등을 방지하기 위하여 지표면에 일직선으로 설치한다.

3-3 감각 보정 회로 및 동특성

(1) 진동 레벨계의 감각 보정 회로는 별도 규정이 없는 한 V 특성(수직)에 고정하여 측정

하여야 한다.

(2) 진동 레벨계의 동특성은 원칙적으로 빠름(fast)을 사용하여 측정하여야 한다.

4. 측정 시간 및 측정 지점수

낮 시간대(06 : 00~22 : 00) 및 밤 시간대(22 : 00~06 : 00)의 각 시간대 중에서 최대 발파 진동이 예상되는 시각에 1지점 이상의 측정 지점수에서 측정하여 측정 진동 레벨로 한다.

5. 측정 자료 분석 및 암진동 보정

5-1 자료 분석 방법

측정 진동 레벨 및 암진동 레벨은 소수점 첫째 자리에서 반올림한다

(1) 측정 진동 레벨

(가) 디지털 진동 자동 분석계를 사용할 때에는 샘플 주기를 0.1초 이하로 놓고 발파 진동의 발생 기간(수초 이내)동안 측정하여 자동 연산·기록한 최고치를 측정 진동 레벨로 한다.

(나) 진동 레벨 기록기를 사용하여 측정할 때에는 기록지상의 지시치의 최고치를 측정 진동 레벨로 한다.

(다) 최고 진동 고정(hold)용 진동 레벨계를 사용할 때에는 당해 지시치를 측정 진동 레벨로 한다.

(2) 암진동 레벨

(가) 디지털 진동 자동 분석계를 사용할 경우

샘플 주기를 1초 이내에서 결정하고 5분 이상 측정하여 자동 연산·기록한 80% 범위의 상단치인 L_{10}값을 그 지점의 암진동 레벨로 한다.

(나) 진동 레벨기록기를 사용하여 측정할 경우

5분 이상 측정·기록하여 다음 방법으로 그 지점의 암진동 레벨을 정한다.

① 기록지상의 지시치에 변동이 없을 때에는 그 지시치

② 기록지상의 지시치의 변동 폭이 5dB(V) 이내일 때에는 구간 내 최대치로부터 진동 레벨의 크기순으로 10개를 산술 평균한 진동 레벨

③ 기록지상의 지시치가 불규칙하고 대폭적으로 변할 때에는 [부록 2] L_{10} 진동 레벨 계산 방법에 의한 L_{10}값

(다) 진동 레벨계만으로 측정할 경우

계기 조정을 위하여 먼저 선정된 측정 위치에서 대략적인 진동 레벨의 변화 양상을 파악한 후, 진동 레벨계 지시치의 변화를 목측으로 5초 간격 50회 판독·기록하여 다음의 방법

으로 그 지점의 암진동 레벨을 정한다.

① 진동 레벨계의 지시치에 변동이 없을 때에는 그 지시치

② 진동 레벨계의 지시치의 변화 폭이 5dB(V) 이내일 때에는 구간 내 최대치로부터 진동 레벨의 크기순으로 10개를 산술 평균한 진동 레벨

③ 진동 레벨계 지시치가 불규칙하고 대폭적으로 변할 때에는 [부록 2] L_{10} 진동 레벨 계산 방법에 의한 L_{10}값

한편, L_{10} 진동 레벨을 측정할 수 있는 진동 레벨계를 사용할 때는 5분간 측정하여 진동 레벨계에 나타난 L_{10}값으로 한다.

5-2 암진동 보정

제3장 제1절 5-2항에 의한다.

6. 평가 및 측정 자료의 기록

6-1 평가

5-2항으로부터 구한 대상 진동 레벨에 시간대별 평균 발파 횟수(N)에 따른 보정량(10log N)을 보정한다. 시간대별 발파 횟수는 작업 일지 또는 발파 계획서 등을 참조하여 7일간의 평균값을 계산한 각 시간대별 평균 발파 횟수로 갈음한다.

6-2 측정 자료 기록

측정 자료는 서식 5에 의하여 기록한다.

【부록 2】

L₁₀ 진동 레벨 계산 방법

   (1) 5초 간격으로 50회 판독한 판독치를(표 1) 진동 레벨 기록지의 "가"에 기록한다.

   (2) 레벨별 도수 및 누적 도수를 (표 1)의 "나"에 기입한다.

   (3) (표 1) "나"의 누적 도수를 이용하여 모눈종이 상에 누적 도곡선을 작성한 후(횡축에 진동 레벨, 좌측 종축에 누적 도수를, 우측 종축에 백분율을 표기) 90% 횡선이 누적 도곡선과 만나는 교점에서 수선을 그어 횡축과 만나는 점의 진동 레벨을 L_{10}값으로 한다.

   (4) 진동 레벨만으로 측정할 경우 진동 레벨을 읽는 순간에 지시 침이 지시판 범위 위를 벗어날 때(이때에 진동 레벨계의 레벨 범위는 전환하지 않음)에는 그 발생 빈도를 기록하여 6회 이상이면 (3)항에서 구한 L_{10}값에 2 dB(V)를 더해 준다.

   (5) 별첨 L_{10} 계산 예

【표 1】

진동 레벨 기록지

가. 진동 레벨 기록판

1	2	3	4	5	6	7	8	9	10

나. 도수 및 누적 도수

끝 수		0	1	2	3	4	5	6	7	8	9
40dB(V)	도 수										
	누적 도수										
50dB(V)	도 수										
	누적 도수										
60dB(V)	도 수										
	누적 도수										
70dB(V)	도 수										
	누적 도수										
80dB(V)	도 수										
	누적 도수										
90dB(V)	도 수										
	누적 도수										
100dB(V)	도 수										
	누적 도수										

L$_{10}$ 계산 예

진동 레벨 기록지

가. 진동 레벨 기록판

1	2	3	4	5	6	7	8	9	10
70	72	68	82	73	81	72	69	95	77
75	71	70	74	75	76	77	77	78	74
73	72	87	68	67	66	69	67	70	70
71	80	79	76	75	73	72	72	74	75
84	80	85	78	77	76	75	73	68	82

나. 도수 및 누적 도수

끝 수		0	1	2	3	4	5	6	7	8	9
40dB(V)	도 수										
	누적 도수										
50dB(V)	도 수										
	누적 도수										
60dB(V)	도 수								1	2	3	2
	누적 도수								1	3	6	8
70dB(V)	도 수	4	2	5	4	3	6	3	4	2	1
	누적 도수	12	14	19	23	26	32	35	39	41	42
80dB(V)	도 수	2	1	2	0	1	1	0	1		
	누적 도수	44	45	47	47	48	49	49	50		
90dB(V)	도 수										
	누적 도수										
100dB(V)	도 수										
	누적 도수										

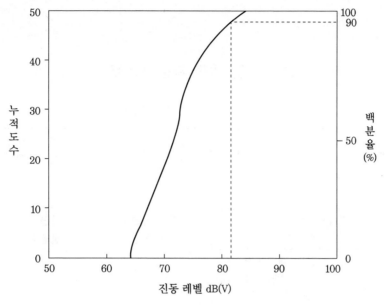

누적 도수 곡선에 의한 L$_{10}$값 산정 예

L$_{10}$값 : 81 dB(V)

【서식 1】

공장 진동 측정 자료 평가표

작성 연월일 :　　　　 년　　 월　　 일

1. 측정 연월일	년　 월　 일　 요일　　 시　 분부터 시　 분까지				
2. 측정 대상 업소	소재지 : 명　칭 :　　　　　　　　사업주 :				
3. 측정자	소속 :　　　　　　 직명 :　　　 성명 :　　　 (인) 소속 :　　　　　　 직명 :　　　 성명 :　　　 (인)				
4. 측정기기	진동 레벨계명 : 진동 레벨 기록기명 : 기타 부속 장치 :				
5. 측정 환경	지면 조건 : 반사 및 굴절 진동의 영향 : 전자장 등의 기타 사항 :				

6. 측정 대상 업소의 진동원과 측정 지점

진동원(기계명)	규 격	대 수	측정 지점 약도

7. 측정 자료 분석 결과(기록지 첨부)

　가. 측정 진동 레벨 :　　　　　　 dB(V)

　나. 암진동 레벨 :　　　　　　 dB(V)

　다. 대상 진동 레벨 :　　　　　　 dB(V)

8. 진동 평가

항 목	내 용	보정치
관련 시간대에 대한 측정 진동 레벨 발생 시간의 백분율(%) 시간별 지역별		
보정치 합계 :		

9. 평가 진동 레벨 : 대상 진동 레벨에 보정치 합계를 보정

　평가 진동 레벨 :　　　　　　 dB(V)

【서식 2】

생활 진동 측정 자료 평가표

작성 연월일 :　　　　　년　　월　　일

1. 측정 연월일	년　　월　　일　요일　　시　　분부터 시　　분까지		
2. 측정 대상 업소 등	소재지 : 명 칭 :　　　　　　　　　　시공 회사명 :		
3. 사업주 등	주소 :　　　　　　　　　　　성명 :　　　　(인)		
4. 측정자	소속 :　　　　　　직명 :　　　성명 :　　　(인) 소속 :　　　　　　직명 :　　　성명 :　　　(인)		
5. 측정기기	진동 레벨계명 :　　　　　기록기명 : 기타 부속 장치 :		
6. 측정 환경	지면 조건 :　　　　　　전자장 등의 영향 : 반사 및 굴절 진동의 영향 :		
7. 측정 대상의 진동원과 측정 지점			
진동 발생원	규 격	대 수	측정 지점 약도
			(지역 구분 :　　　　　　)

8. 측정 자료 분석 결과(기록지 등 첨부)

　　가. 측정 진동 레벨 :　　　　　　dB(V)

　　나. 암진동 레벨 :　　　　　　dB(V)

　　다. 대상 진동 레벨 :　　　　　　dB(V)

【서식 3】

도로 교통 진동 측정 자료 평가표

작성 연월일 :　　　　년　월　일

1. 측정 연월일	년　월　일　요일　　시　분부터 　　　　　　　시　분까지
2. 측정 대상	소재지 : 명 칭 :
3. 관리자	
4. 측정자	소속 :　　　　　　직명 :　　　성명 :　　　(인) 소속 :　　　　　　직명 :　　　성명 :　　　(인)
5. 측정기기	진동 레벨계명 :　　　　　　기록기명 : 기타 부속 장치 :
6. 측정 환경	지면 조건 :　　　　　　전자장 등의 영향 : 반사 및 굴절 진동의 영향 :

7. 측정 대상의 진동원과 측정지점

도로구조	교통특성	측정 지점 약도
차선수 : 도로 유형 : 구배 : 기타 :	시간당 교통량 : (　　　　　대/hr) 대형차 통행량 : (　　　　　대/hr) 평균 차속 : (　　　　　km/hr)	 (지역 구분 :　　　　　)

8. 측정 자료 분석 결과(기록지 등 첨부)
　· 측정 진동 레벨 :　　　　　　dB(V)

【서식 4】

철도 진동 측정 자료 평가표

작성 연월일 :   년   월   일

1. 측정 연월일	년 월 일 요일 시 분부터 시 분까지
2. 측정 대상	소재지 : 철도선명 :
3. 관리자	
4. 측정자	소속 : 직명 : 성명 : (인) 소속 : 직명 : 성명 : (인)
5. 측정기기	진동 레벨계명 : 기록기명 : 기타 부속 장치 :
6. 측정 환경	지면조건 : 전자장 등의 영향 : 반사 및 굴절진 동의 영향 :

7. 측정 대상의 진동원과 측정 지점

철도 구조	교통 특성	측정 지점 약도
철도선 구분 : 레일 길이 : 기 타 :	열차 통행량 : (대/hr) 평균 열차 속도 : (km/hr)	(지역 구분 :)

8. 측정 자료 분석 결과(기록지 등 첨부)

  · 철도 진동 레벨 :   dB(V)

【서식 5】

발파 진동 측정 자료 평가표

작성 연월일 :　　　년　　월　　일

1. 측정 연월일	년　　월　　일　　요일　　시　　분부터 시　　분까지			
2. 측정 대상 업소 등	소재지 : 명 칭 :			
3. 사업주	주소 :		성명 :	(인)
4. 측정자	소속 :　　　　　　　　　직명 :　　　　성명 :　　　　(인) 소속 :　　　　　　　　　직명 :　　　　성명 :　　　　(인)			
5. 측정기기	진동 레벨계명 :　　　　　　기록기명 : 기타 부속 장치 :			
6. 측정 환경	지면 조건 :　　　　　　　전자장 등의 영향 : 반사 및 굴절 진동의 영향 :			

7. 측정 대상의 진동원과 측정 지점

폭약의 종류	1회 사용량	발파 횟수	측정 지점 약도
	kg	낮 : 밤 :	(지역 구분 :　　　　　　　　　　)

8. 측정 자료 분석 결과(기록지 등 첨부)

　가. 측정 진동 레벨 :　　　　　　dB(V)

　나. 암진동 레벨 :　　　　　　　dB(V)

　다. 대상 진동 레벨 :　　　　　　dB(V)

부 칙

1. (시행일) 이 고시는 고시한 날부터 시행한다.

2. (계속 중인 행위에 관한 경과 조치) 이 규정 시행 전에 종전의 소음·진진동 공정 시험 방법(환경부 고시 제1995-10호)의 규정에 의하여 행한 행위는 이 규정에 의한 행위로 본다.

|핵|심|문|제|

1. 암소음과 대상 소음을 비교 설명하시오.

2. 소음의 측정 및 분석을 위한 소음 측정 시스템을 구성하시오.

3. 암소음의 영향에 대한 보정표를 작성하시오.

4. 생활 소음의 측정 방법을 설명하시오.

|연|습|문|제|

1. 한 장소에 있어서의 특정의 음을 대상으로 생각할 경우 대상 소음이 없을 때 그 장소의 소음을 무엇이라 하는가?
　㉮ 소음원　　　　㉯ 반사음　　　　㉰ 암소음　　　　㉱ 대상음

2. 암소음 이외에 측정하고자 하는 특정의 소음을 무엇이라 하는가?
　㉮ 정상 소음　　　㉯ 변동 소음　　　㉰ 반사음　　　　㉱ 대상음

3. 임의의 측정 시간 동안 발생한 변동 소음의 총 에너지를 같은 시간 내의 정상 소음의 에너지로 등가하여 얻어진 소음도란?
　㉮ 암소음도　　　㉯ 대상 소음도　　㉰ 등가 소음도　　㉱ 평가 소음도

4. 소음계의 지시계기의 눈금 오차 한계는?
　㉮ 0.1dB 이내　　㉯ 0.5dB 이내　　㉰ 1dB 이내　　　㉱ 2dB 이내

5. 공장의 부지 경계선 중 피해가 우려되는 장소로서 소음도가 높을 것으로 예상되는 지점의 지면 위 높이의 범위는 몇 m인가?
　㉮ 0.5~1　　　　㉯ 1.2~1.5　　　㉰ 1.5~2　　　　㉱ 2~3

6. 손으로 소음계를 잡고 측정할 경우에 소음계는 측정자의 몸으로부터 몇 m 이상 떨어져야 하는가?
　㉮ 0.3　　　　　㉯ 0.5　　　　　㉰ 0.7　　　　　㉱ 1

7. 소음 측정 시 풍속이 몇 m/sec 이상이면 마이크로폰에 방풍망을 부착해야 하는가?
　㉮ 1　　　　　　㉯ 2　　　　　　㉰ 5　　　　　　㉱ 10

8. 디지털 소음자동 분석계를 사용할 경우 샘플 주기를 (A)초 이내에서 결정하고 (B)분 이상 측정하여 자동 연산 · 기록한 등가 소음도를 그 지점의 측정 소음도 또는 암소음도로 한다. 괄호 안의 A와 B를 올바르게 나타낸 것은?
　㉮ 0.1초, 1분　　㉯ 0.5초, 2분　　㉰ 1초, 5분　　　㉱ 2초, 10분

해답　1. ㉰　2. ㉱　3. ㉰　4. ㉯　5. ㉯　6. ㉯　7. ㉯　8. ㉰

제10장

회전 기계의 진단

1. 개 요

석유 화학이나 전력 등과 같은 장치 산업에서의 사용되는 설비 진단은 주로 회전 기계의 고장 원인을 분석하고 대책을 수립하는 것을 의미한다. 회전 기계의 대표적인 구성은 모터와 펌프 및 주변 기계로 이루어진다. 따라서 회전 기계의 진단에는 모터와 펌프의 설치와 관련하여 축 정렬 기술이 매우 중요하며, 이와 함께 언밸런스, 축, 베어링 및 기어 장치의 진단 기술이 핵심이 된다.

1-1 기계의 고장 원인

고장(failure)은 설비나 그 요소가 신뢰성면에서 제 기능을 발휘하지 못하는 상태를 의미하며, 실제로 고장과 관련된 말은 이상(abnormality), 결함(fault), 손상(defect), 기능 약화 등 여러 가지로 표현된다. 경우에 따라 고장이 결함(failure=fault)인 경우도 있으므로 이것은 대상의 기능적 관계에 의존하고 있다. 어떤 대상의 결함이나 이상(엄밀하게 말하면 고장에는 미치지 못한) 등이 머지않아 그 대상이 고장으로 발전한다. 때로는 아직 고장이라 부르기 전 상태이기도 하고 혹은 그대로 시스템의 고장에 직결되는 경우도 있다.

만약 어떤 설비의 상태가 요구하는 기능의 허용 범위 이내에 있으면, 비록 이상이 있다 하더라도 아직 고장의 단계에는 도달했다고 볼 수 없다. 따라서 이와 같이 정상과 이상의 범위를 우선 명확하게 규정해야만 한다.

(1) 고장 원인 분석의 목적
① 향후 고장 사고의 방지
② 기계의 수명 기간 중 안전성과 신뢰성 확보

(2) 기계의 고장 원인

① 설계 결함   ② 재료 결함
③ 조립 불량   ④ 생산 결함
⑤ 운전 불량   ⑥ 정비 결함 등이다.

1-2 이상 현상의 특징

회전 기계에서 발생하는 진동 성분은 저주파에서부터 고주파에 이르기까지 광범위한 주파수 성분을 가지고 있다. 종래에는 회전 기계에서 발생하는 진동 주파수를 분석할 경우 회전 주파수의 수배 정도까지의 분석하여 관리하여 왔다. 그러나 회전 기계의 이상 현상 중에는 용접 등에 의한 충격 진동 등이 있으므로 다양한 설비의 열화에 대한 정보를 얻기 위하여 넓은 주파수 영역에서 진동을 관측할 필요가 있다.

[표 10-1]에는 회전축계에서 발생하는 이상 현상을 주파수 영역으로 구별하여 나타내었다. 회전 기계의 설비 진단을 효율적으로 실행하기 위해서는 가능한 작은 징후 파라미터에

[표 10-1] 회전 기계에서 발생하는 이상 현상의 특징

발생 주파수	이상 현상	진동 현상의 특징
저주파	언밸런스(unbalance)	로터의 축심 회전의 질량 분포의 부적정에 의한 것으로 회전주파수(1f)가 발생
	미스얼라인먼트 (misalignment)	커플링으로 연결되어 있는 2개의 회전축의 중심선이 엇갈려 있을 경우로서 회전 주파수의 (2f) 성분이 또는 고주파가 발생
	풀림(looseness)	기초 볼트 풀림이나 베어링 마모 등에 의하여 발생하는 것으로서 회전 주파수의 고차 성분이 발생
	오일 휩(oil whip)	강제 급유되는 미끄럼 베어링을 갖는 로터에 발생하며 베어링 역학적 특성에 기인하는 진동으로서 축의 고유 진동수가 발생
중간 주파	압력 맥동	펌프의 압력 발생 기구에서 일펠러가 벌루트 케이싱부를 통과할 때에 발생하는 유체 압력 변동, 압력 발생 기구에 이상이 생기면 압력 맥동에 변화가 생긴다.
	러너 날개통과 진동	압축기, 터빈의 운전 중에 동정익(動靜翼)간의 간섭, 임펠러와 확산(difuser)과의 간섭, 노즐과 임펠러의 간섭에 의하여 발생하는 진동
고주파	공동(cavitation)	유체 기계에서 국부적 압력 저하에 의하여 기포가 생기며 고압부에 도달하면 파괴하여 일반적으로 불규칙한 고주파 진동 음향이 발생한다.
	유체음, 진동	유체 기계에서 압력 발생 기구의 이상, 실기구의 이상 등에 의하여 발생하는 와류의 일종으로서 불규칙성의 고주파 진동 음향이 발생한다.

서 최대한의 많은 열화 정보를 얻는 것이 중요하다.

[그림 10-1] 설비의 이상 현상 발생 구분을 나타내고 있다. 이것은 업종, 기업 간에 그 차이가 있으나 이 그림은 제철업에 있어서의 이상 현상 발생 구분을 나타내고 있다. 이 그림에서 알 수 있듯이 회전 기계에서 발생하고 있는 이상 현상의 대부분은 언밸런스, 미스얼라인먼트 등의 저주파 진동이 많음에도 불구하고 고주파 진동의 이상도 볼 수 있다. 따라서 이것으로부터도 최대한 넓은 주파수 영역을 관리하는 것이 필요함을 생각할 수 있다.

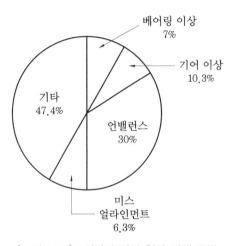

[그림 10-1] 설비의 이상 현상 발생 구분

1-3 진단의 분류

설비의 진동을 측정하고 이상에 관하여 진단하는 방법으로는 그 목적에 따라 크게 다음의 2가지로 분류할 수 있다.

(1) 간이 진단

기계 설비가 정상인지 이상인지의 상태 진단을 목적으로 하며, 진단 기법으로서는 휴대용 진동계 등과 같은 간이 진단기기를 이용하여 설비에 정한 기준값과 평가 기준을 비교하는 방법이다. 따라서 설비의 상태를 현장에서 최소한의 자료로 평가할 수 있다.

(2) 정밀 진단

간이 진단으로부터 돌출된 기계 설비의 이상 부위, 이상 내용에 대하여 정밀 진단용 기기를 이용하는 방법이다. 정밀 진단 방법으로는 주로 주파수 분석을 할 수 있는 장비를 이용하여 설비의 고장 검출의 초기 단계에서 진단과 고장 발생 예측을 동시에 할 수 있게 된다. 이를 통하여 결함 원인을 분석하고 대책 수립을 수행한다. 이와 같은 정밀 진단은 전문화된 기술을 요구하며 기계 설비의 손상 정도나 설비 수명은 정밀 진단으로는 판정할 수 없다.

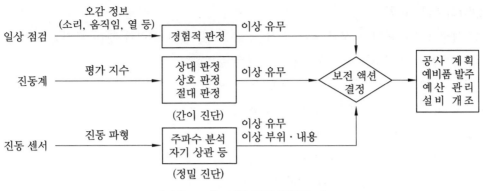

[그림 10-2] 이상 진단 방법의 예

2. 회전 기계의 간이 진단

2-1 간이 진단 절차

(1) 대상 설비의 선정

전체 설비에 대하여 일률적으로 간이 진단을 한다는 것은 비효율적이므로 대상 설비에 대하여 현장에 맞는 적절한 선정이 요구된다. 주요 진단 대상이 되는 설비는 다음과 같다.
① 생산과 직접 관련된 설비
② 부대 설비인 경우라도 고장이 발생하면 큰 손해가 예측되는 설비
③ 고장이 발생 시 2차 손실이 예측되는 설비
④ 정비비가 매우 높은 설비 등

대상 설비의 예를 들면 회전수가 300rpm 이상의 회전 기계로서,
① 컴프레서
② 펌프(원심 펌프, 축류 펌프, 사류 펌프 등)
③ 블로어(터보, 축류)
④ 기어 감속기
⑤ 전동기
⑥ 엔진, 터빈
⑦ 공작 기계
⑧ 테이블 롤러
등이 주로 회전 기계의 간이 진단 대상 설비이다.

(2) 설비의 특징 파악

대상 설비가 선정되면 선정된 설비의 사양, 구조 및 설비 이력과 같은 특징을 파악하고 휴대용 진동계나 머신 체커 등 진단용 계측기를 준비한다.

① 설비 사양 : 모터 용량, 회전수, 사용 유체, 압력 등

② 구조 및 설계 조건 : 형식, 구조도, 부품 등

③ 설비의 고장 이력과 수리 내용

④ 진동, 베어링 온도의 과거 경향

또한, 축 계통에서 발생하는 이상 현상은 다음과 같다.

① 기계적 언밸런스(unbalance)

② 미스얼라인먼트(misalignment)

③ 풀림(looseness)

④ 축 굽힘(deflection)

⑤ 오일 휩(oil whip)

(3) 측정점과 측정 방향 선정

측정점은 일반적으로 고속 회전체 이외에서는 베어링 부위에서 진동을 측정하는 경우가 많다. [그림 10-3]은 베어링 부위에서 진동 측정 위치를 나타내고 있다. 측정 위치는 축 중

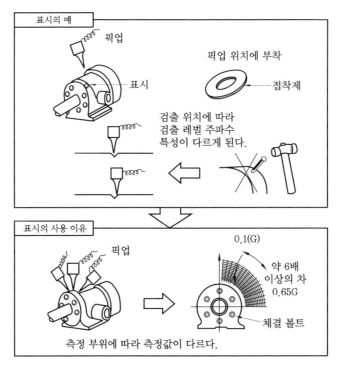

[그림 10-3] 진동 측정점의 표시

심의 높이에서 축 방향, 수평 방향의 진동을 측정하는 방법이 좋다.

① 측정점은 베어링을 지지하고 있는 케이스의 위를 선택하고 항상 동일점에서 측정한다.
② 측정점은 페인트 등으로 표시해 둔다.
③ 측정 방향은 수직(V), 수평(H), 축(A)의 세 방향에서 측정한다.

또 많은 측정점을 선정할 경우에는 효율면에서 대상 설비에 발생하기 쉬운 성능 저하 현상을 중심으로 하여 측정하는 방법도 있다. 이 경우에는 측정 방향을 한정할 수가 있다. 측정점의 선정에 있어서 중요한 것은 측정점을 결정하게 되면 항상 같은 점에서 측정하여야 한다. 예를 들면 고주파 진동의 경우에 문제가 되지만 측정점이 몇 밀리미터 어긋남에 따라 측정값의 차이가 6배에 달하는 경우도 발생한다. 따라서 측정점을 결정한 후에는 반드시 표시를 하여 항상 일정 위치에서 측정하는 것이 대단히 중요하다.

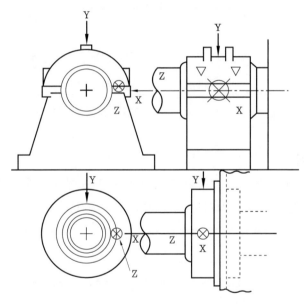

[그림 10-4] 진동 측정 방향

(4) 측정 파라미터의 선정

회전 기계에서 발생하고 있는 진동을 측정할 경우, 변위, 속도, 가속도등 세 가지 파라미터를 사용한다. 설비 진단에서 낮은 주파수에서는 변위, 중간 주파수에서는 속도, 높은 주파수에서는 가속도를 측정 파라미터로 하여 사용하는 경우가 많다. 그 이유는 주파수가 낮을수록 변위의 검출 감도가 높아지며 주파수가 높아지면 가속도의 검출 감도가 높아지기 때문이다. 또 성능 저하 종류별로 측정 파라미터를 생각하면 [표 10-2]와 같다. 이와 같이 설비의 성능 저하 상태와 측정하고자 하는 주파수의 대역에 따라 그 측정 파라미터를 변경시켜야 한다. 일반적으로는 [그림 10-5]와 같은 주파수 대역별로 각각 측정한다.

[표 10-2] 설비의 이상 상태에 따른 측정 파라미터

파라미터	이상의 종류	사용 예
변 위	변위량 또는 움직임의 크기가 문제로 되는 이상	공작 기계의 떨림 현상 회전축의 흔들림
속 도	진동 에너지나 피로도가 문제로 되는 이상	회전 기계의 진동
가속도	충격력 등과 같이 힘의 크기가 문제로 되는 이상	베어링의 이상 진동 기어의 이상 진동

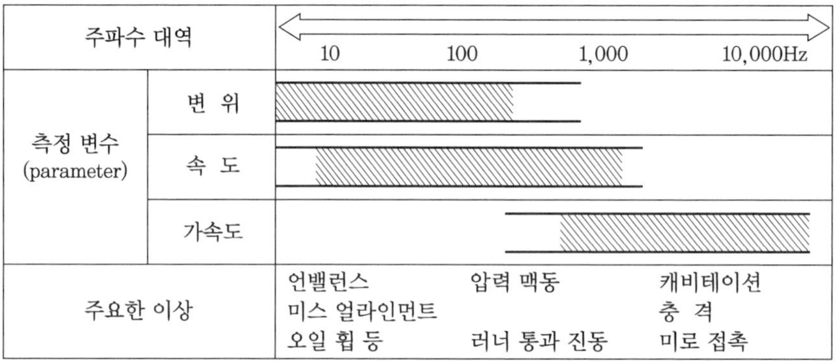

[그림 10-5] 변위, 속도, 가속도의 측정 주파수 대역

(5) 측정 주기의 결정

측정 주기의 결정함에 있어서는 성능이 저하되는 속도에 대하여 충분히 검토해야 한다. 예를 들면 마모 성능 저하와 같이 서서히 성능 저하가 진행하는 것에 대해서는 측정 주기가 길어도 되겠지만, 고속 회전체와 같이 변화가 생긴 후 급격히 고장이 발생하는 설비에 대해서는 실시간으로 감시할 필요가 있다. 또 수동으로 측정할 경우에는 기계의 성능 저하 정도의 변화가 충분히 검토될 수 있을 정도의 측정 주기로 측정해야 한다. [표 10-3]에 설비별 표준 측정 주기의 예를 표시하였다.

[표 10-3] 측정 데이터 수집 주기의 예

분 류	내 용	측정 주기
회전수	고속 회전 기계	매일
	일반 회전 기계	매주
중요도	핵심 설비	매일
	중요 설비	매주
	일반 설비	격주
	보조 설비	매월

또 측정 주기를 결정할 때에는 어디까지나 기본적인 측정 주기를 결정하여 놓고 예를 들어 측정 데이터에 변화의 징후가 보이면 그 시점부터 측정 주기를 단축하는 것도 고려해야한다. 또한 현재의 측정값과 과거의 측정값으로부터 다음의 측정일을 결정하는 것도 바람직하다. 측정 주기의 결정은 다음 사항을 고려해야 한다.

① 측정 주기는 기계 고장이 발생되지 않을 정도로 짧게 선정한다.

② 필요 이상으로 짧은 주기로 측정하는 것은 비경제적이므로 적절한 측정 주기를 찾는다.

③ 측정 주기는 공장 내의 대상 설비의 수, 점검 점의 수, 점검 점과의 거리 등을 충분히 고려하여 결정한다.

④ 측정 주기는 항상 일정할 필요는 없다. 예를 들어 측정값이 판정 기준에 비하여 안전 영역에 있을 때는 매주 측정하다가 주의 영역에 들면, 측정 주기를 매일로 변경한다.

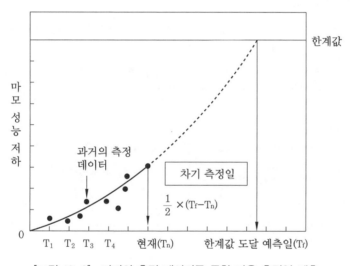

[그림 10-6] 과거의 측정 데이터를 통한 다음 측정일 예측

(6) 판정 기준의 결정

대상 설비로부터 측정된 데이터가 관련 규정에 정상, 혹은 이상 값인지를 판정해야 한다. 측정된 진동 데이터의 판정 방법에는 절대 판정, 상대 판정, 상호 판정법이 있다. 현장에서는 주로 절대 판정법과 상대 판정법이 사용되므로 대상 설비마다 이러한 기준을 설정하여 놓을 필요가 있다.

일반적으로 절대 판정 기준이 현장에서 이용하기 쉽지만 절대 판정 기준은 회전 기계를 대상으로 하였으므로 다른 설비들은 이 기준에 맞지 않을 수도 있다. 따라서 이러한 설비에 대해서는 상대 판정 기준이나 상호 판정 기준을 이용하는 것이 좋다. 그러나 모든 설비에 적용될 수 있는 보편적인 판정 기준은 없으므로 설비가 설치되어 있는 상태와 위험도나 중요도 등을 고려하여 각각의 설비마다 적당한 기준을 결정하여 놓을 필요가 있다.

설비의 열화와 관련해서는 다음과 같은 이유로 인하여 속도에 대한 판정 기준을 많이 활용하고 있다.

① 진동에 의한 설비의 피로는 진동 속도에 비례한다.

② 진동에 의하여 발생하는 에너지는 진동 속도의 제곱에 비례하고, 에너지가 전달되어 마모나 2차 결함이 발생한다.

③ 인체의 감도는 일반적으로 진동 속도에 비례한다.

④ 과거의 경험적 기준 값은 대부분 속도가 일정한 경우의 기준이다.

⑤ 회전수에 관계 없이 기준값이 설정될 수 있다.

[표 10-4] 판정 기준의 예

절대 판정 기준	동일 부위에서 측정한 값을 '판정 기준'과 비교하여 양호, 주의, 위험으로 판정한다.
상대 판정 기준	동일 부위를 정기적으로 측정한 값을 시계열로 비교하여 정상적인 데이터를 초기값으로 하여 그 몇 배로 되었는가를 보아서 판정한다.
상오 판정 기준	동일 기종의 기계가 여러 대 있을 경우, 그들을 각각 동일 조건 하에서 측정하여 상호 비교함으로써 판단한다.

(가) 절대 판정 기준

절대 판정 기준은 측정 방법이 명확히 규정되었을 때 성립되는 기준이다. 따라서 기준의 적용 주파수 범위나 측정 방법 등을 파악한 후에 선택하여야 한다.

(나) 상대 판정 기준

상대 판정 기준은 동일 부위를 정기적으로 측정하여 시계열로 비교하여 정상인 경우의 값

진 동 값		ISO2372			
범 위	속도 실효값[mm/s]	class Ⅰ	class Ⅱ	class Ⅲ	class Ⅳ
0.28		A	A	A	A
0.45	0.28				
0.71	0.45				
1.12	0.71	B			
1.8	1.12		B		
2.8	1.8	C		B	B
4.5	2.8		C		
7.1	4.5	D		C	
11.2	7.1				C
18	11.2		D	D	
28	18				D
45	28				
71	45				

[그림 10-7] 속도 기준의 예

class Ⅰ : 소형 기계(15kW 이하의 모터)

class Ⅱ : 중형 기계(15~17kW의 모터나 300kW 이하의 기계)

class Ⅲ : 대형 기계(강한 기초에 설치된 기계)

class Ⅳ : 대형 기계(연약한 기초에 설치된 기계)

회전 수는 600~12,000rpm이며, 진동 측정 주파수 범위는 100~1,000Hz이다.

을 초기 값으로 하여 그 값의 몇 배로 되었는가를 보아 판정하는 방법이다. 저주파 진동에서는 과거의 경험 값이나 인간의 감각에서 진동 레벨이 4dB 변화하면 진동 감각으로서 변화하였다고 지각되므로 초기 값의 1.5~2배 정도로 되었을 때를 주의 영역, 약 4배로 되었을 때는 이상값으로 하여 기준을 작성하는 경우가 많다.

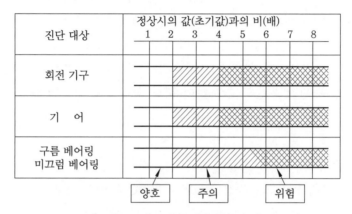

[그림 10-8] 상대 판정 기준의 예

(다) 상호 판정 기준

상호 판정 기준은 동일 사양의 설비가 동일 조건하에서 몇 대가 운전되고 있을 경우에 각각의 설비의 동일 부위를 측정하여 서로 비교함으로써 이상의 정도를 파악하는 방법이다.

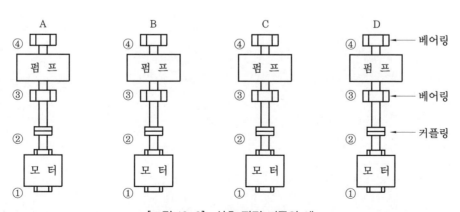

[그림 10-9] 상호 판정 기준의 예

[표 10-5] 동일 기계의 상호 판정을 위한 속도 측정값

설비 분류	진동 속도 측정 데이터[cm/s]			
	① H	② H	③ H	④ H
A	0.06	0.07	0.06	0.07
B	0.06	0.05	0.07	0.06
C	0.06	0.07	0.14	0.17
D	0.06	0.07	0.05	0.07

위 표에서 측정된 진동 속도는 C기계의 ③번 부위에서 A, B, D의 동일 부위의 진동값의 2배인 0.14cm/s가 검출됨을 알 수 있다. 이를 통하여 C기계는 이상 가능성이 있음을 알 수 있다.

이러한 ①~③의 3종류의 판정 기준의 사용 방법으로서는 우선 절대 판정 기준을 최우선으로 하는 것이 좋지만 설비가 설치되어 있는 상황 등을 잘 판단하면 반드시 종래의 판정 기준이 모두 적용 가능하다고는 생각되지 않는다. 따라서 그와 같은 경우에는 상대 판정 기준, 상호 판정 기준도 참조하여 대상 설비마다 적절한 판정 기준을 설정해야 한다.

(7) 측정 데이터 관리

지금까지의 측정 표준을 기초로 측정 데이터를 획득하고 향후 설비 진단 계획을 수립하기 위해서는 대상 설비의 성능 열화 경향 관리표를 작성하여야 한다. 이 성능 열화 경향 관리표는 사용자가 관리하기 쉽도록 다음과 같은 양식을 이용하여 작성한다.

경향 관리 데이터 시트(data sheet)

기계 개략도

⊠ 구름 Brg'
⊟ 미끄럼 Brg'
╫ 커플링
↓ 측정 위치

설비 Code	작성 부서
공장명	
설비명	

설비 사양
Motor rpm
Brg' No

초기값 측정 조건, 상단…속도, 하단…가속

측정 위치	1	2	3	4	5	6
H (수평)						
V (수직)						
A (축)						

점검 주기	속도 cm/sec	가속도 G	비 고
측정일 　 측정 위치			

[그림 10-10] 경향 관리 데이터 시트(data sheet)의 예

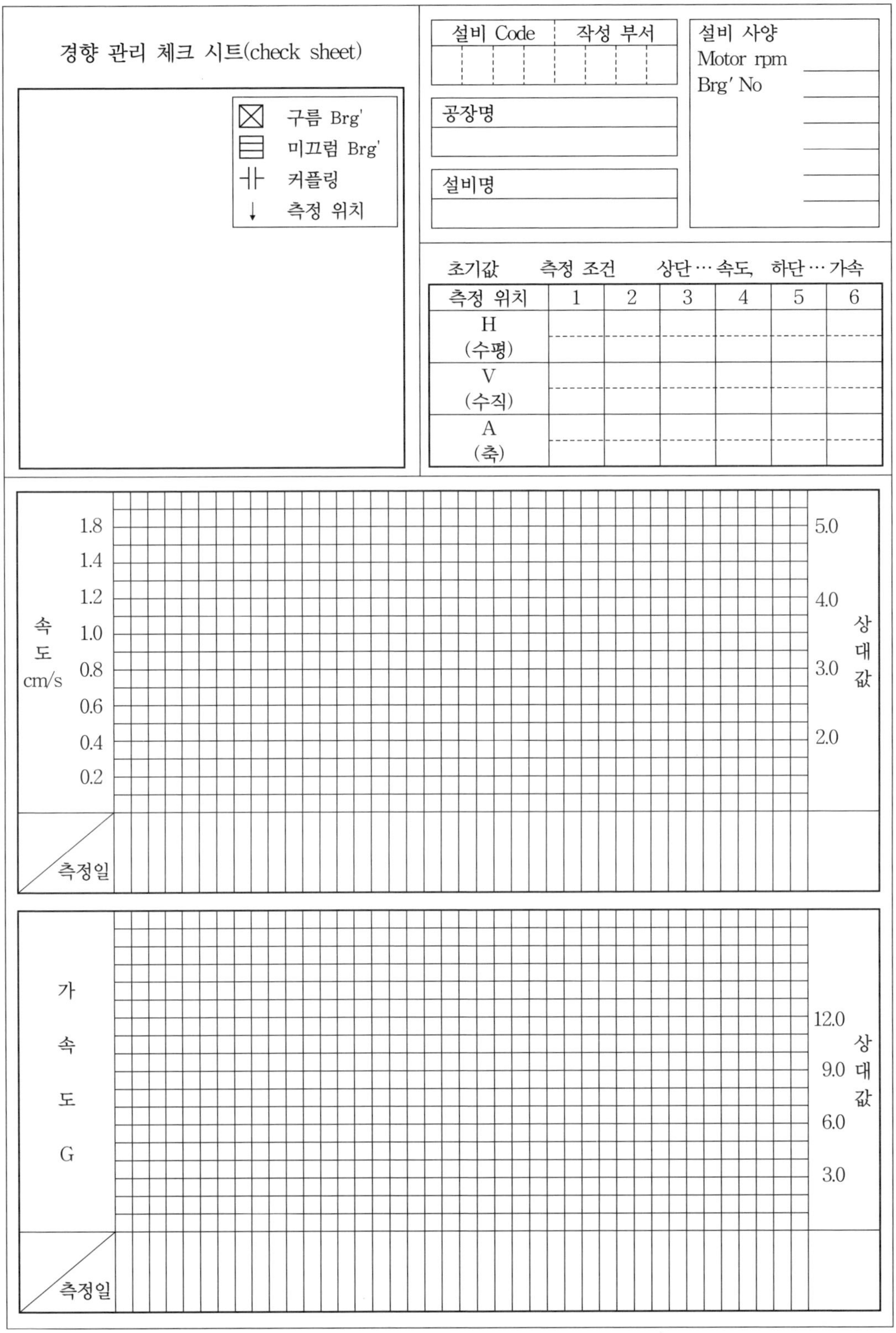

경향 관리 체크 시트(check sheet)

⊠	구름 Brg'
⊟	미끄럼 Brg'
⫫	커플링
↓	측정 위치

설비 Code	작성 부서

공장명

설비명

설비 사양
Motor rpm _____
Brg' No _____
_____
_____
_____
_____

초기값   측정 조건   상단…속도, 하단…가속

측정 위치	1	2	3	4	5	6
H (수평)						
V (수직)						
A (축)						

속도 cm/s

1.8
1.4
1.2
1.0
0.8
0.6
0.4
0.2

상대값
5.0
4.0
3.0
2.0

측정일

가 속 도 G

상대값
12.0
9.0
6.0
3.0

측정일

[그림 10-11] 경향 관리 체크 시트(check-sheet)의 예

2-2 간이 진단 사례

간이 진단 사례로서 제철 회사에서 사용되는 블로어(blower)와 테이블 롤러(table roller)의 예를 들어 성능 열화 경향 관리표를 설명한다.

[그림 10-13]과 [그림 10-14]는 블로어의 성능 열화 경향 관리의 예이다. 이 경우 측정 변수는 블로어의 회전 기구 및 베어링을 진단하고 있으므로 저주파 및 고주파 진동의 양쪽을 관리하여야 한다. 측정점은 베어링의 하우징(housing)에서 측정하도록 한다. 가능한 한 3방향을 측정하여야 하지만 측정자 1명이 관리하는 대상 설비가 많은 경우 측정점의 수를 적게 하기 위하여 저주파 진동에서는 2방향을 측정하고 있다.

또한, 고주파 진동에서는 방향성의 영향이 적으므로 한쪽 방향만 측정한다. 진동 요인이 언밸런스인 경우 성능 저하 속도가 빠르지 않으므로 측정 주기는 1개월 간격으로 한다. 단 측정 주기에 대하여는 어느 정도의 이상 징후가 발견되었을 경우에 주기를 단축한다. 이와 같이 대상 설비를 선정하게 되면 측정의 효율화도 충분히 검토하고 또 누락이 되지 않도록 측정 체제를 결정할 필요가 있다.

[그림 10-15]와 [그림 10-16]은 간단한 롤러(roller)의 간이 진단 예를 나타내고 있다. 이 롤러는 제품을 이송시키는 장치이므로 작동이 되지 않거나 이상 진동이 발생하게 되면 제품 불량이 발생하기 때문에 중점 관리할 설비이다. 이 경우에는 설비 구조가 롤러 본체와 베어링 및 전동기로 구성되어 있으므로 발생하는 이상 형태는 베어링 불량, 급지 불량 및 풀림 등이 예상된다. 측정 방향은 이 설비의 총 설치 대수가 매우 많으므로 1방향(상하 방향)에 한하고 있다. 이것은 저주파 진동의 발생 원인의 대부분이 기계적 풀림이기 때문이다.

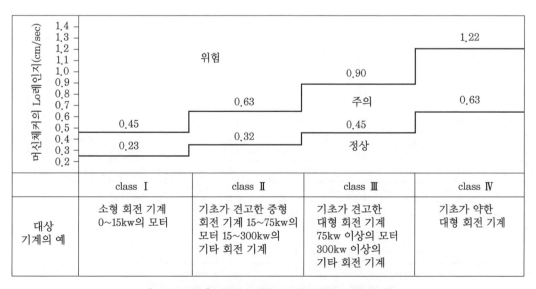

[그림 10-12] 회전 기계의 동력별 진동 기준의 예

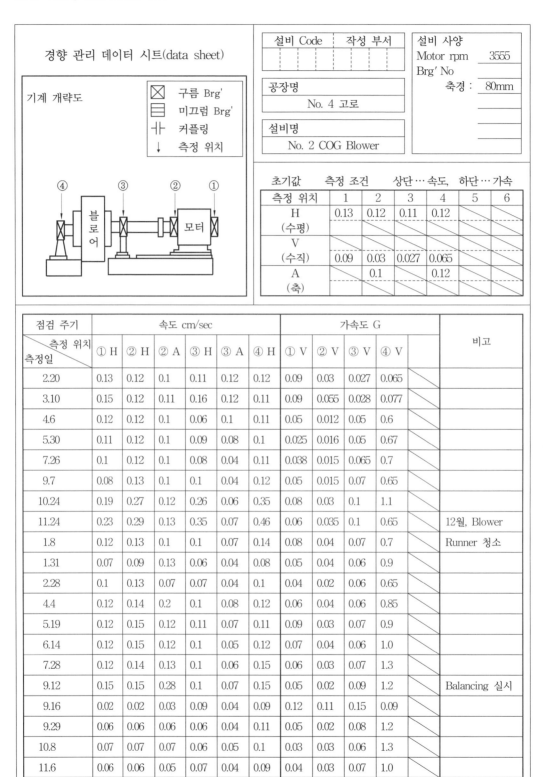

설비 Code			작성 부서		설비 사양	
					Motor rpm	3555
공장명					Brg' No	
No. 4 고로					축경 :	80mm
설비명						
No. 2 COG Blower						

경향 관리 데이터 시트(data sheet)

기계 개략도

⊠ 구름 Brg'
⊟ 미끄럼 Brg'
╫ 커플링
↓ 측정 위치

초기값   측정 조건   상단···속도, 하단···가속

측정 위치	1	2	3	4	5	6
H (수평)	0.13	0.12	0.11	0.12		
V (수직)	0.09	0.03	0.027	0.065		
A (축)		0.1		0.12		

점검 주기 측정 위치 측정일	속도 cm/sec						가속도 G				비고
	①H	②H	②A	③H	③A	④H	①V	②V	③V	④V	
2.20	0.13	0.12	0.1	0.11	0.12	0.12	0.09	0.03	0.027	0.065	
3.10	0.15	0.12	0.11	0.16	0.12	0.11	0.09	0.055	0.028	0.077	
4.6	0.12	0.12	0.1	0.06	0.1	0.11	0.05	0.012	0.05	0.6	
5.30	0.11	0.12	0.1	0.09	0.08	0.1	0.025	0.016	0.05	0.67	
7.26	0.1	0.12	0.1	0.08	0.04	0.11	0.038	0.015	0.065	0.7	
9.7	0.08	0.13	0.1	0.1	0.04	0.12	0.05	0.015	0.07	0.65	
10.24	0.19	0.27	0.12	0.26	0.06	0.35	0.08	0.03	0.1	1.1	
11.24	0.23	0.29	0.13	0.35	0.07	0.46	0.06	0.035	0.1	0.65	12월, Blower
1.8	0.12	0.13	0.1	0.1	0.07	0.14	0.08	0.04	0.07	0.7	Runner 청소
1.31	0.07	0.09	0.13	0.06	0.04	0.08	0.05	0.04	0.06	0.9	
2.28	0.1	0.13	0.07	0.07	0.04	0.1	0.04	0.02	0.06	0.65	
4.4	0.12	0.14	0.2	0.1	0.08	0.12	0.06	0.04	0.06	0.85	
5.19	0.12	0.15	0.12	0.11	0.07	0.11	0.09	0.03	0.07	0.9	
6.14	0.12	0.15	0.12	0.1	0.05	0.12	0.07	0.04	0.06	1.0	
7.28	0.12	0.14	0.13	0.1	0.06	0.15	0.06	0.03	0.07	1.3	
9.12	0.15	0.15	0.28	0.1	0.07	0.15	0.05	0.02	0.09	1.2	Balancing 실시
9.16	0.02	0.02	0.03	0.09	0.04	0.09	0.12	0.11	0.15	0.09	
9.29	0.06	0.06	0.06	0.06	0.04	0.11	0.05	0.02	0.08	1.2	
10.8	0.07	0.07	0.07	0.06	0.05	0.1	0.03	0.03	0.06	1.3	
11.6	0.06	0.06	0.05	0.07	0.04	0.09	0.04	0.03	0.07	1.0	

[그림 10-13] 블로어(blower)의 간이 진단 데이터 시트

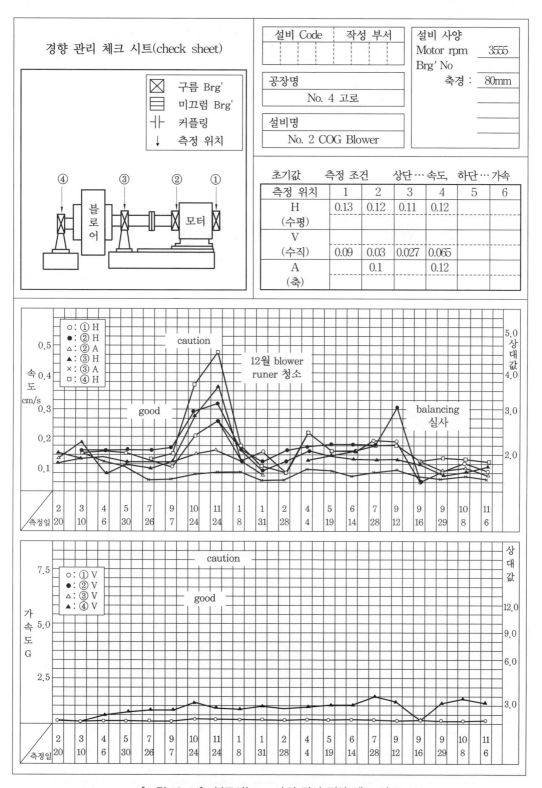

[그림 10-14] 블로어(blower)의 간이 진단 체크 시트

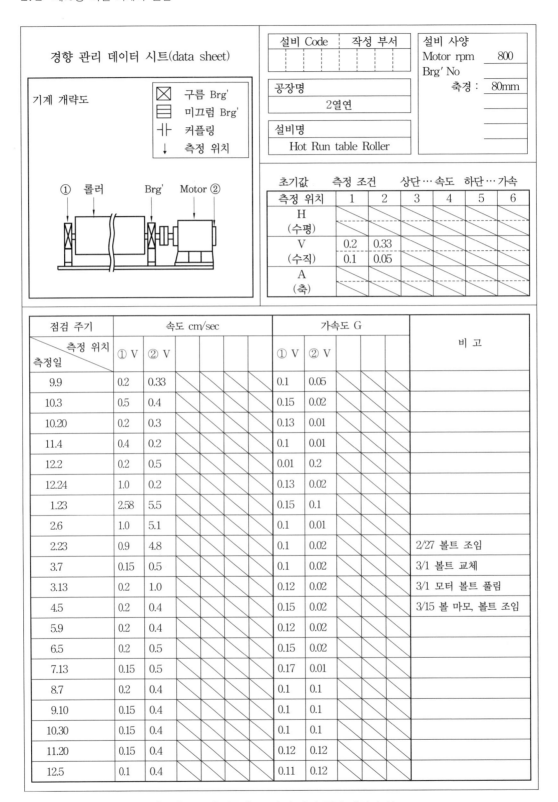

경향 관리 데이터 시트(data sheet)

설비 Code				작성 부서	

기계 개략도

⊠	구름 Brg'
⊞	미끄럼 Brg'
╫	커플링
↓	측정 위치

공장명
2열연

설비명
Hot Run table Roller

설비 사양	
Motor rpm	800
Brg' No	
축경 :	80mm

① 롤러　　　Brg'　Motor ②

초기값　　측정 조건　　상단…속도　하단…가속

측정 위치	1	2	3	4	5	6
H (수평)						
V (수직)	0.2	0.33				
	0.1	0.05				
A (축)						

점검 주기 측정 위치 측정일	속도 cm/sec				가속도 G				비 고
	① V	② V			① V	② V			
9.9	0.2	0.33			0.1	0.05			
10.3	0.5	0.4			0.15	0.02			
10.20	0.2	0.3			0.13	0.01			
11.4	0.4	0.2			0.1	0.01			
12.2	0.2	0.5			0.01	0.2			
12.24	1.0	0.2			0.13	0.02			
1.23	2.58	5.5			0.15	0.1			
2.6	1.0	5.1			0.1	0.01			
2.23	0.9	4.8			0.1	0.02			2/27 볼트 조임
3.7	0.15	0.5			0.1	0.02			3/1 볼트 교체
3.13	0.2	1.0			0.12	0.02			3/1 모터 볼트 풀림
4.5	0.2	0.4			0.15	0.02			3/15 볼 마모, 볼트 조임
5.9	0.2	0.4			0.12	0.02			
6.5	0.2	0.5			0.15	0.02			
7.13	0.15	0.5			0.17	0.01			
8.7	0.2	0.4			0.1	0.1			
9.10	0.15	0.4			0.1	0.1			
10.30	0.15	0.4			0.1	0.1			
11.20	0.15	0.4			0.12	0.12			
12.5	0.1	0.4			0.11	0.12			

[그림 10-15] 롤러(roller)의 간이 진단 데이터 시트

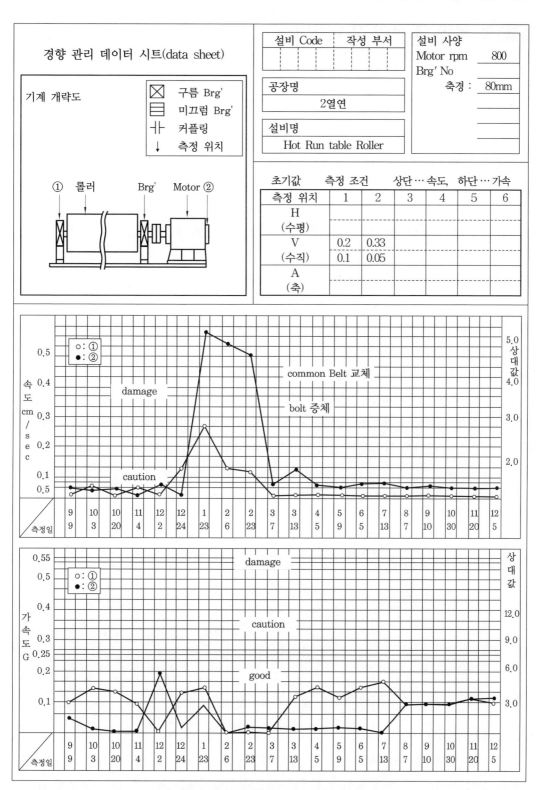

[그림 10-16] 롤러(roller)의 간이 진단 체크 시트

3. 회전 기계의 정밀 진단

3-1 개 요

회전 기계의 정밀 진단 기술은 일반적으로 축이나 로터로부터 발생하는 이상 현상을 대상으로 진단을 실시한다. 주요한 이상 현상으로서는 로터의 언밸런스, 축의 미스얼라인먼트, 굽힘, 풀림 및 자려 진동 등 주로 저주파 영역의 진동 현상을 대상으로 하고 있다. 따라서 정밀 진단은 간이 진단을 설비에 이상이 있다고 판정되었을 경우에 그 원인을 찾아내기 위하여 주파수 분석 등을 통하여 정밀하게 진단하고 분석하는 기술이다.

(1) 진동 분석 방법

정밀 진단에서는 이상 진동 현상을 다양하게 분석할 필요가 있다. 예를 들면 이상 현상이 급격히 발생하였는지 아니면, 과거에 몇 번 발생한 이력이 있는지 등을 검토하여 분석해야 한다. 또한 현재 발생하고 있는 이상 현상을 올바르게 해석하기 위하여 대상 설비의 설계 사양을 정확하게 확인해야 한다.

그리고 난 후에는 발생하고 있는 진동 데이터를 정확하게 획득하여 올바른 분석을 해야 한다. 이 경우 종래는 진동분이라 하면 흔히 주파수 분석을 생각하여 왔지만 주파수 분석 한 가지만으로는 정확한 원인을 찾아낼 수 없는 경우가 있다. 따라서 진동 분석을 위해서는 주파수 분석, 위상 분석, 진동의 방향 분석, 세차 운동 방향 분석 및 진동 형태 분석 등을 종합적으로 실시하여 정확한 진동 발생 원인을 찾아내어야 한다.

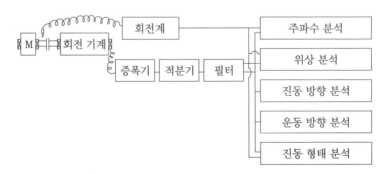

[그림 10-17] 회전 기계의 진동 분석 방법

(가) 주파수 분석

일반적으로 기계에서 발생하는 진동은 진동에서 설명한 것과 같은 단순한 조화 진동이 발생하는 것이 아니라 몇 가지 원인의 진동이 복합되어 발생하는 복잡한 진동 현상이 된다. 언밸런스, 미스얼라인먼트, 굽힘, 베어링 불량 등 각각의 이상 현상들은 다양한 주파수 성분과 진동의 방향 및 위상각을 갖게 되므로 다음과 같은 여러 이상 원인이 조합된 진동파형을 나타내게 된다.

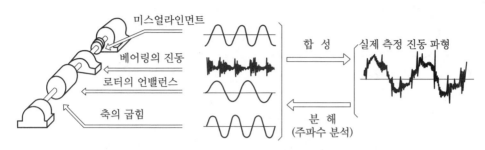

[그림 10-18] 회전 기계에서 발생하는 진동 파형

일반적으로 베어링으로부터 얻어지는 진동 파형은 [그림 10-18]과 유사하게 나타난다. 따라서 이 진동 파형 중에서 어떤 성분이 가장 크게 발생하고 있는가를 찾아낼 필요가 있다. 즉 주파수 분석이란 이와 같이 시간 축의 복합된 파형을 주파수 축으로 변환시켜 각각의 이상 주파수별로 분해한 후 이 중에서 가장 특징적인 주파수를 찾아내어 이 주파수에 해당하는 이상의 원인을 찾아내는 방법이다.

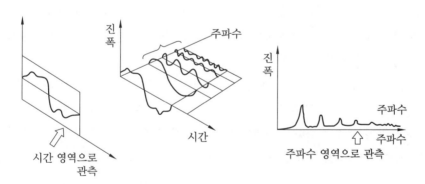

[그림 10-19] 주파수 분석 방법

(나) 위상 분석

위상 분석이란 각 베어링에 발생하는 위상의 형태(pattern)를 보는 방법이다. 여기서 위상이란 축에 표시한 회전 표시(mark)와 '진동의 특징적인 주파수 성분'과의 위상각을 말한다. 즉, [그림 10-20]과 같이 각 베어링 각 위치에 대하여 위상각을 측정하여 기계가 어떠한 움직임으로 진동하고 있는가를 분석하는 방법이다.

① 동기(同期) : 위상이 변하지 않음(강제 진동)
② 비동기(非同期) : 위상이 변함(자려 진동, 기타 진동)

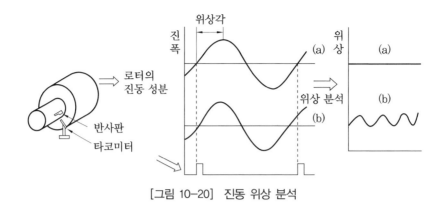

[그림 10-20] 진동 위상 분석

(다) 진동 방향 분석

진동의 이상발생 원인 중에서 어떤 경우에는 특징적인 방향으로 진동을 일으킨다. 따라서 진동이 주로 발생하는 방향을 찾아내는 것도 이상 원인을 밝혀내는 효과적인 방법이라 할 수 있다. 예를 들면 언밸런스의 경우는 수평 방향(H), 풀림의 경우는 수직 방향(V), 미스얼라인먼트의 경우는 축 방향(A)으로 특징적인 진동이 발생한다.

(라) 세차 운동 방향 분석

세차 운동이란 [그림 10-21]과 같이 회전축은 베어링 내부에서 베어링 중심 0에 대하여 회전축 중심 0′가 흔들리며 회전하는 운동을 일으킨다. 즉 [그림 10-21]과 같이 태양이 베어링의 축 중심이 되고 지구가 회전축이 되어 자전은 회전축의 회전이고 공전은 회전축이 흔들리며 도는 현상이 세차 운동에 해당된다.

세차 운동의 방향에는 회전축의 회전 방향에 대하여 같은 방향으로 공전하거나 반대 방향으로 공전하게 된다. 따라서 이 방향을 알아냄으로써 몇 가지 진동 원인을 파악할 수 있다. 단 이 세차 운동의 방향을 측정하기 위해서는 가속도계나 속도계로 측정하는 경우에는 오차 발생이 크므로 축의 변위를 측정할 수 있는 비접촉식 변위계로 측정하여 세차 운동 방향을 알아낸다.

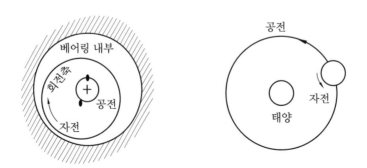

[그림 10-21] 세차 운동의 원리

(마) 진동 형태 분석

주파수 분석이나, 위상 분석, 진동의 방향, 세차 운동의 방향의 측정 등과 함께 진동 형태 분석도 이상 진동의 원인을 찾아내는 중요한 방법의 한 가지이다. 앞의 진동의 종류 중에서 진동의 형태에 근거를 둔 분석 방법이다.

회전 기계가 이상 진동을 수반하면서 회전을 하고 있을 경우 그 회전 기계의 정지 과정에서 진폭이 감쇠되는 궤적으로부터 진동 형태를 판별할 수가 있다. 진동 형태의 진단 순서도 (flow chart)는 [그림 10-22]와 같다.

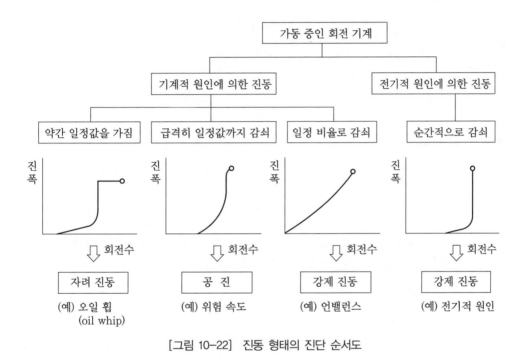

[그림 10-22] 진동 형태의 진단 순서도

주) 진동 형태를 분석하기 위해서는 회전수를 변화시켜 그때의 회전수와 진폭의 관계를 구한다. 회전수를 변화시킬 수 없는 설비는 전원을 차단시켜 회전수의 감소와 함께 진폭이 어떻게 변화하는가를 관찰한다.

(2) 정밀 진단 체크 시트

회전 기계의 이상 원인을 찾아내기 위하여 정밀 진단을 실시할 경우에는 주파수 분석뿐만이 아니라, 위상 분석, 진동 방향 분석, 세차 운동 방향 분석, 진동 형태 분석 등을 종합적으로 실시하여 가장 정확한 이상 원인을 찾아내야 한다.

[표 10-6]에는 이와 같은 각종 분석 결과에 대하여 이상을 추정할 수 있는 체크 시트의 예를 나타내고 있다.

[표 10-6] 회전 기계의 정밀 진단 체크 시트(예)

이상 형태	특징 주파수	주진동 방향	세차 운동 방향	양축수의 위상차
언밸런스(정적 불균형)	f_0	반경 방향	(+)	–
언밸런스(동적 불균형)	f_0	반경 방향	(+)	180°
편심	$f_0, 2f_0, 3f_0$	축 방향	(+)	0° or 180°
축의 굽힘	$f_0, 2f_0, 3f_0$	축 방향	(+)	0
베어링 설치대의 강성이 방향에 따라 다를 경우	f_0	반경 방향	(−)	0
축이 편평하게 되었을 경우	$2f_0$	반경 방향	(+)	0
회전 속도가 주기적으로 변동하는 경우	$(1+v)\,f_0$	반경 방향	(+)	0
기초의 공진	$1/2\ f_0$	반경 방향	(+)	0

(3) 정밀 진단 사례

회전 기계에 대한 정밀 진단을 실시한 후 그 결과를 요약한 사례는 다음과 같다.

정밀 진단 결과		진동 원인	대책
측정일 2010. 1. 30	진단자 최진단	·로터 불균형에 의한 진당 ·위험 속도의 근방에서 운전하기 때문에 약간의 불균형에서도 진동을 발생하기 쉽다.	·필드 밸런싱의 실시 요
설비명 산소 압축기	기계명 전동기		

진단 시의 상황	측정 및 해석 방법		설비 상황도	주요 사양
정기적 수리를 완료 후 시운전시에 정격 회전까지 회전수를 높이면 이상 진동이 발생	사용 측정기 ·회전 기계 진단 장치 ·펄스 발생기 ·X-Y 리코더 ·픽업 4338	해석 방법 ⊗──[신단장치] ⊗──── 1. 생파형의 f분석 2. 진동 형태 분석 3. 위상 분석	전 ⊗⊗ 후	회전수 : 3,600rpm
도시 방법 □ : 구름 Brg′ ↓ : 측정 위치 □ : 미끄럼 Brg′ H : 수평 방향 : 대상물 V : 수직 방향 A : 축 방향				

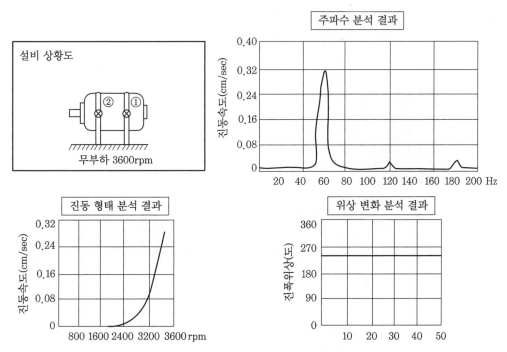

[그림 10-23] 회전 기계에 대한 정밀 진단 실시 후 결과 요약한 사례

3-2 이상 진동 주파수

(1) 개 요

과거 오랜 경력을 갖고 있는 설비 보전 담당자들은 기어 박스 위에 동전을 세워둘 수 있느냐 없느냐로 진동을 판단하였으나 정밀 진단을 위해서는 기계에서 발생하는 진동 파형의 성분을 분석하여 결함과 관련된 성분이 있는지의 조사가 필요하다.

(2) 이상 진동의 발생 원인과 주파수 특성

(가) 언밸런스

언밸런스(unbalance)는 진동의 가장 일반적인 원인으로서 대다수 모든 기계에 약간씩 존재한다. 언밸런스에 의한 진동 특성은 다음과 같다.

① 회전 주파수의 1f 성분의 탁월 주파수가 나타난다.

② 언밸런스량과 회전수가 증가할수록 진동 레벨이 높게 나타난다.

③ 높은 진동의 하모닉 신호로 나타나지만 만약 1f의 하모닉 신호보다 높으면 언밸런스가 아니다.

④ 수평·수직 방향에 최대의 진폭이 발생한다. 그러나 길게 돌출된 로터(rotor)의 경우에는 축 방향에 큰 진폭이 발생하는 경우도 있다.

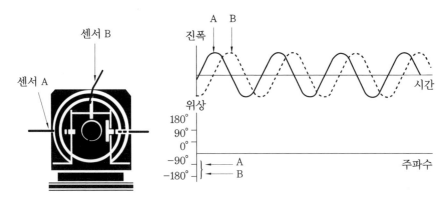

[그림 10-24] 언밸런스의 진동 특성

다음 그림은 회전 기계 진단 장치의 로터에 언밸런스 추를 체결하여 인위적으로 언밸런스를 가한 후 900rpm으로 회전 시 언밸런스 특성을 나타내고 있다.

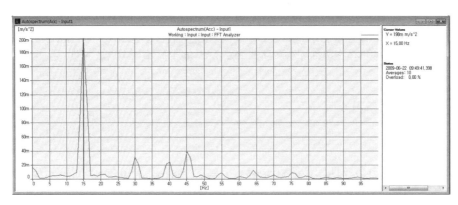

[그림 10-24-1] 언밸런스 특성 그래프(N=900, 1f=15Hz)

(나) 미스얼라인먼트

미스얼라인먼트(misalignment)는 커플링 등에서 서로의 회전 중심선(축심)이 어긋난 상태로서 일반적으로는 정비 후에 발생하는 경우가 많다. 미스얼라인먼트에 의한 진동 특성은 다음과 같다.

① 항상 회전 주파수의 2f 또는 3f의 특성으로 나타난다.

② 높은 축 진동이 발생한다.

어긋난 축이 볼베어링에 의하여 지지된 경우 특성 주파수가 뚜렷이 나타나며, 미스얼라인먼트의 주요 발생 원인은 다음과 같다.

① 휨 축이거나 베어링의 설치가 잘못되었을 경우

② 축 중심이 기계의 중심선에서 어긋났을 경우이다.

따라서 미스얼라인먼트의 측정은 축 방향에 센서를 설치하여 측정되므로 축 진동의 위상
각은 180°가 된다.

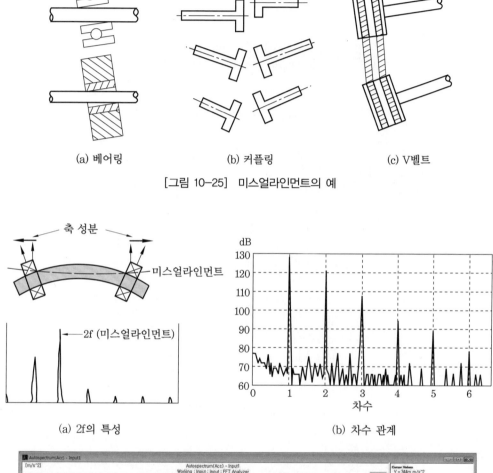

(a) 베어링   (b) 커플링   (c) V벨트

[그림 10-25] 미스얼라인먼트의 예

(a) 2f의 특성   (b) 차수 관계

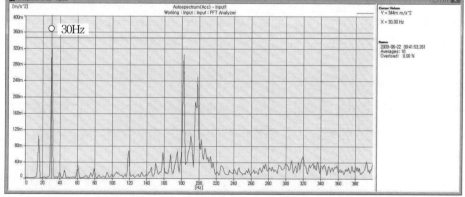

(c) 2f=30Hz의 미스얼라인먼트 특성(900rpm, f=15Hz)

[그림 10-26] 미스얼라인먼트의 진동 특성

(다) 기계적 풀림

기계적 풀림(looseness)은 부적절한 마운드나 베어링의 케이스에서 주로 발생된다. 그 결과 많은 수의 조화 진동 스펙트럼이 나타나며 그 특성은 언밸런스와 같이 회전 결함이므로 진동이 안정되지 않고 충격적인 피크 파형을 볼 수 있다.

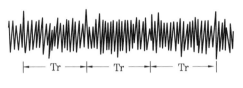

(a) 기계적 풀림 시의 가속도 파형 예

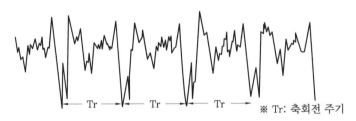

※ Tr: 축회전 주기

(b) 기계적 풀림 시의 속도 파형 예

(c) 속도 파형의 주파수 스펙트럼

[그림 10-27]   기계적 풀림 시 진동 파형

회전 기계에서는 기계적 풀림의 존재에 따라 축 떨림이 생기고 1회전 중의 특정 방향으로 크게 변하므로 축의 회전 주파수 f와 그 고주파 성분(2f, 3f, 4f…) 또는 분수 주파수 성분 (1/2f, 1/3f, 1/4f……)이 나타난다.

(라) 편 심

편심에 의한 진동은 로터의 기하학적 중심과 실체의 회전 중심이 일치하지 않을 경우 발생한다. 진동 특성은 언밸런스와 같고 중심의 한쪽이 다른 쪽보다 무거워진다.

① 베어링의 편심

[그림 10-28]의 (a)와 같이 베어링에 편심이 있는 경우 축 또는 로터에 언밸런스로 되어 진동이 발생한다. 그러나 로터의 언밸런스를 수정함에 따라 진동을 감소시킬 수 있다. 즉 베어링의 편심을 로터의 언밸런스로 수정하는 것이다. 그러나 실제 밸런싱 작업에 있어서

중요한 것은 베어링과 축의 상호 관계 위치를 일정하게 해 두어야 한다. 그렇지 않으면 베어링의 편심에 언밸런스가 합해지는 상태가 되어 더욱 악화된다.

② 기어의 편심

[그림 10-28]의 (b)와 같이 기어에 편심이 있는 경우 축에 고정된 기어가 편심량에 의하여 회전시 반동력에 의해서 큰 진동이 발생한다. 결국 물려있는 2개의 기어 중심선을 연결한 방향에 편심으로 된 기어의 회전수와 같은 주파수로 벨트 방향에 진동이 발생한다.

③ 아마추어의 편심

[그림 10-28]의 (d)와 같이 아마추어(amateur)에 편심이 있는 경우 아마추어 자체의 기계적 밸런스는 잡혀 있어도 모터의 극(motor pole)과 편심이 되어 아마추어와 고정자(stator)사이에 회전수와 같은 주파수로 진동이 발생한다. 또한 모터의 부하가 증가하면 자력도 증가하여 진동도 증가한다. 이것을 점검하기 위해서는 모터에 부하를 준 상태에서 주파수 분석기의 필터를 없애고 진동을 측정한다. 진동 측정 시 모터의 전원을 차단했을 때 모터에서 발생하는 진폭이 어떻게 변화하는가를 관찰하여 즉시 소멸하면 전기적인 원인과 아마추어의 편심이고, 서서히 감소하면 언밸런스로 판정한다. 이 두 원인의 차이는 뚜렷하므로 여기서 중요한 것은 진단 시 필터를 제거하고 측정해야 한다.

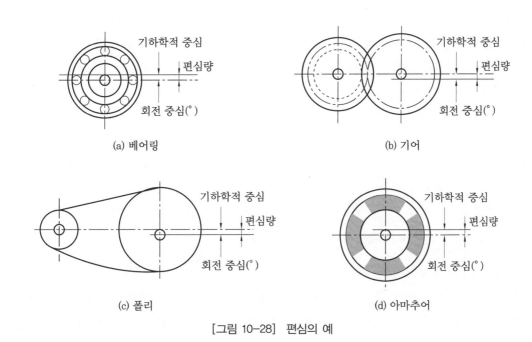

[그림 10-28] 편심의 예

(마) 슬리브 베어링(sleeve bearing)

① 진동 원인

축과 틈새의 과대한 마모나 기계적 헐거움 및 윤활유 관계의 문제 등이다.

② 틈새 과다에 의한 진동

틈새가 큰 미끄럼 베어링은 기계적 헐거움이 원인이 되어 작은 양의 언밸런스, 미스얼라 인먼트 및 기타 진동의 원인이 된다. 이 경우 베어링 메탈은 실질적인 원인이 아니고 틈새 가 정상적인 경우와 비교하여 보다 많은 진동의 발생을 허용하게 된다.

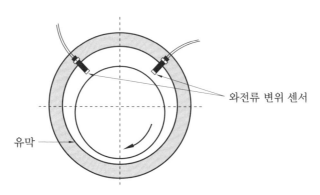

와전류 변위 센서

유막

[그림 10-29] 오일 휠(oil whirl) 현상

③ 오일 휠

오일 휠(oil whirl)은 강제 윤활을 하고 있는 메탈에서 발생하는 트러블로서 비교적 고속 운전하는 기계에 발생한다. 오일 휠에 의한 진동은 1/2f보다 약간 적은 (0.45~0.48)f의 주 파수로 검출된다. 축은 보통 조금 떠 있는데 그 정도는 회전수, 로터의 무게 및 윤활유의 점 도, 압력에 의해 좌우된다. 메탈의 중심에 대하여 편심된 상태로 회전하고 있는 축은 오일 을 쐐기와 같이 끌어넣어 그 결과로 가압된 축의 하중을 받아 유막이 된다.

이때 외부에서의 충격 하중 등이 일시적인 현상으로 균형 상태가 무너지면 축의 이동으로 빈 공간(space)에 남아 있던 오일이 즉시 보내져 유막의 하중 압력이 증가한다. 유막으로 인하여 발달된 힘에 의해 축은 메탈에 따라 빙글빙글 돌아가는 결과가 되어 회전 중 감소되 어지는 힘이 작용하지 않는 한 돌아가는 것이 계속된다. 이와 같은 현상을 오일 휠(oil whirl)이라 한다. 오일 휠 현상의 대책으로는 윤활유의 점도나 압력을 변화시키는 방법과 회전수나 로터의 중량을 변화시켜 보는 방법이 있다.

(바) 공진

공진(resonance) 현상이란 고유 진동수와 강제 진동수가 일치할 경우 진폭이 크게 발생 하는 현상이다. 기계가 갖고 있는 고유 진동수와 일치하는 강제 진동을 가하게 되면 공진이 발생하여 큰 진동이 발생된다. 이와 같은 공진 발생을 제거하는 방법은 다음과 같다.

① 우발력의 주파수를 기계의 고유 진동수와 다르게 한다(회전수 변경).

② 기계의 강성과 질량을 바꾸고 고유 진동수를 변화시킨다(보강 등).

③ 우발력을 없앤다.

(사) 유체의 진동

오일, 공기, 물 등의 유체를 취급하는 기계에서는 임펠러(impeller)나 깃(blade)이 유체를 두들기며 그 반동력에 의해 진동·소음이 발생된다. 이 진동은 임펠러나 깃의 날개수×회전수의 주파수에서 발생되므로 다른 것과 구별이 쉽다. 캐비테이션(cavitation), 재순환, 난류 등에 의한 진동 특성은 일반적으로 유사하며 모두 대단히 불규칙적이고 주파수나 진폭에 특징이 없다.

(아) 울림

기계의 고장부와 회전부의 울림에 의해 발생하는 진동이 1f(2f)로 나타난다. 만약 울림(rubbing)이 연속적으로 발생하면 진동의 원인이 되지 않으나 마찰이 시스템의 고유 진동수를 유발하게 하여 높은 주파수의 소음을 발생하게 된다.

(자) 상호 간섭

2개 이상의 다른 진동·소음이 발생하는 경우 상호 간섭이 없어도 진폭과 주파수가 항상 변하는 경우가 있다. 상호 간섭에 의한 맥타(beats) 진동은 2개 또는 구 이상의 다른 주파수로 규칙적으로 간섭에 따라 발생한다. 맥타에 의한 소음과 병행한 진동은 2대 또는 그 이상의 독립된 기계가 관계할 때 발생한다.

3-3 이상 진동의 파형 분석

정밀 진단의 기본적인 방법은 진동 파형의 성분을 분해하여 결함과 관련된 성분이 있는지를 조사하는 것이다. 이 진동 파형의 분석 절차는 [그림 10-30]에 나타내었다.

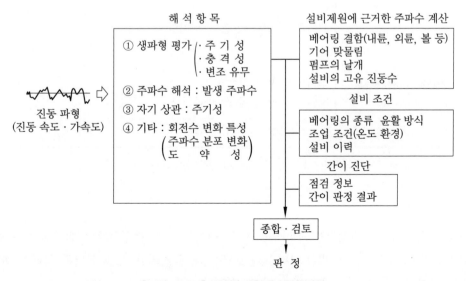

[그림 10-30] 진동 파형의 분석 절차

정밀 진단 기법으로 널리 사용되는 파형 분석에는 생파형 평가법과 주파수 분석법이 있으며 생파형 평가법은 측정파형 그 자체에서 이상 특징을 볼 수 있는 것으로 익숙해지면 의외로 간편한 방법이다. [그림 10-31]에는 진동 진단에 잘 나타난 파형의 예를 나타낸 것이다.

주파수 분석은 주파수 스펙트럼에서 이상내용을 판단하는 것으로 [그림 10-31]로 이해할 수 있지만 명료한 주파수 분석 자료를 얻기 위해서는 필터링 처리와 포락선(envelope) 처리와 같은 신호 처리 기술이 요구된다.

	생 파 형	내 용	주파수 분석
1	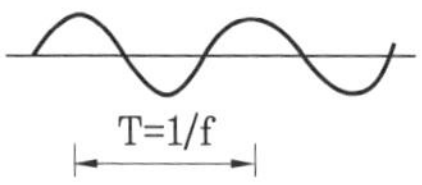 T=1/f	회전축의 단진동에 가까운 파형이 파형의 존재는 이상은 아니지만, 플로워, 팬 등에서는 언밸런스 발생 시에 잘 볼 수 있다.	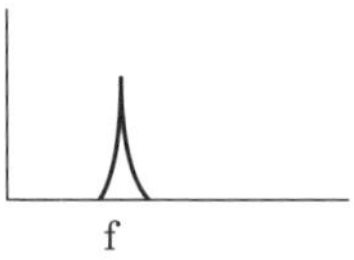 f
2	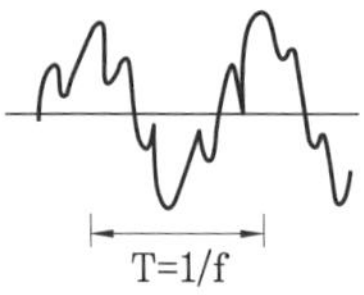 T=1/f	회전축의 주기로 한 파형 중 작은 凹 凸이 볼 수 있는 파형, 언밸런스, 미스얼라인먼트, 크게 열화된 베어링 이상 등으로 볼 수 있다.	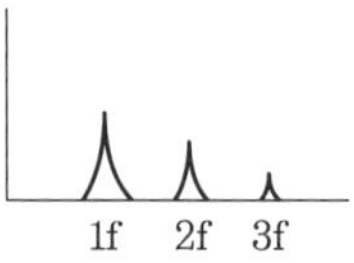 1f 2f 3f
3	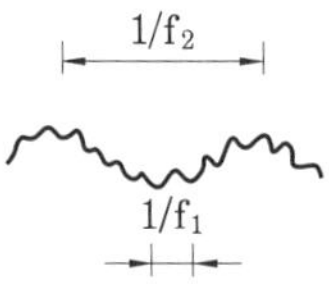 1/f_2, 1/f_1	터빈의 임펠러 등의 주파수(f_2)가 회전 주파수 (f_2)와 합성된 파형. 축의 편심 등에서 볼 수 있다.	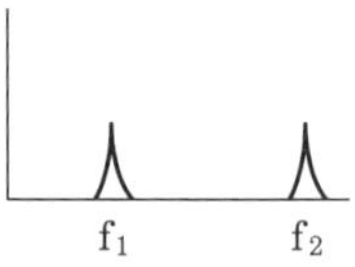 f_1 f_2
4	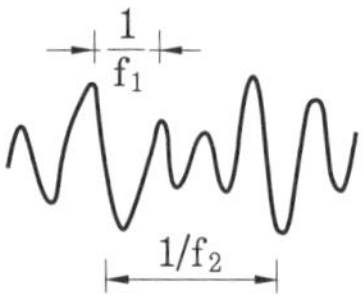 $\frac{1}{f_1}$, 1/f_2	주파수 f_1이 주파수 f_2에 진폭 변조를 받은 파형. f_1 또는 f_2의 충격 주파수에 대응한 내용의 이상 발생 시에서 볼 수 있다. 기어의 미스얼라인먼트, 베어링 이상 등.	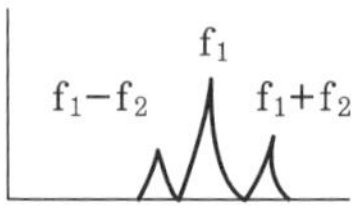 f_1-f_2 f_1 f_1+f_2
5	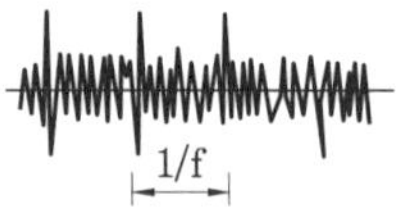 1/f	주기적인 충격 피크를 볼 수 있는 파형. 베어링 이상 등에 잘 나타난다.	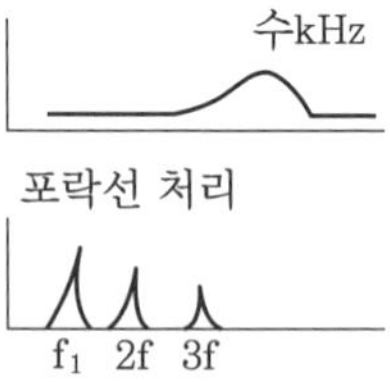 수kHz 포락선 처리 f_1 2f 3f

[그림 10-31] 설비 이상 시 발생되는 파형의 예

(1) 필터링 처리

회전 기계의 이상 시 발생하는 주파수는 이상 내용에 따라 특징적으로 발생하는 주파수 대역이 다르므로 해당되는 주파수 범위의 신호만을 꺼내 처리한 것을 필터링 처리라 한다. 필터링 처리로는 각종 타입이 있지만 자주 사용되는 것은 하이패스 필터, 밴드패스 필터,

로패스 필터가 있다. [그림 10-32]는 필터의 기능과 처리 예를 나타낸 것이다.

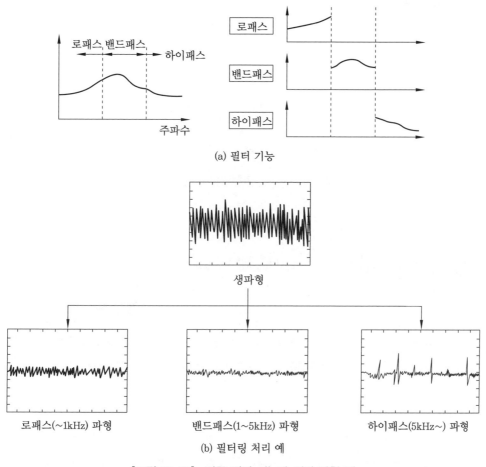

(a) 필터 기능

생파형

로패스(~1kHz) 파형   밴드패스(1~5kHz) 파형   하이패스(5kHz~) 파형

(b) 필터링 처리 예

[그림 10-32] 각종 필터 기능과 처리 파형 예

(2) 포락선 처리

포락선(envelope) 처리는 베어링의 결함 등을 검출할 때 사용되는 것으로 [그림 10-33]
에 처리 방법을 나타내고 있다. 예를 들면 베어링의 외륜에 결함이 있는 경우 볼이 이 위를
통과할 때 충격 진동이 발생한다.

또한, 내륜이나 외륜에 결함이 있는 경우 [그림 10-33]의 (a)와 같이 주기가 T_o(sec)인
피크 파형을 관찰할 수 있다. 이 주파수 성분은 고유 진동수(수kHz) 부근이 가장 활발한 형
식이지만, 외륜 결함으로 단정할 수는 없다.

따라서 (b)의 점선에 표시한 파형 (c)로 변환하는 기법을 포락선(envelope)처리라 하며,
주파수를 분석하면 외륜 결함 주파수인 $\left(\dfrac{1}{T_o}\right)$을 기본 주파수로 하는 스펙트럼의 예를 볼
수 있다.

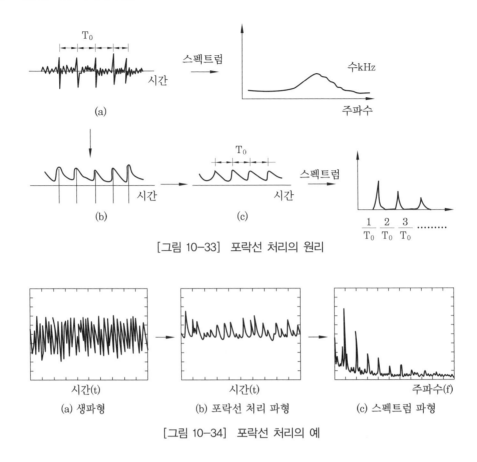

[그림 10-33] 포락선 처리의 원리

[그림 10-34] 포락선 처리의 예

(3) 상관 함수

상관 함수(correlation function)는 시간에 묻혀 잘 나타나지 않는 주기 신호(특정 주파수)의 존재 확인과 구조물을 통하는 진동 전파 경로 확인 및 진동원 탐지 등 시스템 분석 시 사용되는 시간 영역의 해석 기법으로서 자기 상관 함수와 상호 상관 함수로 구분된다. [그림 10-35]는 자기 상관 함수에 따라 베어링의 결함을 판정한 사례를 나타낸 것이다. 이 방법은 경우에 따라서는 주파수법에 따라서도 명료하며, 결함의 검출이 가능하다.

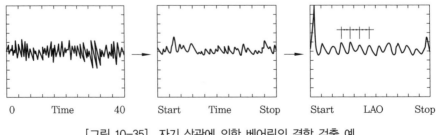

[그림 10-35] 자기 상관에 의한 베어링의 결함 검출 예

3-4　종합적 판정법

　회전 기계의 진단에서 어떤 기준만으로 명확히 판정하는 경우보다는 점검에 대한 정보, 간이 진단 및 정밀 진단 등의 결과를 종합적으로 검토하여 판정을 내리는 것이 통례이다.

　설비는 그 사용될 조건이나 환경에 따라 다른 특성을 갖게 된다. 설비 진단 기술을 도입하여 운용을 개시한 초기 단계에서 꼭 직면하는 문제가 설비가 갖는 특유의 특성이 문제이므로 설비의 이상 원인을 정확히 판단하기 위해서는 경험적인 요소도 매우 중요하다.

[표 10-7]　종합 판정을 위한 항목

구 분	항 목	내 용
점검 정보	1. 음의 종류 2. 음의 성격 3. 손의 감각	1. 연속적, 간헐적 2. 음의 충격성 유무 3. 정상, 주의, 한계
간이 진단	1. 간이 판정 결과 2. 증가 주파수 대역 3. 진동 증가 경향 4. 파고율(CF) 5. 진동 증가 방향	1. 변위, 속도, 가속도의 데이터 2. 완만, 급격 3. 안정, 불안정 4. 수평, 수직, 축 방향 5. 대, 소
파형 평가	1. 충격성 2. 변 조 3. 주기성 4. 진동 증가 방향	1. 충격성 유무 2. 변조 유무 3. 주기성 유무(시간 주기) 4. 기본 회전 주파수, 고주파
정밀 진단	1. 회전차수 분포 2. 이상 주파수의 존재	1. 분수 주파수 존재와 그 명료성 2. f_z, f_o, f_i, f_b의 유무
기 타	1. 점검 관련 정보 2. 유분석 정보 3. 설비 이력 정보	1. 최근 정비의 유무 2. 유중 금속 마모분 등의 유무 3. 과거 고장 정보

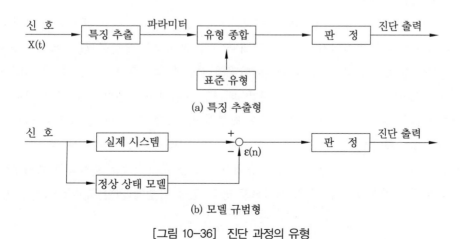

(a) 특징 추출형

(b) 모델 규범형

[그림 10-36]　진단 과정의 유형

■ 4. 구름 베어링의 진단

4-1 구름 베어링의 회전 기구

구름 베어링(rolling bearing)은 회전하는 전동체의 요소의 형상에 따라 볼 베어링, 원통 롤러 베어링, 원뿔 롤러 베어링 및 니들 베어링으로 분류된다. 이와 같은 구름 베어링은 지지할 수 있는 하중의 방향에 따라 레이디얼 베어링, 스러스트 베어링 및 앵귤러 콘텍트 베어링으로 분류된다. 구름 베어링의 구성은 일반적으로 내륜(inner ring), 외륜(outer ring), 전동체(ball or roller) 및 케이지(cage)로 이루어진다. [그림 10-37]은 구름 베어링의 종류를 나타내고 있다.

(a) 레이디얼 볼 베어링　　　　　　　(b) 트러스트 볼 베어링

[그림 10-37] 구름 베어링의 종류

4-2 구름 베어링의 특성 주파수 계산식

(1) 구름 베어링의 진동

구름 베어링의 진동은 작은 결함에 기인하며, 오버올(overall) 진동 레벨의 변화는 결함 초기 단계에서는 실제 발견되지 않는다. 그러나 구름 베어링의 유일한 진동 특성은 올바른 센서의 사용과 분석을 통하여 해석된다. 베어링의 결함에 따른 특성 주파수는 베어링의 중력과 회전 속도에 의하여 결함으로 결정된다. 베어링에 결함이 발생한 경우 볼(ball)이 결함 부위를 통과함에 따라 주기적인 충격 진동이 발생하며, 그 주기는 베어링의 결함 발생 유형 (내륜, 외륜, 볼, 케이지)에 따라 다르므로 결함에 의한 충격 진동 주파수를 검출하여 결함 발생 유형을 추정할 수 있다. 베어링에서 발생하는 진동 주파수에는 회전축의 설치 상태와 관련된 축의 회전 주파수, 베어링의 결함으로 충격 진동 발생에 의한 통과(pass) 주파수가 있다.

(2) 베어링의 특성 주파수

구름 베어링의 경우 외륜을 고정하고 내륜이 회전축과 함께 회전할 때, 궤도륜(내륜 또는 외륜)과 전동체 사이에 미끄럼이 없고 각부의 변형이 없다고 가정하면 기하학적 조건에 의하여 축이 회전함에 따라 다음과 같은 베어링의 진동 특성 주파수가 발생한다.

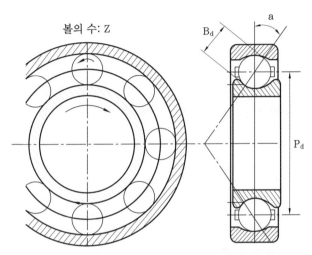

[그림 10-38]　볼 베어링의 특성 주파수 파라미터

[그림 10-38]의 볼 베어링이 N(rpm)으로 회전할 경우 축의 회전 진동 주파수를 f(Hz)라 하면 구름 베어링에서 발생할 수 있는 특성 주파수를 나타내고 있다. 단, 궤도륜과 전동체 사이에는 미끄럼 접촉이 없고 레이디얼 하중과 스러스트 하중을 받았을 때 각부의 변형은 없다고 가정한다.

- 축의 회전수 : N(rpm)
- 축의 회전 주파수 : f(Hz), $(f = N/60)$
- 볼의 수 : Z
- 볼의 지름 : B_d(mm)
- 볼의 피치원 지름 : P_d(mm)
- 볼의 접촉각 : $\alpha(°)$

① 내륜 결함 주파수(ball pass frequency inner ring) : 내륜의 1점이 1개의 전동체와 접촉하는 주파수

$$\text{BPFI } f_i = \frac{f}{2} Z[1 + \frac{B_d}{P_d} cos\alpha]$$

② 외륜 결함 주파수(ball pass frequency outer ring) : 외륜의 1점이 1개의 전동체와 접

촉하는 주파수

$$\text{BPFO } f_o = \frac{f}{2}Z[1 - \frac{B_d}{P_d}cos\alpha]$$

③ 볼의 결함 주파수(ball defect frequency) : 결함이 있는 전동체의 1점이 내륜 또는 외륜과 접촉하는 주파수

$$\text{BDF } f_{bd} = \frac{P_d}{B_d}f[1 - (\frac{B_d}{P_d})^2 cos^2\alpha]$$

④ 볼의 자전 주파수(ball spin frequency) : 전동체의 1점이 내륜 또는 외륜과 접촉하는 주파수

$$\text{BSF } f_{bs} = \frac{P_d}{2B_d}f[1 - (\frac{B_d}{P_d})^2 cos^2\alpha] = \frac{f_{bd}}{2}$$

⑤ 내륜 회전 시 케이지 결함 주파수(fundamental train frequency inner ring) : 외륜 고정, 내륜 회전 시 외륜의 케이지 결함 주파수

$$\text{FTFI } f_{ci} = \frac{f}{2}[1 - \frac{B_d}{P_d}cos\alpha] = \frac{f_o}{Z}$$

⑥ 외륜 회전 시 케이지 결함 주파수(fundamental train frequency outer ring) : 내륜 고정, 외륜 회전 시 내륜의 케이지 결함 주파수

$$\text{FTFO } f_{co} = \frac{f}{2}[1 + \frac{B_d}{P_d}cos\alpha] = \frac{f_i}{Z}$$

일반적으로 볼의 접촉각α는 깊은 홈형 볼 베어링의 경우 $\alpha = 0°$이며, 트러스트 볼 베어링의 경우 $\alpha = 90°$가 된다. 또 전동체(볼, 롤러) 지름과 피치원 지름과의 비(B_d/P_d)는 깊은 홈형 볼 베어링에서 B_d/P_d는 약 1/4 정도이다.

[표 10-8] 볼 베어링의 설계 치수

호칭 번호	볼수 Z	볼 지름 B_d(mm)	피치원 지름 P_d(mm)	볼 지름 B_d(inch)	외륜 (mm)	내륜 (mm)
608	7	3.9680	15.0	5/32	22	8
6200	8	4.7625	20.5	3/16	30	10
6201	7	5.9531	22.0	15/64	32	12

6202	8	5.9531	25.5	15/64	35	15
6203	8	6.7469	29.0	17/64	40	17
6303	7	8.7313	33.0	11/32	47	17
6204	8	7.9375	34.5	5/16	47	20
6205	9	7.9375	39.0	5/16	52	25
6006	11	7.1438	43.0	9/32	55	30
6206	9	9.5250	46.5	3/8	62	30
6306	8	11.9063	51.5	15/32	72	30
6207	9	11.1125	54.0	7/16	72	35
6208	9	11.9063	60.5	15/32	80	40
6209	9	12.7000	65.0	1/2	85	45
6210	10	12.7000	70.5	1/2	90	50

(3) 볼 베어링의 특성 주파수 계산

베어링의 정밀 진단을 위해서는 베어링에서 발생하는 특성 주파수의 계산이 선행되어야 한다. 그러나 국내외에서 생산되는 베어링의 제조 회사에서는 이와 같이 베어링의 특성 주파수 계산에 필요한 베어링의 치수(Z, B_d, P_d, α)를 공개하지 않고 있는 실정이다. 본 교재에서는 그동안 베어링을 분해하여 측정하고 수집한 자료를 [표 10-8]에 나타내었다.

베어링의 호칭 6206인 볼 베어링이 1,800rpm으로 회전할 경우 베어링에서 발생할 수 있는 진동 특성 주파수를 계산한다. 베어링의 진동 성분은 [표 10-8]에 의하여 다음과 같이 계산된다.

- 축의 회전수 : $N = 1800\,(\text{rpm})$
- 축의 회전 주파수 : $f = N/60 = 1800/60 = 30\,(\text{Hz})$
- 볼의 수 : $Z = 9$
- 볼의 지름 : $B_d = 9.525\,(\text{mm})$
- 볼의 피치원 지름 : $P_d = 46.5\,(\text{mm})$
- 볼의 접촉각 : $\alpha = 0\,(°)$

① 내륜 결함 주파수(BPFI)

$$\text{BPFI } f_i = \frac{f}{2}Z\left[1 + \frac{B_d}{P_d}\cos\alpha\right] = \frac{30}{2}9\left[1 + \frac{9.525}{46.5}\cos0\right] = 162.7\text{Hz}$$

② 외륜 결함 주파수(BPFO)

$$\text{BPFO} \quad f_o = \frac{f}{2} Z [1 - \frac{B_d}{P_d} cos\alpha] = \frac{30}{2} 9 [1 - \frac{9.525}{46.5} cos0] = 107.3\text{Hz}$$

③ 볼의 결함 주파수

$$\text{BDF} \quad f_{bd} = \frac{P_d}{B_d} f [1 - (\frac{B_d}{P_d})^2 cos^2\alpha] = \frac{46.5}{9.525} f [1 - (\frac{9.525}{46.5})^2 cos^2 0] = 140.3\text{Hz}$$

④ 볼의 자전 주파수(BSF)

$$\text{BSF} \quad f_{bs} = \frac{P_d}{2B_d} f [1 - (\frac{B_d}{P_d})^2 cos^2\alpha] = \frac{46.5}{2 \times 9.525} 30 [1 - (\frac{9.525}{46.5})^2 cos^2 0] = 70.15\text{Hz}$$

⑤ 내륜 회전 시 케이지 결함 주파수(FTFI)

$$\text{FTFI} \quad f_{ci} = \frac{f}{2} [1 - \frac{B_d}{P_d} cos\alpha] = \frac{30}{2} [1 - \frac{9.525}{46.5} cos0] = 11.93\text{Hz}$$

⑥ 외륜 회전 시 케이지 결함 주파수(FTFO)

$$\text{FTFO} \quad f_{co} = \frac{f}{2} [1 + \frac{B_d}{P_d} cos\alpha] = \frac{30}{2} [1 + \frac{9.525}{46.5} cos0] = 18.07\text{H}$$

(4) 볼 베어링의 진동 주파수의 근사식

베어링의 치수(B_d, P_d, α)를 알 수 없고 볼의 수만 알고 있는 경우 베어링의 내륜과 외륜의 진동 주파수는 축의 회전 주파수에 볼의 수를 곱한 값에 각각 60%와 40%를 곱하여 구할 수 있다.

예를 들면,

N=1800rpm, 볼의 수 Z=9개인 6206 베어링의 진동 주파수는

① 내륜 결함 주파수(BPFI)

$$f_i = \frac{N}{60} \times Z \times 0.6 = \frac{1800}{60} \times 9 \times 0.6 = 162\text{Hz}$$

② 외륜 결함 주파수(BPFO)

$$f_o = \frac{N}{60} \times Z \times 0.4 = \frac{1800}{60} \times 9 \times 0.4 = 108\text{Hz}$$

이 근사법은 베어링 특성 주파수 계산 값(162.7Hz, 107.3Hz)과 거의 일치함을 알 수 있다. 이 근사법이 가능한 이유는 볼의 피치원 지름에 대한 볼의 지름비가 볼 베어링에 관계되는 정수 값이기 때문이다.

[표 10-9]는 6계열 베어링의 외륜이 고정되고 내륜이 1800rpm으로 회전할 경우 특성 주파수를 비교하여 나타내고 있다.

[표 10-9] 볼 베어링의 특성 주파수 비교(N=1800rpm) (단위 : Hz)

호칭 번호	볼수 Z	볼 지름 B_d(mm)	피치원 지름 P_d(mm)	내륜 결함 (BPFI)	외륜 결함 (BPFO)	볼의 결함 (BDF)	케이지 결함 (FTFI)
6006	11	7.1438	43.0	192.6	137.2	174.3	12.49
6206	9	9.5250	46.5	162.7	107.3	140.3	11.93
6306	8	11.9063	51.5	147.5	92.52	124.2	11.57

[표 10-9]는 NSK 베어링에서 제공하는 베어링의 특성 주파수 계산값을 나타내고 있다. 표에서는 베어링의 외륜이 고정되고 축이 내륜과 함께 1800rpm으로 회전하는 경우 6계열의 볼 베어링에 대한 특성 주파수의 계산값이다.

4-3 구름 베어링에서 발생하는 진동 특성

구름 베어링에서 발생하는 진동은 다음의 4종류의 진동이 있다.
① 베어링의 구조에 기인하는 진동
② 베어링의 비선 형성에 의하여 발생하는 진동
③ 다듬면의 굴곡에 의한 진동
④ 베어링의 손상에 의하여 발생하는 진동
여기서 베어링의 구조, 비선형 및 다듬면의 굴곡에 의한 진동은 저주파 진동으로 발생되지만 베어링의 손상에 의하여 발생되는 진동은 [표 10-9]에 나타난 특성 주파수의 n(1~8)배로 높은 주파수의 진동이 발생한다. 이러한 진동의 원인 및 주파수 등에 대하여 종합하면 [표 10-10]~[표 10-13]과 같다.

[표 10-9(a)] NSK 볼 베어링의 특성 주파수(1)

(N=1800rpm)

베어링 호칭 번호	회전수(N)		베어링의 특성 주파수							
	내륜	외륜	내륜 결함 주파수 (BPFI)		외륜 결함 주파수 (BPFO)		볼 결함 주파수 (BDF)		케이지 결함 주파수 (FTF)	
	rpm	rpm	Hz	(cpm)	Hz	(cpm)	Hz	(cpm)	Hz	(cpm)
601X	1800	0	117.7	(7061)	62.31	(3739)	88.26	(5296)	10.39	(623.2)
602	1800	0	131.5	(7891)	78.48	(4709)	111.2	(6671)	11.21	(672.7)
602X	1800	0	117.2	(7033)	62.79	(3767)	90.12	(5407)	10.46	(627.8)
603	1800	0	113.8	(6829)	66.18	(3971)	105.4	(6325)	11.03	(661.9)
604	1800	0	133	(7978)	77.04	(4622)	104.7	(6280)	11	(660.2)
605	1800	0	131.3	(7879)	78.69	(4721)	112.2	(6730)	11.24	(674.5)
606	1800	0	117.9	(7072)	62.13	(3728)	87.57	(5254)	10.35	(621.2)
607	1800	0	115.2	(6912)	64.8	(3888)	98.73	(5924)	10.8	(648)
608	1800	0	132.8	(7967)	77.22	(4633)	105.5	(6327)	11.03	(661.9)
609	1800	0	130.3	(7816)	79.74	(4784)	117.5	(7051)	11.39	(683.5)
6000	1800	0	132.8	(7967)	77.22	(4633)	105.5	(6327)	11.03	(661.9)
6001	1800	0	148.6	(8914)	91.44	(5486)	118.9	(7132)	11.43	(685.8)
6002	1800	0	162.4	(9742)	107.6	(6458)	142	(8518)	11.96	(717.7)
6003	1800	0	177.5	(10650)	122.5	(7351)	158.3	(9499)	12.25	(735.1)
6004	1800	0	162.7	(9760)	107.3	(6440)	140.3	(8419)	11.93	(715.7)
60/22	1800	0	162	(9718)	108	(6482)	144.2	(8654)	12.01	(720.4)
6005	1800	0	176.8	(10610)	123.2	(7391)	162.4	(9742)	12.32	(739.1)
60/28	1800	0	176.8	(10610)	123.2	(7393)	162.6	(9758)	12.32	(739.3)
6006	1800	0	192.6	(11560)	137.4	(8244)	174.3	(10460)	12.49	(749.3)
60/32	1800	0	176.5	(10590)	123.5	(7412)	164.8	(9887)	12.35	(741.2)
6007	1800	0	192	(11520)	138	(8280)	178.4	(10700)	12.55	(752.8)
6008	1800	0	206.2	(12370)	153.8	(9227)	201.6	(12100)	12.82	(769)
6009	1800	0	222.9	(13370)	167.1	(10030)	205.3	(12320)	12.85	(771.1)
6010	1800	0	237.8	(14270)	182.2	(10930)	222.8	(13370)	13.02	(781)
6011	1800	0	222.8	(13370)	167.3	(10040)	206.5	(12390)	12.86	(771.8)
6012	1800	0	238	(14280)	182	(10920)	221.3	(13280)	13	(780.1)
6013	1800	0	253.1	(15190)	196.9	(11810)	236.1	(14170)	13.13	(787.5)
6014	1800	0	237.8	(14270)	182.2	(10930)	222.8	(13370)	13.02	(781)
6015	1800	0	253.2	(15190)	196.8	(11810)	235.6	(14140)	13.12	(787.1)
6016	1800	0	237.7	(14260)	182.3	(10940)	223.9	(13440)	13.03	(781.6)
6017	1800	0	253.2	(15190)	196.8	(11810)	235.2	(14110)	13.12	(787)
6018	1800	0	237.5	(14250)	182.5	(10950)	224.8	(13490)	13.03	(781.9)
6019	1800	0	252.9	(15180)	197.1	(11820)	238	(14280)	13.14	(788.2)
6020	1800	0	252.2	(15130)	197.9	(11870)	245	(14700)	13.19	(791.5)

[표 10-9(b)] NSK 볼 베어링의 특성 주파수(2)

(N=1800rpm)

베어링 호칭 번호	회전수(N)		베어링의 특성 주파수							
	내륜	외륜	내륜 결함 주파수 (BPFI)		외륜 결함 주파수 (BPFO)		볼 결함 주파수 (BDF)		케이지 결함 주파수 (FTF)	
	rpm	rpm	Hz	(cpm)	Hz	(cpm)	Hz	(cpm)	Hz	(cpm)
623	1800	0	133.1	(7985)	76.92	(4615)	104.2	(6251)	10.99	(659.3)
624	1800	0	133.7	(8024)	76.26	(4576)	101.4	(6084)	10.9	(653.8)
625	1800	0	132.8	(7967)	77.22	(4633)	105.5	(6327)	11.03	(661.9)
626	1800	0	115.2	(6912)	64.8	(3888)	98.73	(5924)	10.8	(648)
627	1800	0	132.8	(7967)	77.22	(4633)	105.5	(6327)	11.03	(661.9)
628	1800	0	130.3	(7816)	79.74	(4784)	117.5	(7051)	11.39	(683.5)
629	1800	0	132.8	(7967)	77.22	(4633)	105.5	(6327)	11.03	(661.9)
6200	1800	0	147.9	(8872)	92.13	(5528)	122.2	(7331)	11.52	(691)
6201	1800	0	133.4	(8005)	76.59	(4595)	102.8	(6165)	10.94	(656.5)
6202	1800	0	148	(8881)	91.98	(5519)	121.5	(7290)	11.5	(689.9)
6203	1800	0	147.9	(8876)	92.07	(5524)	122	(7319)	11.51	(690.7)
6204	1800	0	148.4	(8906)	91.56	(5494)	119.5	(7169)	11.45	(686.7)
62/22	1800	0	146.1	(8766)	93.9	(5634)	131.4	(7886)	11.74	(704.3)
6205	1800	0	162.5	(9749)	107.5	(6451)	141.3	(8478)	11.95	(716.8)
62/28	1800	0	162.4	(9745)	107.6	(6455)	141.7	(8500)	11.96	(717.3)
6206	1800	0	162.7	(9760)	107.3	(6440)	140.3	(8419)	11.93	(715.7)
62/32	1800	0	145.5	(8732)	94.47	(5668)	134.6	(8077)	11.81	(708.5)
6207	1800	0	163.1	(9783)	107	(6417)	138.2	(8293)	11.88	(713)
6208	1800	0	168.1	(10086)	108.2	(6493)	1452	(8714)	12.02	(721.4)
6209	1800	0	177.5	(10650)	122.5	(7351)	158.3	(9497)	12.25	(735.1)
6210	1800	0	177.2	(10630)	122.8	(7367)	159.9	(9594)	12.28	(736.7)
6211	1800	0	177.7	(10660)	122.3	(7340)	157.2	(9432)	12.23	(734)
6212	1800	0	177.5	(10650)	122.5	(7348)	158	(9477)	12.25	(734.8)
6213	1800	0	177	(10620)	123	(7378)	161.1	(9664)	12.3	(737.8)
6214	1800	0	176.9	(10610)	123.2	(7389)	162.1	(9727)	12.32	(738.9)
6215	1800	0	192.8	(11570)	137.2	(8230)	172.7	(10360)	12.47	(748.1)
6216	1800	0	176	(10560)	124	(7441)	168	(10080)	12.4	(744.1)
6217	1800	0	176.3	(10580)	123.7	(7420)	165.5	(9932)	12.37	(742)
6218	1800	0	176.7	(10600)	123.3	(7400)	163.4	(9803)	12.33	(740)
6219	1800	0	177	(10620)	123	(7382)	161.6	(9693)	12.3	(738.2)
6220	1800	0	177.1	(10630)	122.9	(7373)	160.5	(9632)	12.29	(737.3)
6221	1800	0	177.5	(10650)	122.6	(7353)	158.5	(9508)	12.26	(735.3)
6222	1800	0	177.7	(10660)	122.3	(7340)	157.2	(9432)	12.23	(734)
6224	1800	0	176.9	(10620)	123.1	(7384)	161.7	(9702)	12.31	(738.4)
6226	1800	0	176.5	(10590)	123.5	(7412)	164.8	(9887)	12.35	(741.2)
6228	1800	0	174.4	(10470)	125.6	(7535)	179.4	(10760)	12.56	(753.5)

[표 10-9(c)] NSK 볼 베어링의 특성 주파수(3)

(N=1800rpm)

베어링 호칭 번호	회전수(N)		베어링의 특성 주파수							
	내륜	외륜	내륜 결함 주파수 (BPFI)		외륜 결함 주파수 (BPFO)		볼 결함 주파수 (BDF)		케이지 결함 주파수 (FTF)	
	rpm	rpm	Hz	(cpm)	Hz	(cpm)	Hz	(cpm)	Hz	(cpm)
6230	1800	0	190	(11400)	140	(8402)	193.9	(11630)	12.73	(763.9)
6232	1800	0	205.4	(12320)	154.6	(9275)	208.4	(12500)	12.88	(772.9)
6234	1800	0	206.2	(12370)	153.8	(9229)	201.8	(12110)	12.82	(769)
6236	1800	0	190.1	(11410)	139.9	(8392)	192.3	(11540)	12.71	(762.8)
6238	1800	0	190.7	(11440)	139.3	(8357)	188	(11280)	12.66	(759.8)
6240	1800	0	206.5	(12390)	153.5	(9209)	199.1	(11940)	12.79	(767.3)
633	1800	0	133.7	(8024)	76.26	(4576)	101.4	(6084)	10.9	(653.8)
634	1800	0	132.8	(7967)	77.22	(4633)	105.5	(6327)	11.03	(661.9)
635	1800	0	115.2	(6912)	64.8	(3888)	98.73	(5924)	10.8	(648)
636	1800	0	132.8	(7967)	77.22	(4633)	105.5	(6327)	11.03	(661.9)
637	1800	0	132.8	(7967)	77.22	(4633)	105.5	(6327)	11.03	(661.9)
638	1800	0	132.8	(7967)	77.22	(4633)	105.5	(6327)	11.03	(661.9)
639	1800	0	147.9	(8872)	92.13	(5528)	122.2	(7331)	11.52	(691)
6300	1800	0	118.6	(7115)	61.41	(3685)	84.96	(5098)	10.24	(614.2)
6301	1800	0	119.2	(7150)	60.84	(3650)	82.86	(4972)	10.14	(608.4)
6302	1800	0	133.3	(7996)	76.74	(4604)	103.4	(6205)	10.97	(657.9)
6303	1800	0	132.8	(7967)	77.22	(4633)	105.5	(6327)	11.03	(661.9)
6304	1800	0	132.8	(7967)	77.22	(4633)	105.5	(6327)	11.03	(661.9)
63/22	1800	0	133	(7979)	77.01	(4621)	104.5	(6271)	11	(660.1)
6305	1800	0	147.8	(8870)	92.16	(5530)	122.4	(7346)	11.52	(691.4)
63/28	1800	0	132.8	(7967)	77.22	(4633)	105.5	(6327)	11.03	(661.9)
6306	1800	0	147.5	(8849)	92.52	(5551)	124.2	(7450)	11.57	(693.9)
63/32	1800	0	148	(8878)	92.04	(5522)	121.7	(7304)	11.51	(690.3)
6307	1800	0	147.9	(8876)	92.07	(5524)	122	(7319)	11.51	(690.7)
6308	1800	0	147.8	(8870)	92.16	(5530)	122.3	(7340)	11.52	(691.2)
6309	1800	0	148.1	(8887)	91.89	(5513)	121	(7259)	11.48	(689)
6310	1800	0	147.9	(8872)	92.13	(5528)	122.2	(7330)	11.51	(690.8)
6311	1800	0	148.3	(8897)	91.71	(5503)	120.1	(7207)	11.46	(687.8)
6312	1800	0	148.1	(8885)	91.92	(5515)	121.2	(7274)	11.49	(689.4)
6313	1800	0	147.9	(8872)	92.13	(5528)	122.2	(7330)	11.51	(690.8)
6314	1800	0	147.7	(8863)	92.28	(5537)	123	(7380)	11.54	(692.1)
6315	1800	0	147.6	(8854)	92.43	(5546)	123.7	(7423)	11.56	(693.4)
6316	1800	0	147.4	(8845)	92.58	(5555)	124.4	(7463)	11.57	(694.3)
6317	1800	0	147.3	(8840)	92.67	(5560)	125	(7497)	11.59	(695.2)
6318	1800	0	147.2	(8833)	92.79	(5567)	125.5	(7529)	11.6	(695.9)
6319	1800	0	147.1	(8827)	92.88	(5573)	125.9	(7556)	11.61	(696.6)
6320	1800	0	147.6	(8854)	92.43	(5546)	123.8	(7425)	11.56	(693.4)
6321	1800	0	147.7	(8863)	92.28	(5537)	123	(7380)	11.54	(692.1)
6322	1800	0	148	(8879)	92.01	(5521)	121.7	(7299)	11.5	(690.1)
6324	1800	0	146.1	(8764)	93.93	(5636)	131.6	(7895)	11.74	(704.5)

4. 구름 베어링의 진단 **299**

[표 10-10] 베어링의 구조에 기인하는 진동(저주파)

이상 원인	발생 주파수	비 고
굽힘 축(bent shaft) 또는 베어링의 설치 불량	$f \pm 2f_o$	외륜 주파수의 2배 변조
전동체 지름이 일정하지 않을 경우	f_o $f_o \pm f$	외륜 주파수 또는 회전 주파수의 변조

[표 10-11] 베어링의 비선형성에 의한 진동(저주파)

이상 원인	발생 주파수	비 고
① 베어링 사이의 중심선 불일치 ② 하우징면의 흠이나 이물 혼입 ③ 베어링대의 취부 부분의 풀림 ④ 베어링의 조립 불량	$\dfrac{1}{2}f$	공지 현상이 문제됨 볼 베어링에 주로 발생
① 내륜과 내면의 비진원성 ② 저널의 비진원성 ③ 저널면의 흠이나 이물 혼입	$2f$	볼 베어링에 주로 발생

[표 10-12] 표면의 굴곡에 의한 진동 주파수(저주파)

이상 원인	발생 주파수	비 고
내륜의 굴곡	$f \pm nZf_i$	굴곡산수가 $nZ \pm 1$일 때
외륜의 굴곡	nZf_o	굴곡산수가 $nZ \pm 1$
전동체의 굴곡	$2nf_{bd} \pm f_o$	굴곡산수가 2n일 때

[표 10-13] 베어링의 결함에 의한 진동 주파수(고주파)

이 상	원 인	발생 주파수	비 고
내륜 결함	편심(마모) spot 흠	nf nZf_i $nZf_i \pm f$ $nZf_i \pm f_o$	고유 진동수 및 고주파 발생
외륜 결함	스폿 흠	nZf_o	고유 진동수 및 고주파 발생
전동체 결함	스폿 흠	$nf_{bd} \pm f_o$ nf_{bd}	

4-4 구름 베어링의 간이 진단

(1) 진단 대상 베어링 및 측정 위치

간이 진단의 대상이 되는 구름 베어링은 일반적으로는 회전수가 대체로 100rpm 이상의

베어링이지만 저속 회전 베어링용의 진단기기를 사용하게 되면 더 낮은 회전수의 구름 베어
링도 진단이 가능하다. 진단 대상이 되는 구름 베어링으로서는 다음과 같은 종류가 있다.

    ① 볼 베어링

    ② 원통형 롤러 베어링

    ③ 원추형 롤러 베어링

    ④ 자동 조심 롤러 베어링

    ⑤ 니들 롤러 베어링

    진단 대상으로 선정된 구름 베어링에 대해서는 어느 위치에서 간이 진단을 실시하면 좋을지
가장 바람직한 측정(진단) 위치를 [표 10-14]에 표시하였다. 단, 검출단을 취부할 위치에 따라
측정값이 틀리게 되므로 측정할 때마다 위치가 변하지 않도록 표시를 하여 놓는 것이 좋다.

[표 10-14] 구름 베어링의 진동 측정 위치

베어링의 설치 상황	점검 위치	대상 설비 예
베어링 하우징이 표면에 노출되어 있을 경우	베어링 케이싱	통상의 베어링
베어링 하우징이 내부에 있는 경우	케이싱상의 강성이 높은 부분 또는 기초	감속기 등

※ 판정 기준 중 절대값 판정 기준은 추천 기준과 상이하게 됨.

    간이 진단은 [표 10-14]에 표시한 위치에 검출단을 취부하지만 어떤 측정기를 사용할 경
우라도 수평(H), 수직(V), 축 방향(A)의 3방향에 대하여 측정할 필요가 있다. 경우에 따라
설비의 구조 또는 안전성의 면 때문에 상기의 3방향 모두 측정하기 곤란한 경우 수평과 축
방향 또는 수직과 축 방향 등 2방향만 측정한다. 특히 고주파의 진동을 측정할 때는 가장
측정이 용이한 방향(일반적으로는 수직 방향)만을 측정하여도 상관없다. 그 이유는 구름 베
어링으로부터 발생하는 진동은 전 방향에 전파된다고 생각되기 때문이다.

(2) 측정 파라미터

    구름 베어링에서 발생하는 진동은 앞에서 설명한 바와 같이 이상의 종류에 따라 1kHz 이
하의 저주파 성분과 수kHz 이상의 고주파 성분의 진동이 발생된다. 이와 같은 주파수 성분
을 포함한 진동을 진단을 할 경우 진동 속도나 가속도를 측정 파라미터로 선택한다. 실제로
측정할 경우 진동 속도에 대해서는 1kHz 이하, 진동 가속도에 대해서는 1kHz 이상의 주파
수 성분에 의한 진단을 하기 위하여 필터 등을 이용하여 각각 필요한 주파수 성분만을 찾아
낸다. 단, 여기서 주의해야 할 것은 진동 속도와 진동 가속도로서 검출한 경우 결함의 종류
가 다를 수 있다.

(3) 측정 주기

일반적으로 베어링의 성능 저하는 초기의 단계에서는 서서히 진행하지만 그 시점에서 적절한 처리를 하지 않으면 그 후 급격히 성능이 저하 되어 버린다. 따라서 특히 베어링에 대해서는 다른 설비 또는 기계 요소보다는 측정 주기를 짧게 하는 것이 좋다. 가능하면 매일 측정하는 것이 좋으며, 측정 주기는 항상 일정할 필요는 없다. 예를 들어 판정 기준과 비교하여 아직 충분히 정상인 영역에 해당된다면 주기를 일정하게 유지하고 주의 영역으로 되었을 때는 주기를 짧게 하는 등의 대책을 취할 필요가 있다.

(4) 판정 기준
(가) 절대값 판정 기준

고주파 진동, 즉 구름 베어링의 손상을 진단하기 위한 절대값 판정 기준으로는 현재 몇 가지의 기준이 실용화되어 있다. 이러한 판정 기준은

① 이상 시 진동 현상의 이론적인 고찰
② 실험에 의한 진동 현상의 해명
③ 측정 데이터의 통계적 평가
④ 국내외의 참고 문헌, 규격의 조사

등을 기초로 하여 작성되어 있다.

(나) 상대 판정 기준

구름 베어링의 구조에 기인하는 진동 등 낮은 주파수의 진동에 대한 절대 판정 기준은 현재는 일반적으로 사용되지 않는다. 따라서 구조상의 결함 또는 베어링의 손상의 진단에는 상대 판정 기준이 이용되고 있다.

4-5 구름 베어링의 정밀 진단

구름 베어링에서 발생하는 이상 현상을 정밀 진단하기 위해서는 발생 가능한 진동 주파수를 계산하여 그 데이터를 확보하고 있어야 진단이 가능하다. 정밀 진단에서는 각각의 이상에 대한 특유한 주파수를 찾아냄으로써 이상 원인을 규명하게 된다.

(1) 저주파 진동을 이용한 정밀 진단

간이 진단 항목에서 설명한 바와 같이 구름 베어링의 구조상 결함은 진동 속도 측정하여 해석함으로써 진단할 수 있다. [그림 10-39]와 같이 진동 가속도계로 가속도를 전 신호로 검출하고 충진 앰프(charge amp)를 거쳐서 적분기를 통과하게 되면 진동 속도로 된다. 그리고 1kHz의 저주파 통과 필터(low pass filter)를 거쳐서 높은 주파수 성분을 제거한 후의

신호를 주파수 분석하게 된다. 예를 들면 베어링의 내륜에 굴곡이 있을 경우 발생되는 진동 주파수를 분석하면 [표 10-12]에 나타난 바와 같이 $f \pm nZf_i$와 같은 주파수 성분이 포함되어 있다는 것을 알게 되므로 이상의 원인을 진단할 수 있다. 또한 회전 기계에 언밸런스나 미스얼라인먼트가 발생한 경우에도 낮은 주파수의 진동이 발생하므로 원인의 규명에 충분한 주의를 할 필요가 있다.

[그림 10-39] 저주파 영역의 정밀 진단

(2) 고주파 진동을 이용한 정밀 진단

구름 베어링에 손상이 생기면 높은 주파수가 발생한다. 이 주파수를 이용하여 이상의 원인을 판별할 수가 있다. [그림 10-40]과 같이 가속도계에서 검출된 진동 가속도는 충진 앰프를 거쳐서 1kHz의 고주파 통과 필터(high pass filter)를 통과하면 높은 주파수 성분만 얻을 수 있다. 따라서 필터링된 파형을 주파수 분석하면 베어링의 이상 원인을 판별할 수가 있다.

[그림 10-40] 고주파 영역의 정밀 진단

구름 베어링의 스폿(spot) 홈에 의하여 발생하는 주파수(엄밀히는 충격 진동의 간격)는 회전 주파수의 정수 배가 아니므로 회전축의 회전 신호와의 위치 관계는 일정하지 않다. 일반적인 회전 기계의 이상의 경우에는 이러한 위치 관계가 일정하므로 구름 베어링의 이상을 다른 회전 기계의 이상과 분리할 수 있다. 이와 같은 위치 관계를 위상이라 하고 이 분석 방법을 위상 분석 또는 동기 분석이라 한다.

(3) 볼 베어링의 결함 특성

다음 그림은 결함이 있는 6203 베어링이 1327rpm으로 회전할 때 베어링의 결함 특성을 나타내고 있다. 베어링의 특성 결함 주파수 계산식에 의하여 계산한 값과 측정 데이터를 비교하면 1차 결함 특성이 매우 잘 나타나고 있음을 알 수 있다.

[표 10-15] 볼 베어링의 특성 주파수 비교(N=1327rpm)　(단위 : Hz)

호칭 번호	회전수 (rpm)	회전 주파수 (Hz)	내륜 결함 (BPFI)	외륜 결함 (BPFO)	볼의 결함 (BDF)	케이지 결함 (FTFI)
계산값	1327	22.1	108.5	67.52	89.45	8.441
측정값	–	–	110	67	88	–

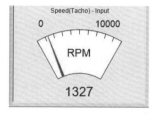

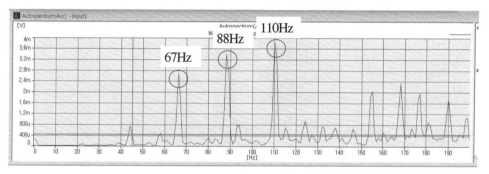

[그림 10-41] 6203 베어링의 결함 특성 주파수

5. 기어의 진단

5-1 기어의 개요

기어(gear)는 맞물리는 이(齒)에 의하여 동력을 전달시키는 기계 요소로서 정확한 속도비와 큰 회전력을 전달할 때 사용된다. 서로 맞물리는 기어 중에서 구동축으로부터 운동을 전달하는 쪽의 기어를 구동 기어(driving gear)라 하고, 서로 물리는 기어 중에서 구동 기어에 의해 운동을 전달받는 기어를 피동 기어(driven gear)라 한다.

기어는 회전 중 소음과 진동이 발생된다. 마모가 심한 경우나 두 축의 정렬이 불량한 경우 또는 기어의 절손 등이 발생하면 소음 진동은 크게 증가하게 되며, 수명 저감과 함께 사고의 위험이 발생된다. 따라서 기어에서 발생되는 진동 주파수를 분석하여 기어의 결함 원인을 분석하는 기술이 기어의 정밀 진단 기술이다.

5-2 기어의 진동 주파수

(1) 기어의 진동 주파수

기어에서 발생되는 진동 주파수는 각 축의 회전 주파수와 맞물림 주파수이다. [그림 10-42]와 같이 기어의 잇수가 각각 Z_1, Z_2이고 각축의 회전수가 N_1(rpm), N_2(rpm)일 때 발생되는 진동 주파수는 다음과 같다.

(가) 2축 기어 장치의 진동 주파수

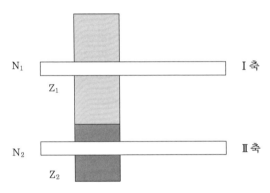

[그림 10-42] 2축 기어 장치

① I축의 회전 주파수 $f_1 = \dfrac{N_1}{60}$ (Hz)

② II축의 회전 주파수 $f_2 = (\dfrac{Z_1}{Z_2}) \times \dfrac{N_1}{60}$ (Hz)

③ I - II축의 맞물림 주파수 $f_m = Z_1 \times f_1 = Z_2 \times f_2$ (Hz)

(나) 3축 기어 장치의 진동 주파수

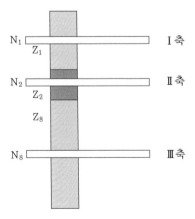

[그림 10-43] 3축 1단 기어 장치

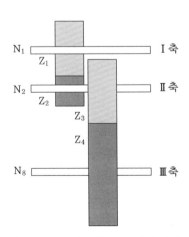

[그림 10-44] 3축 2단 기어 장치

① 3축 1단 기어

- I축의 회전 주파수 $f_1 = \dfrac{N_1}{60}$ (Hz)

- II축의 회전 주파수 $f_2 = (\dfrac{Z_1}{Z_2}) \times \dfrac{N_1}{60}$ (Hz)

- III축의 회전 주파수 $f_3 = (\dfrac{Z_1}{Z_2} \times \dfrac{Z_2}{Z_3}) \dfrac{N_1}{60} = (\dfrac{Z_1}{Z_3}) \dfrac{N_1}{60}$ (Hz)

- I - II축의 맞물림 주파수 $f_{m1} = Z_1 \times f_1 = Z_2 \times f_2$ (Hz)

- II - III축의 맞물림 주파수 $f_{m2} = Z_2 \times f_2 = Z_3 \times f_3 = f_{m1}$ (Hz)

3축 1단 기어에서 맞물림 주파수 f_{m1}과 f_{m2}는 같으므로 f_m 1개로 발생된다.

② 3축 2단 기어

- I축의 회전 주파수 $f_1 = \dfrac{N_1}{60}$ (Hz)

- II축의 회전 주파수 $f_2 = (\dfrac{Z_1}{Z_2}) \times \dfrac{N_1}{60}$ (Hz)

- III축의 회전 주파수 $f_3 = (\dfrac{Z_1}{Z_2} \times \dfrac{Z_3}{Z_4}) \dfrac{N_1}{60}$ (Hz)

- I - II축의 맞물림 주파수 $f_{m1} = Z_1 \times f_1 = Z_2 \times f_2$ (Hz)

- II - III축의 맞물림 주파수 $f_{m2} = Z_3 \times f_2 = Z_4 \times f_3$ (Hz)

3축 2단 기어에서 맞물림 주파수는 각각 f_{m1}과 f_{m2} 2개가 발생된다.

5-3 기어의 간이 진단

(1) 진단 대상 기어 및 측정 위치

진동을 이용하여 기어의 진단을 할 경우 진단 대상이 되는 기어는 주로 회전수가 100rpm 이상의 기어이다.

① 스퍼 기어(spur gear)

② 헬리컬 기어(helical gear)

③ 더블 헤리컬 기어(double helical gear)

④ 직선 베벨 기어(straight bevel gear)

웜 기어는 진동에 의한 기어 진단 대상이 되지 않는다. 기어의 간이 진단에서는 주로 기어의 편심 피치의 오차, 치형 오차, 기어 이의 마모, 이뿌리의 균열 등 기어 물림에 의하여 발생하는 이상 현상을 찾아낼 수가 있다. 기어의 진동 측정은 [표 10-16]과 같은 위치에서 실시하지만, 그 방향은 가능한 한 수평, 수직, 축 방향의 3방향을 측정하는 것이 좋다.

[표 10-16] 기어 진동의 측정 위치

베어링의 설치 상황	점검 위치	대상 설비 예
베어링 하우징이 표면에 노출되어 있는 경우	베어링 하우징	감속기
베어링 하우징이 내부에 있는 경우	케이스의 강성이 높은 부분 또는 기초	고속용 중감속기

(2) 측정 변수

기어에서 발생하는 진동에는 1kHz 이상의 고주파 진동인 기어의 고유 진동과 기어의 회전 주파수 또는 물림 주파수 성분에 관련된 저주파수 진동이 있다. 이와 같은 넓은 대역의 주파수 성분들을 포함하는 진동을 이용하여 진단을 할 때에는 측정할 진동의 종류를 주파수 대역으로 나누어서 개개의 진동에 의한 진단을 할 필요가 있다. 즉 진동의 주파수가 10Hz 이하일 때는 변위 레벨을 진단의 판정 기준으로 이용한다. 또 주파수 대역이 10Hz~1kHz까지의 진동에 대해서는 속도 레벨, 1kHz 이상일 때는 가속도 레벨을 판정 기준으로 하여 진단을 실시한다.

따라서 진동을 이용하여 기어의 진단을 할 경우에는 기어의 회전 주파수 또는 물림 주파수에 관련된 저주파 진동의 경우 측정 변수로 진동 속도를, 고유 진동에 관련한 고주파 진동은 진동 가속도를 이용한다. 단, 여기서 주의하지 않으면 안 될 것은 진동 속도, 진동 가속도에 의하여 각각 검출된 이상 종류는 약간 다르므로 어느 쪽인가 한쪽만을 이용하는 진단이 아닌 양쪽을 고려한 진단을 할 필요가 있다.

(3) 측정 주기

측정 주기는 일정하지 않고 판정 기준과 비교하여 또 충분히 정상이라고 생각될 때에는 일정 주기를 유지하다가 진동이 크게 되어 주의 영역이 되면 주기를 단축한 후에 대책을 세우는 것이 바람직하다.

(4) 판정 기준
(가) 절대 판정 기준

기어에 대한 절대 판정 기준은 여러 가지 예가 있으나 머신 체커의 진동 가속도를 이용한 기어의 판정 기준은 [그림 10-45]와 같다.

(나) 상대 판정 기준

절대 판정 기준이 작성되어 있지 않은 기어에 대해서는 과거의 실적을 포함하여 정상값의 2배가 되면 주의, 4배가 되면 위험으로 하는 상대 판정 기준은 적용한다. 또 절대 판정 기준만

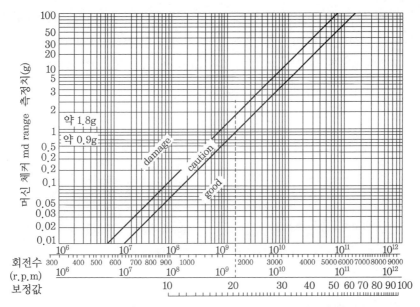

[그림 10-45] 머신 체커에 의한 기어 진동의 한계

으로 정비를 실시하는 것은 위험성이 크므로 통상 두 가지 판정 기준을 참고로 하는 것이 좋다.

(5) 간이 진단의 실시법

실제 측정에 있어서 주의하지 않으면 안 될 것은 진동 가속도로 측정하는 1~10kHz의 주파수는 기계의 국부적인 공진 주파수대이므로 기어 이외의 펌프 베어링, 전동기 등에서도 같은 주파수의 진동이 발생한다는 것이다. 특히 베어링으로서 구름 베어링을 사용하고 있는 경우에는 베어링의 이상으로 오진하는 경우가 있으므로 다음과 같은 방법으로 진단한다.

[그림 10-46]과 같이 기어 및 구름 베어링을 진단하는 경우 Ⓐ~Ⓓ의 각 베어링 하우징부

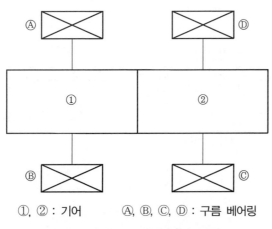

①, ② : 기어   Ⓐ, Ⓑ, Ⓒ, Ⓓ : 구름 베어링

[그림 10-46] 상호 판정법의 예

의 측정값이 [그림 10-47]의 (a)와 같이 베어링부에서 측정한 진동 레벨이 유사한 값을 나타낼 때는 기어의 이상이다(단, ① ② 어느 쪽의 기어가 이상인가의 판정은 불가). 또 4점 중에서 어느 곳의 값이 클 때에는 큰 값을 나타내는 위치의 베어링이 이상으로 진단한다. [그림 10-47]의 (b)에서는 베어링 ⓒ가 이상이다.

 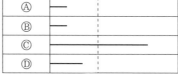

    (a) 기어의 이상 결함일 때   (b) 베어링의 이상 결함일 때

[그림 10-47] 상호 판정법에 의한 진단

5-4 기어의 정밀 진단

(1) 저주파 진동을 이용한 정밀 진단

낮은 주파수 대역의 진동을 이용하여 기어의 이상 원인을 조사하는 방법은 [그림 10-48]과 같은 방법으로 실시한다. 가속도계로 검출된 진동 신호는 앰프를 통과한 후 적분기에 의하여 진동 가속도를 진동 속도의 전기적 신호로 변환한다. 그리고 2종의 분석 방법에 의하여 이상 원인을 규명한다.

(가) 주파수 분석

측정된 진동 속도를 주파수 분석하게 되면 이상 원인을 알 수가 있다. 기어에서는 그 상태에 따라 각각 특징적인 진동이 발생한다. 이것을 주파수 분석하면 예를 들어 기어축에 미스얼라인먼트가 있는 경우에는 회전 주파수에서 진폭 변조가 생기므로 물림 주파수 성분의

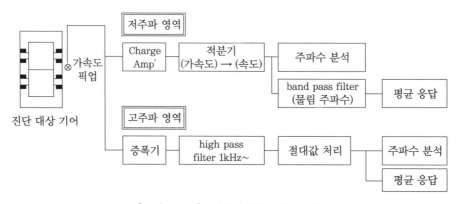

[그림 10-48] 기어의 정밀 진단 순서

양측에 이것에 대응하는 측대파(側帶波)가 생긴다. 또 기어가 마모되면 그때까지 정현파이 던 물림 파형이 무너지게 된다. 이것을 주파수 분석하게 되면 물림 주파수의 2배, 3배……의 주파수를 갖는 고주파 성분이 발생하는 것을 알 수 있다. 그 밖에 각각의 이상에 대한 특징적인 주파수 성분을 포함한 진동이 발생한다.

(나) 평균 응답 해석

기어의 진동으로부터 물림 주파수 성분만을 추출하여 이것을 기어축의 회전에 동기한 시간으로 가산하여 평균화함으로써 기어에 국소적인 이상이 발생한 경우 그 위치를 알아낼 수가 있다. 이 해석 방법을 평균 응답 해석이라 한다.

(2) 고주파 진동을 이용한 정밀 진단

기어 이의 물림에 의하여 기어에는 충격 진동이 발생한다. 따라서 기어에 이상이 생기면 그에 따라 충격 진동의 형태가 변한다. 그 특징을 찾아냄으로써 기어에 발생하고 있는 이상의 원인을 알 수가 있다. 충격 진동이 발생하는 것은 기어의 고유 진동수 성분이므로 [그림 10-48]과 같이 가속도 센서로 검출한 신호를 충진 앰프를 거쳐서 고유 진동 성분만을 검출해 낼 목적으로 1kHz의 하이 필터를 통과시킨다. 이렇게 하여 [그림 10-49]와 같은 물림 진동 성분 등 기타의 저주파 성분이 제거되고 충격적인 고유 진동 성분만을 얻을 수 있다. 충격 진동에서는 그 중에 포함되어 있는 주파수 성분이 아니라 충격이 발생하는 간격을 알

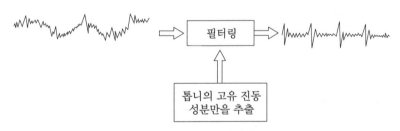

[그림 10-49] 저주파 성분의 제거

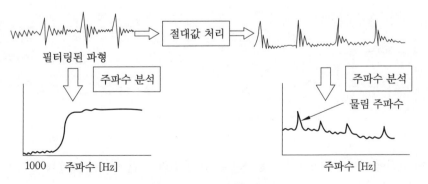

[그림 10-50] 절대값 처리

아내는 것이 중요하므로 그 목적으로 필터링된 신호에 절대값 처리를 통하여 진단에 필요한 주파수 성분을 얻을 수 있다.

5-5 기어의 진동 주파수 측정

다음은 2축으로 된 간단한 기어 진동 측정 장치에서 기어의 회전 진동주파수와 맞물림 진동 주파수를 측정한 결과를 나타내고 있다.

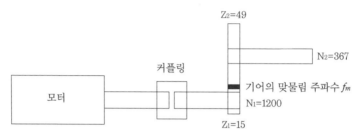

[그림 10-51] 2축 기어 장치

- 입력축의 회전수 $N_1 = 1200$ (rpm)
- 입력축 기어 잇수 $Z_1 = 15$
- 출력축 기어 잇수 $Z_2 = 49$

일 때 기어 장치에서 발생하는 진동 주파수는 다음과 같다.

(1) 기어 축의 회전 주파수

$$f_1 = \frac{N_1}{60} = \frac{1200}{60} = 20Hz, \ f_2 = \frac{N_1}{N_2} \times f_1 = \frac{15}{49} \times 20 = 6.12Hz$$

(2) 기어의 맞물림 주파수

$$f_m = Z_1 \times f_1 = 15 \times 20 = 300Hz$$

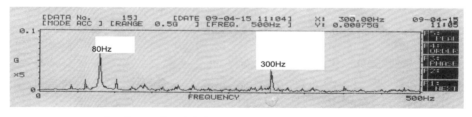

[그림 10-52] 기어의 회전 주파수와 물림 주파수 특성

[그림 10-52]에 나타난 80Hz의 진동 성분은 기어축의 회전 주파수 성분($f = 20Hz$)의 $4f$ 성분이 나타남을 알 수 있으며, 기어의 맞물림 주파수 성분인 300Hz도 잘 나타나고 있다.

|핵|심|문|제|

1. 회전 기계의 이상 현상 중 언밸런스와 미스얼라인먼트가 발생하였을 때 나타나는 주파수는 각각 회전 주파수의 몇 차 성분인가?

2. 모터축의 언밸런스 측정 시 적합한 진동 센서와 측정 위치를 설명하시오.

3. 절대 판정과 상대 판정 기준을 비교 설명하시오.

4. 간이 진단에 사용되는 측정기기의 종류를 설명하시오.

5. 정밀 진단에서 강제 진동과 고유 진동을 구별하는 방법을 설명하시오.

6. 회전 기계의 열화 시 발생하는 진동 주파수 특성을 설명하시오.

7. 베어링의 정밀 진단 시 베어링의 외륜 결함과 내륜 결함 주파수 특성을 간단히 판정하고자 할 때 축의 회전 주파수의 몇 배로 계산하는가?

8. 잇수가 40개인 스퍼 기어가 1200rpm으로 회전할 때 축의 회전 진동 주파수와 맞물림 주파수는 각각 몇 Hz인가?

9. 기어의 정밀 진단법에 대하여 설명하시오.

|연|습|문|제|

1. 미스얼라인먼트(misalignment)의 주요 발생 원인이 아닌 것은?
   ㉮ 휨축(bent shaft)　　　　　　　㉯ 베어링 설치 불량
   ㉰ 축심의 어긋남　　　　　　　　㉱ 기계적 풀림

2. 기계 진동의 가장 일반적인 원인으로서 진동 특성이 회전 주파수의 1차 성분이 탁월하게 나타날 경우 회전 기계의 열화 원인은?
   ㉮ 미스얼라인먼트　㉯ 언밸런스　　㉰ 기계적 풀림　　　㉱ 공진

3. 회전 기계의 정격 속도는 1200rpm이다. 이 설비가 3600rpm의 진동 성분을 발생할 때 이에 대한 설명으로 옳은 것은?
   ㉮ 20Hz 진동 성분이다.　　　　　㉯ 40Hz 진동 성분이다.
   ㉰ 1차 배수 성분이다.　　　　　　㉱ 3차 배수 성분이다.

4. 5개의 깃을 가진 펌프가 3600rpm으로 회전하고 있다. 깃 통과 주파수는 얼마인가?
   ㉮ 60Hz　　　　　㉯ 168Hz　　　　　㉰ 300Hz　　　　　㉱ 3600Hz

해답　1. ㉱　2. ㉯　3. ㉱　4. ㉰

5. 회전하는 기계의 회전 주파수의 성분과는 관계없이 유체 기계 등에서 주로 발생하는 이상 현상은?

㉮ 언밸런스   ㉯ 미스얼라인먼트   ㉰ 풀림   ㉱ 공동

6. 회전 기계 장치에서 1kHz 이상의 고주파를 발생시키는 진동은?

㉮ 구름 베어링의 홈에 의한 진동   ㉯ 미스얼라인먼트에 의한 진동

㉰ 오일 휩에 의한 진동   ㉱ 언밸런스에 의한 진동

7. 회전 기계 진동에서 고주파의 발생 원인으로 적합한 것은?

㉮ 오일 휩   ㉯ 미스얼라인먼트   ㉰ 언밸런스   ㉱ 유체음, 진동

8. 커플링 등에서 축심이 어긋난 상태를 말하며, 이것으로 야기된 진동은 회전 주파수의 2f(3f) 성분으로 나타나는 것은?

㉮ 미스얼라이먼트   ㉯ 언밸런스

㉰ 기계적 풀림   ㉱ 편심

9. 회전 설비에 대한 방진 대책을 수립할 때 고려할 사항이 아닌 것은?

㉮ 회전 설비의 회전수를 파악해야 한다.

㉯ 회전 설비의 무게를 알고 있어야 한다.

㉰ 회전 설비의 성능을 충분히 알고 있어야 한다.

㉱ 방진 재료의 고유 진동수를 알고 있어야 한다.

10. 다음은 구름 베어링의 진동을 측정하는 가속도 센서에 관한 설명이다. 이 중 잘못된 설명은?

㉮ 검출기의 부착 및 탈착이 간편하다.

㉯ 데이터가 풍부하여 한계값도 널리 알려져 있다.

㉰ 진동 감도가 높고 부착 방법에 제한이 있다.

㉱ 높은 주파수 진동 측정이 가능하다.

11. 3,600rpm으로 회전하는 양두 그라인더의 스위치를 off하였을 때 900rpm 부근에서 큰 진동과 소음이 발생하였다. 이와 같은 현상은 무엇 때문에 발생되는가?

㉮ 시스템의 고유 진동 주파수가 강제 진동 주파수보다 크기 때문에 공진으로 인하여

㉯ 시스템의 고유 진동 주파수가 강제 진동 주파수보다 작기 때문에 공진으로 인하여

㉰ 베어링의 열화로 인하여

㉱ 양두 그라인더 휠의 언밸런스로 인하여

12. 롤링 베어링에 발생하는 진동의 종류가 아닌 것은?

㉮ 베어링 외륜의 결함에 의한 진동   ㉯ 베어링 구조에 기인하는 진동

㉰ 베어링 내륜의 굴곡에 의한 진동   ㉱ 베어링 선형성에 의한 진동

해답   5. ㉱   6. ㉮   7. ㉱   8. ㉮   9. ㉰   10. ㉰   11. ㉯   12. ㉱

1. FFT 분석기에 의한 정밀 진단

1-1 펌프의 공진 시험

(1) 개 요

펌프 회전 시 큰 진동이 발생하면 FFT 분석기를 이용하여 진동을 측정하고 그 원인을 분석한다.

(2) 목 적

펌프 케이싱의 고유 진동수를 측정하여 운전 시의 회전수 변화에 따른 공진 현상과 일치 여부를 확인한다.

(3) 측정 시스템

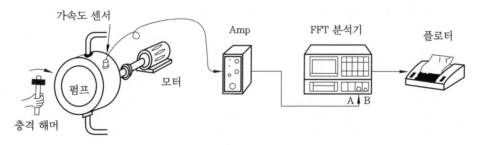

[그림 11-1] 측정 시스템

(4) 조 작

(가) 펌프의 고유 진동수 측정

① 정지 상태에서 펌프 케이싱에 충격 해머로 가진한다.

② 가속도 센서로 진동 신호를 검출하여 FFT 분석기에서 해석한다.

(나) 펌프 가동 시의 진동 측정

① 펌프가 1,000rpm으로 회전 시 진동 가속도의 피크값을 검출한다.

(5) 측정 데이터

펌프의 충격 응답과 펌프의 횡진동의 해석 데이터를 비교하여 표시한다.

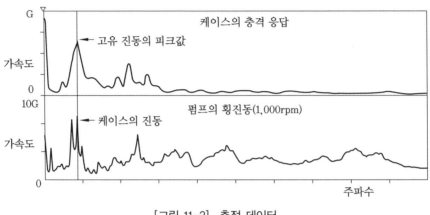

[그림 11-2] 측정 데이터

(5) 고 찰

펌프를 1,000rpm 부근에서 운전하면 진동이 크게 발생하므로 1,000rpm 시의 진동 및 충격 해머로 가진한다.

[그림 11-4]와 같이 875Hz 부근에서 진동의 피크(peak)가 나타난다. 이것은 명확히 1,000rpm 운전 시의 고유 진동수와 일치하므로 공진 상태임을 알 수 있다. 또한 [그림 11-2]는 고유 진동 스펙트럼(Q값이 낮음) 파형을 나타내고 있으며 그 범위 내에서 공진점이 이동된다. 그러므로 1,000rpm 전후의 회전수 범위가 펌프 케이싱의 공진점이 된다.

[그림 11-3]의 경우 회전수가 800rpm에서 1,200rpm 사이에 운전하면 그 회전수 범위 내에 공진 상태가 되어 진동 레벨이 크게 상승한다.

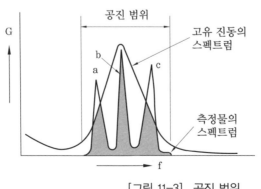

a: 800rpm 운전 시
b: 1000rpm 운전 시
c: 1200rpm 운전 시

[그림 11-3] 공진 범위

(6) 포인트

① 고유 진동수 측정

② 회전수와 공진 현상

1-2 빌딩 실내의 소음과 진동 측정

(1) 개 요

공조 기기를 빌딩의 옥상에 설치하였을 때 실내 소음이 예상보다 크게 발생하면 방음 대책이 필요하게 된다.

(2) 목 적

방음·방진 대책의 효과는 외부 소음(사람의 음성, 전화벨 소리, 자동차 소음 등)의 영향을 제거하여 평가한다.

(3) 측정 시스템

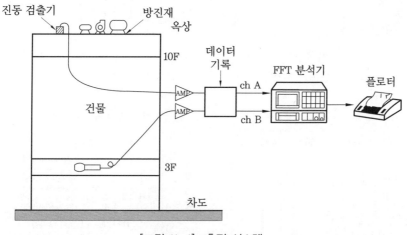

[그림 11-4] 측정 시스템

(4) 조 작

① 공조 기기를 설치한 빌딩 옥상에 진동 검출기를 설치한다.

② 3층의 실내에 마이크로폰(microphone)을 설치한다.

③ 진동 신호를 ch A, 소음 신호를 ch B에 입력한다.

④ 대책 전·후의 각각 스펙트럼 및 코히런스 함수를 측정한다.

(5) 측정 데이터

다음은 각각의 측정 결과를 나타낸다.

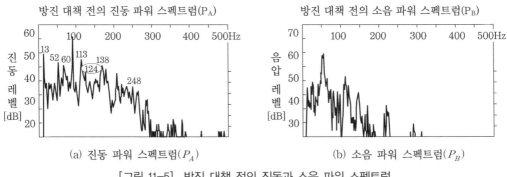

(a) 진동 파워 스펙트럼(P_A) (b) 소음 파워 스펙트럼(P_B)

[그림 11-5] 방진 대책 전의 진동과 소음 파워 스펙트럼

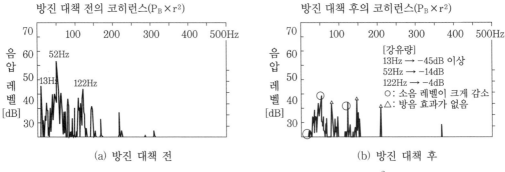

(a) 방진 대책 전 (b) 방진 대책 후

[그림 11-6] 방진 대책 전과 후의 코히런스 함수($P_{B \times} r^2$)

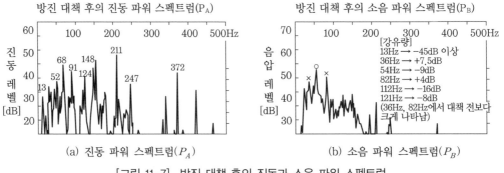

(a) 진동 파워 스펙트럼(P_A) (b) 소음 파워 스펙트럼(P_B)

[그림 11-7] 방진 대책 후의 진동과 소음 파워 스펙트럼

(6) 고 찰

방진 대책 전과 후에 대한 측정 결과를 비교하면 전체적인 진동·소음 레벨이 대책 후 감소함을 알 수 있다. 특히 코히런스는 13Hz, 52Hz의 저주파 영역에서 큰 효과가 있음을 알 수 있다.

방음(방진) 대책으로 보일러, 컴프레서 등을 방진재를 사용하여 설치하면 효과가 있으며 소음도 대폭 저감된다.

(7) 포인트

① 2ch FFT 분석기의 이점

② 코히런스 함수의 효용

1-3 냉장고용 컴프레서의 소음·진동과 고유 진동 측정

(1) 개 요

야간에는 냉장고의 소음이 잘 들리며 특히 시동 시나 정지 시에 크게 들린다고 생각된다. 여기서는 컴프레서의 고유 진동을 충격가진 응답으로 측정한다.

(2) 목 적

충격가진 응답에 의하면 컴프레서의 고유 진동수를 측정하여, 진동과 소음의 관계를 조사한다.

(3) 측정 시스템

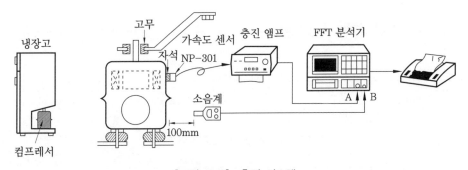

[그림 11-8] 측정 시스템

(4) 조 작

① 가속도 센서를 설치하고 소음계를 사용하여 컴프레서 가동 시의 정상 진동 및 정상 소음을 측정한다.

② 정상 소음에는 암소음이 포함되므로 암소음을 측정하여 가동음을 추출한다.

③ 시동음 및 정지음은 트리거(triger) 기능을 이용하여 측정한다.

④ 컴프레서의 케이스를 충격 해머로 타격하여 고유 진동수를 측정한다.

(5) 측정 데이터

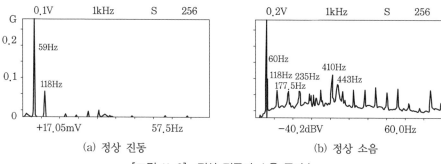

(a) 정상 진동

(b) 정상 소음

[그림 11-9] 정상 진동과 소음 주파수

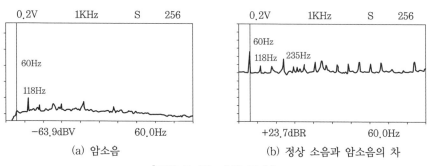

(a) 암소음

(b) 정상 소음과 암소음의 차

[그림 11-10] 소음 주파수

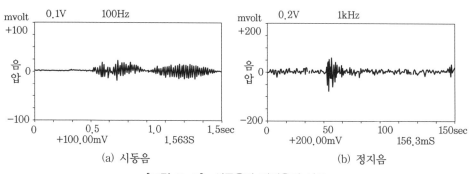

(a) 시동음

(b) 정지음

[그림 11-11] 시동음과 정지음의 신호

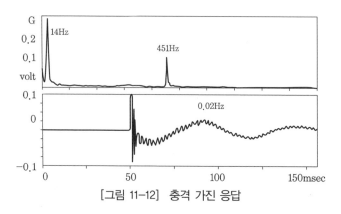

[그림 11-12] 충격 가진 응답

(6) 고 찰

정상 진동은 59Hz 및 118Hz(2차 성분)에서 진동이 발생하고, 소음의 경우 기본파(60Hz)의 고주파 성분이 많이 함유되어 나타난다. 또한, 고유 진동수 측정에서는 14Hz와 451Hz의 성분이 나타남을 알 수 있다. 14Hz는 컴프레서 전체의 요동에 의한 진동 모드이며, 451Hz는 펌프 케이스 표면의 진동 모드로 추정되므로 진동 모드의 모달 해석이 필요하다. 시동음, 정지음의 측정에는 시동 시 [그림 11-11]과 같은 현상이 나타나므로 시끄러움을 느끼게 하는 원인이 된다.

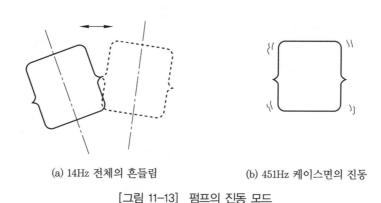

(a) 14Hz 전체의 흔들림   (b) 451Hz 케이스면의 진동

[그림 11-13] 펌프의 진동 모드

(7) 포인트

① 충격 해머에 의한 고유 진동 측정
② 암소음의 감산, 목적음의 분석
③ 시간축 파형의 관찰

1-4 가변 유도 전동기의 맥동 토크 측정

(1) 개 요

가변 유도 전동기는 반도체 전원의 주파수를 가변해서 속도 제어를 하고, 그 전원의 전류 파형을 구형파(矩形波)로 한다.

6상 유도 전동기의 경우 입력 주파수의 6배를 기본으로 한 정배수의 고주파를 포함한 맥동 토크가 발생한다.

그 맥동 성분 변화 범위는 회전축의 비틀림 고유 진동수 또는 각 회전부의 고유 진동수가 존재하므로 공진 현상이 발생하여 진동 및 소음이 크게 증대된다. 이와 같은 현상을 방지하기 위하여 가동 중 축에서 발생하는 토크에 의한 진동 스펙트럼 분석을 행한다.

(2) 목 적

가변 유도 전동기의 축 토크 및 진동을 분석하여 공진 현상의 발생을 방지한다.

(3) 측정 시스템

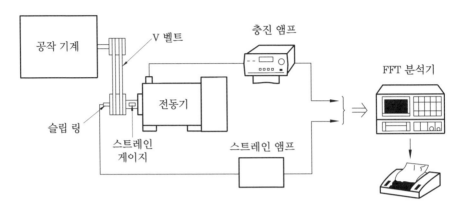

[그림 11-14] 측정 시스템

(4) 조 작

① 압전형 가속도 검출기로 전동기의 맥동을 검출한다.
② 스트레인 게이지(strain gauge)를 부착한 축의 토크를 검출한다.
③ 가동 중인 전동기의 진동 및 축의 토크를 회전수 변화에 따라 측정한다.
④ 충격 해머로 전동기 프레임 및 축계의 고유 진동수를 측정한다.

(5) 측정 데이터

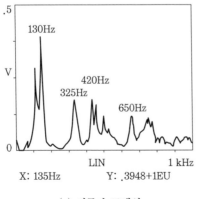

X: 135Hz   Y: .3948+1EU

(a) 전동기 프레임

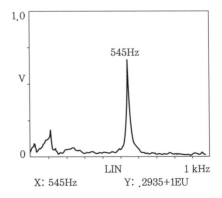

X: 545Hz   Y: .2935+1EU

(b) 축의 진동 토크

[그림 11-15] 유도 전동기의 진동 주파수

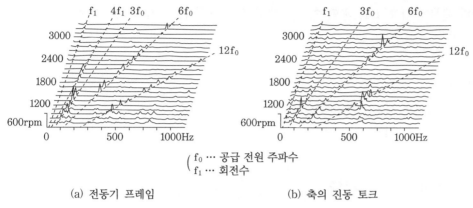

(f₀ ··· 공급 전원 주파수
  f₁ ··· 회전수

$$\left(\begin{array}{l}f_0 \cdots \text{공급 전원 주파수}\\ f_1 \cdots \text{회전수}\end{array}\right.$$

    (a) 전동기 프레임   (b) 축의 진동 토크

[그림 11-16] 유도 전동기의 진동의 3차원 표시

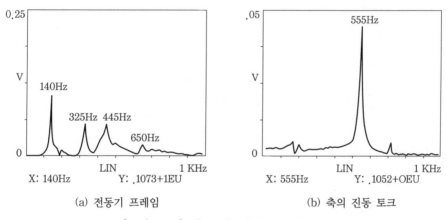

    (a) 전동기 프레임   (b) 축의 진동 토크

[그림 11-17] 유도 전동기의 고유 진동수

(6) 고 찰

가변 유도 전동기의 회전수 제어 범위는 100rpm에서 3,600rpm까지이며, 공급 전원은 3Hz에서 120Hz까지 변화한다. [그림 11-15]와 같이 진동 주파수 분석 결과 130Hz, 325Hz, 420Hz, 650Hz 등의 진동 주파수 성분이 검출되었다. 이와 같은 진동 주파수는 [그림 11-17]의 전동기 프레임의 고유 진동수의 측정 결과와 일치함을 알 수 있다. 또한 [그림 11-16]의 3차원 분석 결과, 발생한 진동 주파수 성분은 f_1, $4f_1$, $3f_0$, $6f_0$, $12f_0$ 성분이 나타나고 동시에 고유 진동수와 일치하는 회전수에서 진폭이 증가함을 알 수 있다.

축의 진동 토크 측정에서 [그림 11-17]의 (b)와 같이 고유 진동수 측정 결과는 [그림 11-15]의 축의 진동 토크 측정값과 거의 일치함을 알 수 있다. 여기서 탁월 주파수 545Hz 성분은 명확히 축계의 고유 진동수이며, 3차원 분석에서 $6f_0$(2760rpm) 및 $12f_0$(1320rpm)의 진동 성분이 나타남을 알 수 있다.

따라서 가변 유도 전동기의 진동, 축의 진동 토크 분석으로 진동 발생 원인이나 공진 상

태 등의 해석이 가능하다. 또한 회전 기계의 진동 해석에는 3차원 분석이 비상 시 유효함을
알 수 있다.

(7) 포인트

① 회전 기계의 공진 현상 해석
② 3차원 분석, 회전 토크 분석

1-5 베어링의 이상 진단

(1) 개 요

베어링의 정밀 진단을 위해서는 진동 주파수 분석이 널리 사용된다. 손상된 베어링은 베어
링 특성 주파수로 진동이 발생하므로 FFT 분석기에 의하여 정확한 이상 진단을 할 수 있다.

(2) 목 적

FFT 분석기를 사용하여 베어링의 이상 진단을 행한다.

(3) 측정 시스템

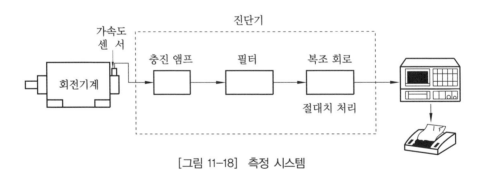

[그림 11-18] 측정 시스템

(4) 조 작

① 가속도 센서로 진동을 검출하여 대역 통과 필터(band pass filter)를 이용하여 1kHz
이하 및 10kHz 이상의 불필요한 진동은 제거하고 (1~10)kHz의 진동 주파수 성분만 통과시
킨다.
② 복조 회로에서 절대치 처리 및 엔벨로프(envelope)처리를 한 후 FFT 분석기에 입력
한다.
③ 파워 스펙트럼 분석을 통하여 주파수 및 진동 레벨에 특히 주목한다.

(5) 측정 데이터

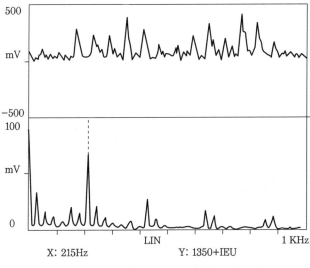

X: 215Hz   LIN   Y: 1350+IEU   1 KHz

[그림 11-19] 진동의 복조 파형과 스펙트럼

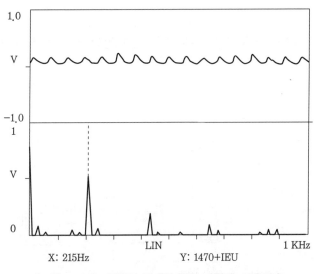

X: 215Hz   LIN   Y: 1470+IEU   1 KHz

[그림 11-20] 진동의 절대치 평균 파형과 스펙트럼

(6) 고 찰

　베어링의 내륜 회전수가 1800rpm일 때, [그림 11-19]의 파워 스펙트럼은 215Hz의 탁월 주
파수가 그 정수배 성분으로 나타남을 알 수 있다. 계산식에서 베어링 내륜의 결함 주파수 성
분의 n차수의 정수배 값이 215Hz에 가장 근접하므로 베어링 내륜 결함으로 추정할 수 있다.
　일반적으로 정상 베어링이라면 랜덤 진동이 아니라 파워 스펙트럼의 진동 모드 주파수에 대하여 일정한 레벨이 나타난다. 만약 손상이 있는 베어링이라면 탁월 주파수가 나타난다. 또한 탁월 주파수의 파워 레벨은 손상 정도에 따라 비례하여 나타나며, 베어링 진동의 검출 위치, 회전수 등의 조건 영향에 따라 절대치를 이상 진단에 사용한다. 그러나 초기값과 정상값의 비교로도 진단이 가능하다.

(7) 포인트
① 베어링의 이상 진단
② 신호의 2차 처리

1-6 소형 모터의 품질 검사

(1) 개 요
FFT 분석기를 사용하여 모터의 양부(良否) 판정을 자동화한다. 모터의 진동은 FFT에서 스펙트럼 분석을 행하고, 양부의 패턴 인식은 컴퓨터로 판정한다.

(2) 목 적
소형 모터의 양부 판정을 자동화할 경우 자동 선별 이상 진단 등을 통하여 능률의 개선 성력화의 추진이 가능하다.

(3) 측정 시스템

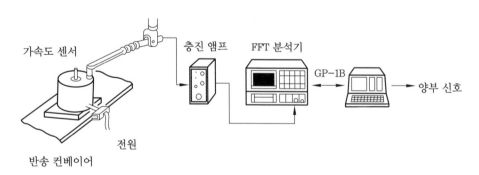

[그림 11-21] 측정 시스템

(4) 조 작
① 가속도 센서를 설치한다.
② 모터의 진동을 검출하여 FFT 분석기에 입력한다.

③ 컴퓨터에 FFT 분석기의 설정 조건 및 측정 초기 명령을 입력한다.

④ 측정 데이터를 컴퓨터에 전송한다.

⑤ 컴퓨터에서 양부 판정을 하고 판정 신호를 출력한다.

(5) 측정 데이터

다음은 양품·불량품의 판정 데이터를 표시한다.

① 스펙트럼 분석

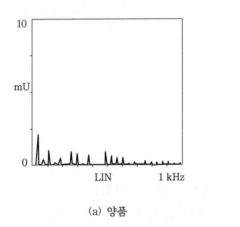
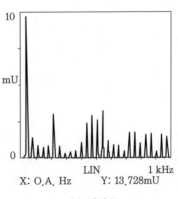

(a) 양품 (b) 불량품

[그림 11-22] 스펙트럼 분석

② 차수비 분석(회전수가 다른 경우)

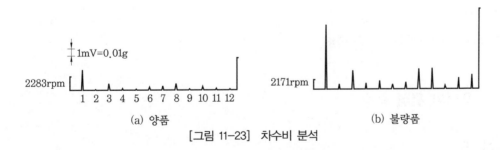

(a) 양품 (b) 불량품

[그림 11-23] 차수비 분석

③ 시간 파형 분석

(a) 양품 (b) 불량품

[그림 11-24] 시간 파형 분석

④ 확률 밀도 함수 분석

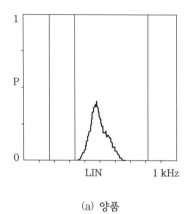

(a) 양품

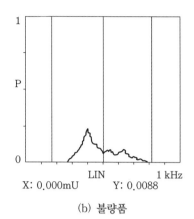

X: 0.000mU   Y: 0.0088

(b) 불량품

[그림 11-25] 확률 밀도 함수 분석

(6) 고 찰

판정 기준은 어떤 주파수 범위 내의 스펙트럼의 크기를 기준으로 한다. 그렇지만 조건에 따라 차수비 분석을 행하는 경우나 확률 밀도 함수에 의하여 판정하는 경우도 있다. 모터와 같은 예의 경우 스펙트럼 분석, 시간축 파형, 진폭 확률 밀도 함수 등의 결정이 중요하다.

(7) 포인트

① 검사 라인의 자동 양부 판정
② FFT 도입에 의한 자동화 등
③ 스펙트럼 콤퍼레이터의 효용

1-7 모터의 편심 측정

(1) 개 요

FFT 분석기를 사용하여 모터의 편심을 측정한다.

(2) 목 적

비접촉식 변위 센서(gap detector)를 이용하여 모터축의 변위량을 측정하여 그 변위 신호를 FFT 분석기에 입력하여 해석한다.

(3) 측정 시스템

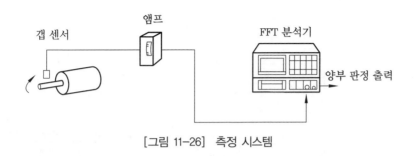

[그림 11-26] 측정 시스템

(4) 측정 데이터

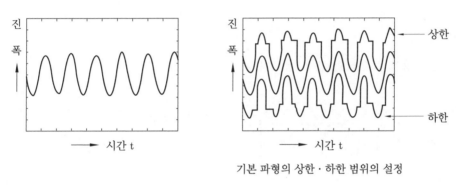

기본 파형의 상한 · 하한 범위의 설정

[그림 11-27] 시간측 파형 측정 결과

(5) 고 찰

상한, 하한값의 범위를 설정하여 기본 파형의 ±10%의 상하한 범위 내이면 OK, 범위 밖이면 NG 판정으로 편심의 합격, 불합격으로 판정한다.

1-8 방음재의 특성 분석

(1) 개 요

마이크로폰(microphone)을 사용하여 방음재의 특성을 분석한다.

(2) 목 적

스피커에서 발생하는 음향을 신호를 FFT 분석기에 입력하여 해석한다.

(3) 측정 시스템

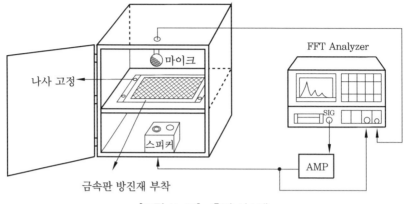

[그림 11-28] 측정 시스템

(4) 측정 데이터

금속판을 방음재로 부착할 경우 통과음의 주파수

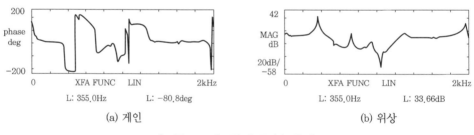

(a) 게인   (b) 위상

[그림 11-29] 공진 주파수 특징

1-9 금속 재료의 고유 진동수 측정

(1) 개 요

알루미늄 판재의 고유 진동 주파수를 측정한다.

(2) 목 적

가속도 센서를 설치하고 충격 해머(impulse hammer)를 가진하여 측정 대상물의 가진 파형과 응답 파형을 2ch FFT 분석기에 입력하여 전달 함수(transfer function)를 구한다.

(3) 측정 시스템

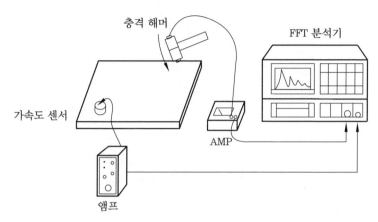

[그림 11-30] 측정 시스템

(4) 측정 데이터

전달 함수로부터 정확한 공진 주파수와 감쇠비는 다음과 같다.

FITTING DATA	FRQ.[Hz]	DAMP.(%)	AMP
1	357.06	0.8439	0.7904
2	726.90	1.6927	0.0386
3	877.22	8.8059	0.1203
4	1276.25	2.3513	0.2789
5	1441.45	2.6641	0.0386
6	1757.71	13.0126	1.0000
7	1937.53	2.5139	0.4873

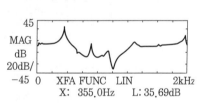

[그림 11-31] 공진 주파수와 감쇠비

1-10 인간의 생체 분석

(1) 개 요

FFT 분석기를 이용하여 인간의 뇌파에서 발생하는 스펙트럼을 구한다.

(2) 목 적

인체에 마취약을 투여했을 경우 뇌파의 스펙트럼은 α파, β파 등이며, 특정 주파수의 변화가 조화되어 나타나므로 이를 FFT 분서기를 이용하여 분석한다.

(3) 측정 시스템

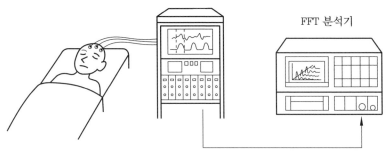

[그림 11-32] 측정 시스템

(4) 측정 데이터

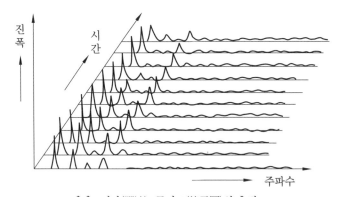

응용: 뇌파(腦波), 근전도(筋電圖)의 측정

[그림 11-33] 파워 스펙트럼의 3차원 표시

1-11 이빨의 치석 연마 시 종점 판단

(1) 개 요

FFT 분석기를 이용하여 이빨의 연마 상태의 파형을 분석한다.

(2) 목 적

이빨 연마 시 진동을 FFT 분석기에 입력하여 주파수 분석을 통하여 치연마의 종점을 판정 할 수 있다.

이빨 연마 시의 스펙트럼 파형은 백색 잡음 형태인데 반하여 이빨 연마가 끝날 때의 파형은 고정된 단일의 스펙트럼으로 나타난다.

(3) 측정 시스템

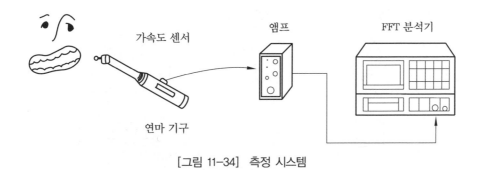

가속도 센서　　　앰프　　　FFT 분석기

연마 기구

[그림 11-34]　측정 시스템

(4) 측정 데이터

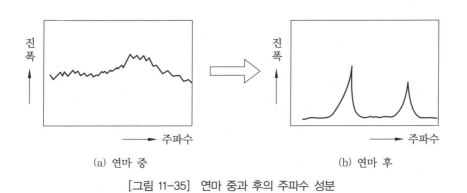

(a) 연마 중　　　　　　　　　(b) 연마 후

[그림 11-35]　연마 중과 후의 주파수 성분

1-12　테니스 라켓의 모달 해석

(1) 개 요

　테니스 라켓의 강성이나 테니스용 볼이 라켓에 부딪칠 때의 흔들림 등은 모달 분석을 통하여 그 상태를 파악한다.

(2) 목 적

　라켓에 가속도 센서를 고정한 후 충격 해머로 가진하여 라켓의 고유 진동수를 구한다. 해머의 위치를 변경하면서 타격하여 각 점에서의 데이터를 구한 후 컴퓨터에서 모달(modal) 해석한다.

(3) 측정 시스템

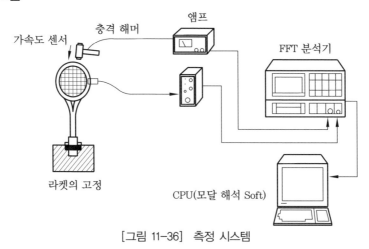

[그림 11-36] 측정 시스템

(4) 측정 데이터

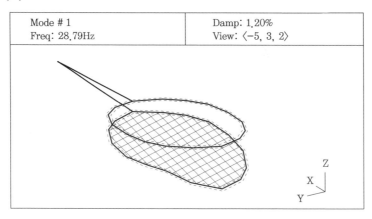

| Mode # 1 | Damp: 1.20% |
| Freq: 28.79Hz | View: ⟨-5, 3, 2⟩ |

[그림 11-37] 모달 해석

2. 최근의 정밀 진단

2-1 화력 발전 설비의 정밀 진단

플랜트 산업에서 널리 사용되고 있는 터빈, 펌프, 콤프레셔, 팬 등의 회전기기에 고장이 발생할 경우 큰 경제적 손실이 야기된다. 특히 화력 발전 설비를 운전, 유지 및 정비 측면에서 신뢰성을 만족하기 위한 효율적인 관리 체제를 구축해야 한다.

발전소에서 대다수의 기기는 회전기기이다. 회전기기의 이상 검출은 기기 주요 부위의 온도 또는 진동을 상시 측정하고, 그 값을 해당 기기의 온도 또는 진동 기준치와 비교해서 진단하는 방법을 취하고 있다.

(1) 발전기의 진동 특성

발전기에서 발생하는 진동은 60Hz, 120Hz의 주파수 특성으로 나타난다.

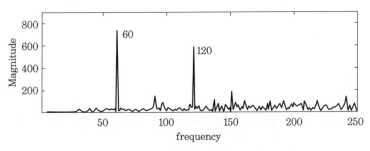

[그림 11-38] 발전기의 진동 주파수 특성

(2) 회전체의 이상 현상

회전체는 일반적으로 축, 커플링, 베어링 등으로 구성되며, 이상 발생 시 주파수 분석을 통하여 진단한다.

[표 11-1] 회전체의 이상 발생 주파수 빈도

구 분	언밸런스	미스얼라인먼트	베어링	오일 훨
발생 주파수	1f(90%)	1f(40%) 2f(60%)	1f 이상(40%) 고주파(20%)	0.5f 이하(100%)
발생 빈도	높음	축 방향	결함 주파수의 사이드 밴드	저널 베어링

(가) 언밸런스(unbalance)

회전체에 빈번하게 발생되는 현상으로서 언밸런스가 발생되면 1차 회전 주파수가 증가하지만 전체적인 진동량은 증가하지 않는다.

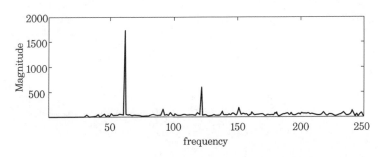

[그림 11-39] 언밸런스의 주파수 특성(1f=60Hz)

(나) 미스얼라인먼트(misalignment)

주로 체결부의 중심이 서로 맞지 않을 경우 발생되며 체결부에 큰 진동이 야기되며, 2차 회전 주파수가 매우 크게 발생한다.

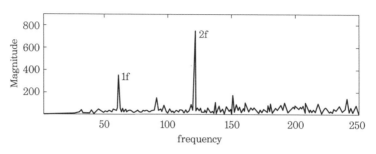

[그림 11-40] 미스얼라인먼트의 주파수 특성(1f=60Hz, 2f=120Hz)

(다) 오일 휠(oil whirl)

저널 베어링에서 유막의 윤활유의 고착에 의한 휘둘림 현상으로 회전체의 성능을 저하시키며, 약 1/2차 회전 주파수 대역에서 진동이 증가한다.

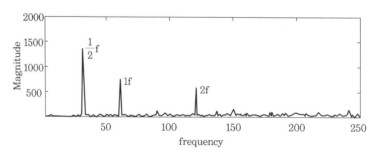

[그림 11-41] 오일 휠 발생 시 주파수 특성(0.5Hz=30Hz)

(라) 베어링 결함

베어링은 결함 주파수를 중심으로 1차 회전 주파수에 해당되는 측대역(side band)이 발생한다.

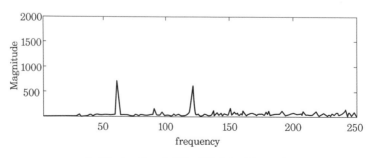

[그림 11-42] 베어링 결함의 주파수 특성

(3) 유도 전동기의 진동 특성

　유도 전동기의 베어링 하우징에서 축 방향, 수평 방향 그리고 수직 방향의 세 방향에서
가속도 센서를 설치하여 시간 신호의 데이터를 획득하고 정상 상태일 때 진동 데이터의 주
파수를 분석하였다.

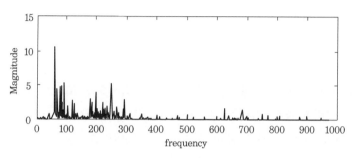

[그림 11-43]　유도 전동기의 주파수 특성(정상 상태)

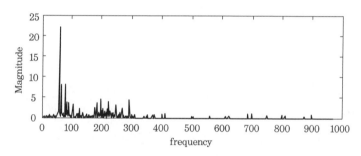

[그림 11-44]　유도 전동기의 주파수 특성(언밸런스 상태)

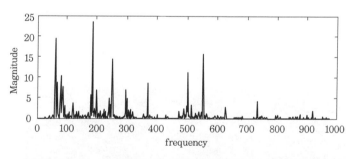

[그림 11-45]　유도 전동기의 주파수 특성(미스얼라인먼트 상태)

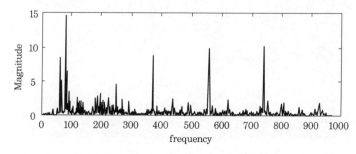

[그림 11-46]　유도 전동기의 주파수 특성(베어링 외륜 결함 상태)

2-2 기계 결함 시뮬레이터에 의한 정밀 진단

회전 기계에서 발생하는 결함 특성인 축의 미스얼라인먼트, 언밸런스 특성과 베어링 및 기어의 진동 특성을 진단할 수 있는 시뮬레이터를 이용하여 회전 기계에서 발생할 수 있는 주요 결함 주파수를 분석한다.

(1) 기계 결함 시뮬레이터의 원리
① 220V 200W의 AC모터 컨트롤러를 통하여 축의 회전수를 조절
② 부착된 원판 로터에 부하 질량(볼트 등)을 추가하여 언밸런스 실험
③ 베어링 하우징의 전후 조절을 통한 축의 미스얼라인먼트 실험
④ 정상 베어링과 결함 베어링의 진동 특성 실험
⑤ 정상 기어와 결함 기어의 진동 특성 실험

(2) 측정 시스템 구성
① 진동 가속도계 : B&K 4370
② DAQ 시스템 : DS1M12(Oscilloscope & Waveform Generator)
③ 소프트웨어 : EasyScope II for DS1M12 PC Oscilloscope Software
④ 케이블 : BNC-BNC
⑤ PC : 노트북
⑥ 기계 결함 시뮬레이터 : 220V, 200W(1800rpm)

[그림 11-47] 기계 결함 시뮬레이터

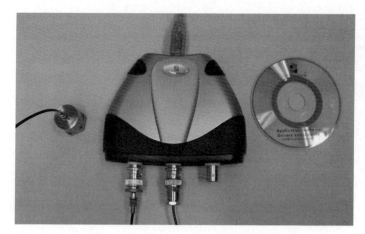

[그림 11-48] 진동 가속도계 및 DAQ 시스템

(3) 언밸런스 측정

① 모터 회전수 : 1260rpm(1f＝21Hz)

② 부하 질량 : 로터에 볼트 부착

③ 주파수 대역 : DC~125Hz

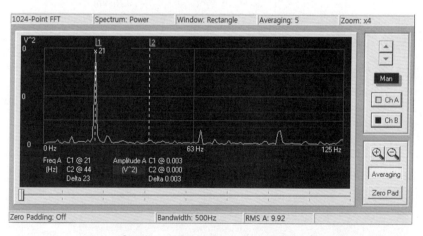

[그림 11-49] 언밸런스 특성 주파수

(4) 미스얼라인먼트 측정

① 모터 회전수 : 1200rpm(1f＝20Hz)

② 축 정렬 불일치량 : 1mm

③ 주파수 대역 : DC~125Hz

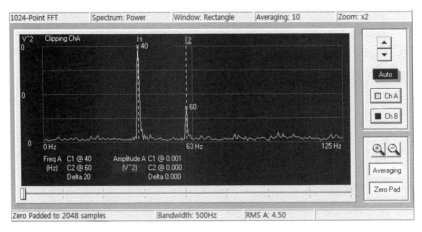

[그림 11-50] 미스얼라인먼트 특성 주파수(2f＝40Hz, 3f＝60Hz)

(5) 볼 베어링의 결함 측정

① 모터 회전수 : 1400rpm(1f＝23.3Hz)

② 베어링 : 6202(외륜 결함 베어링)

③ 주파수 대역 : DC∼500Hz

[표 11-2] 6202 베어링의 특성 주파수(N＝1400rpm)

Bearing	Enter Bearing Speed Below		Characteristic Frequencies at Indicated Speed							
	Inner Ring	Outer Ri7ng	Ball Pass Frequency Inner Ring		Ball Pass Frequency Outer Ring		Ball Defect Frequency		Fundamental Train Frequency	
	(rpm)	(rpm)	HZ	(CPM)	HZ	(CPM)	HZ	(CPM)	HZ	(CPM)
6202	1400	0	115.1	(6908)	71.54	(4292)	94.5	(5670)	8.944	(536.6)

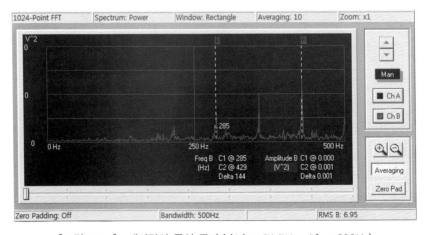

[그림 11-51] 베어링의 특성 주파수($1f_o = 71.5$Hz, $4f_o = 286$Hz)

2-3 기어의 정밀 진단 사례

(1) 개 요
3축 2단 기어 장치에 대하여 기어의 회전 특성 주파수와 맞물림 주파수에 대하여 진단한다.

(2) 측정 시스템
① 입력축의 회전수 $N_1 = 1800\text{rpm}$

② 기어 잇수 : $Z_1 = 20$, $Z_2 = 60$, $Z_3 = 52$, $Z_4 = 70$

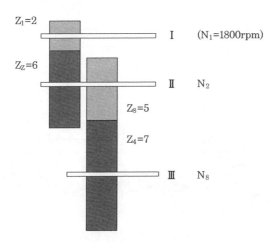

[그림 11-52] 3축 2단 기어 장치

(3) 기어의 진동 주파수

① Ⅰ축의 회전 주파수 : $f_1 = \dfrac{N_1}{60} = \dfrac{1800}{60} = 30\,\text{Hz}$

② Ⅱ축의 회전 주파수 : $f_2 = \dfrac{N_2}{60} = \dfrac{Z_1}{Z_2}f_1 = \dfrac{20}{60} \times 30 = 10\,\text{Hz}$

③ Ⅲ축의 회전 주파수 : $f_3 = \dfrac{N_3}{60} = \left(\dfrac{Z_1 \times Z_3}{Z_2 \times Z_4}\right) \times f_1 = \left(\dfrac{20 \times 52}{60 \times 70}\right) \times 30 = 7.43\,\text{Hz}$

④ Ⅰ-Ⅱ축의 맞물림 주파수 : $f_{m1} = Z_1 \times f_1 = 20 \times 30 = 600\,\text{Hz}$

⑤ Ⅱ-Ⅲ축의 맞물림 주파수 : $f_{m2} = Z_3 \times f_2 = 52 \times 10 = 520\,\text{Hz}$

  (3축 2단 기어에서 맞물림 주파수는 각각 f_{m1}과 f_{m2} 2개가 발생된다.)

[표 11-3] 기어 장치에서 발생 가능 진동 주파수

구 분	f_1	f_2	f_3	f_{m1}	f_{m2}
주파수	30	10	7.43	600	520

(4) 측정 데이터

기어박스에 압전형 진동 가속도계를 이용하여 진동을 측정한 결과 [그림 11-53]과 같이 나타났다. 기어의 마모가 심한 상태이므로 고주파 진동이 측대역(side band)에 나타났다.

잇수가 52개인 Z_3 기어에는 기어의 잇빨 1개를 결손시킨 상태에서 실험하였다. 따라서 축의 회전 주파수 성분은 나타나지 않고 기어의 물림 주파수가 520Hz에서 뚜렷이 나타남을 알 수 있다.

또한 1.3kHz 대역에서 나타난 주파수 성분은 기어의 고유 진동수가 된다. 그 이유는 회전수를 변화시켜도 1.3kHz 대역의 주파수 성분은 변하지 않기 때문이다.

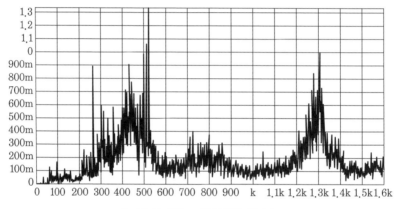

[그림 11-53] 기어 진동 주파수

부록 그리스 문자 기호와 SI 단위계

그리스 문자 기호와 SI 단위계

1. 그리스 문자 기호

소문자	대문자	발 음	소문자	대문자	발 음
α	A	알파(alpha)	ν	N	뉴-(nu)
β	B	베타(beta)	ξ	Ξ	크사이(xi)
γ	Γ	감마(gamma)	o	O	오미크론(omicron)
δ	Δ	델타(delta)	π	Π	파이(pi)
ε	E	잎시론(epsilon)	ρ	P	로우(rho)
ζ	Z	제-타(zeta)	σ	Σ	시그마(sigma)
η	H	이-타(eta)	τ	T	타우(tau)
θ	Θ	세-타(theta)	υ	Υ	윕실론(upsilon)
ι	I	이오타(iota)	φ	Φ	빠이(phi)
κ	K	카파(kappa)	χ	X	카이(chi)
λ	Λ	람다(lambda)	ψ	Ψ	싸이(psi)
μ	M	뮤-(mu)	ω	Ω	오메가(omega)

2. SI 단위계의 분류

SI 단위계				
SI 단위				접두사
기본 단위	보충 단위	유도 단위		
7개	2개	특별 명칭 19개	불특정 다수	십진법 20개
m, kg, s, A K, mol, cd	rad sr	Hz, N, Pa, J, W C, V, F, Ω, S Wb, T, H, ℃ lm, lx, Bq, Gy Sv		m, c, d, da, h, k y, z, a, f, p, n, u M, G, T, P, E, Z, Y

3. SI 기본 단위와 보충 단위

SI 단위	양	단위	
		길 이	기 호
기본 단위	길 이	미터	m
	질 량	킬로그램	kg
	시 간	초	s
	전 류	암페어	A
	온 도	켈빈	K
	물질량	몰	mol
	광 도	칸델라	cd
보충 단위	각 도	라디안	rad
	입체각	스테라디안	sr

4. 특별한 명칭을 가진 유도 단위

양	단위		
	명 칭	기 호	정 의
주파수	헤르츠	Hz	s^{-1}
힘	뉴 턴	N	$m \cdot kg \cdot s^{-2}$
압력, 응력	파스칼	Pa	N/m^2
에너지, 일, 열량	줄	J	$N \cdot m$
일률, 복사속	와 트	W	J/s
전하, 전기량	쿨 롱	C	$A \cdot s$
전위, 전위차, 기전력	볼 트	V	W/A
전기 용량	패 럿	F	C/V
전기 저항	옴	Ω	V/A
전기 전도도	지멘스	S	A/V
자력 선속	웨 버	Wb	$V \cdot s$
자력 선속 밀도	테슬러	T	Wb/m^2
인덕턴스	헨 리	H	Wb/A
섭씨 온도	섭씨도	℃	주 10)
광속	루 멘	lm	$cd \cdot sr$
조도	럭 스	lx	lm/m^2
방사능	베크렐	Bq	s^{-1}
흡수선량	그레이	Gy	J/kg
선량당량	시버트	Sv	—

5. 잠정적 사용 단위

분 류	양	단 위		
		명 칭	기 호	정 의
SI와 함께 사용 단위	시 간	분 시 일	min h d	60s 3,600s 86,400s
	각 도	도 분 초	° ′ ″	$\frac{\pi}{180}rad$ $\frac{\pi}{10800}rad$ $\frac{\pi}{648000}rad$
	체 적	리터	l, L	$10^{-3}\,m^3$
	질 량	톤 원자 질량 단위	t u	$10^3\,kg$
	에너지	전자 볼트	eV	
잠정적인 사용 단위	길 이	옹스트롬 해리	Å	$10^{-10}\,m$ 1852m
	면 적	아르 바안	a b	$10^2\,m^2$ $10^{-28}\,m^2$
	속 도	노트	kt	$\frac{1.852}{3600}\,m/s$
	가속도	갈	Gal	$10^{-2}\,m/s^2$
	압 력	바	bar	$10^5\,Pa$
	방사능	퀴리	Ci	$3.7\times10^{10}\,Bq$
	조사선량	뢴트겐	R	$2.58\times10^{-4}\,C/kg$
	흡수선량	래드	rad, rd	$10^{-2}\,Gy$
	선량당량	렘	rem	$10^{-2}\,Sv$

6. 접두사의 변천

접두사는 처음 6개였으나 현재 20개가 된다.

1795년						
밀리	센티	데시		데카	헥토	킬로
m	c	d		da	h	k
10^{-3}	10^{-2}	10^{-1}		10^1	10^2	10^3

↓

1991년		1964년		1960년			1960년			1975년		1991년	
욕토	젭토	아토	펨토	피코	나노	마이크로	메가	기가	테라	페타	엑사	제타	요타
y	z	a	f	p	n	u	M	G	T	P	E	Z	Y
10^{-24}	10^{-21}	10^{-18}	10^{-15}	10^{-12}	10^{-9}	10^{-6}	10^6	10^9	10^{12}	10^{15}	10^{18}	10^{21}	10^{24}

참고문헌

강성훈, 『음향시스템 이론 및 설계』, 기전연구사, 2001.

기계공학편람위원회, 『기계공학편람』, 도서출판 집문사, 1995.

김광식 외 3, 『기계진동-소음공학』, 교학사, 1994.

김광식, 『기계진동학』, 보성출판사, 1987.

김성원 외 3, 『기계진동학』, 반도출판사, 1995.

김재수, 『소음진동학』, 도서출판 세진사, 2008.

대한기계학회, 『1990년도 정밀계측기술강습회』, 1990.

박상규 외 3, 『소음·진동학』, 동화기술, 2002.

부경대학교, 『진동법에 의한 설비진단의 실제』

사종성·강태원, 『알기 쉬운 생활 속의 소음진동』, 청문각, 2007.

양보석, 『기계설비의 진동상태감시 및 진단』, 도서출판 인터비젼, 2006.

은희준 외 3, 『음향 및 소음』, 한국표준연구소, 1986.

이근철 외 2, 『설비진단기술[5]』, 기전연구사, 1988.

이양규, 『소음진동방지대책 I · II』, 유통방진주식회사, 1991.

이채욱, 『디지털 신호처리-기초와 응용』, 청문각, 1994.

전력연구원, 『기계 고장원인 분석 및 대책』, 1997.

전성즙 외 6, 『매트랩을 이용한 신호처리의 기초』, 도서출판 인터비젼, 2006.

전성택, 『소음진동편람』, 동화기술, 1992.

정일록 외 3, 『최신 소음·진동 이론과 실무』, 신광문화사, 2008.

정일록, 『소음·진동이론과 실무』, 연원출판사, 1988.

최부희, 『설비진단실기』, 한국산업인력공단, 2007.

최부희, 『설비진단』, 한국산업인력공단, 2007.

편집부, 『현장소음대책』, 도서출판 효성, 1994.

포항제철(주), 『설비진단기술』, 1985.

한국공업표준협회, 『CBM과 설비진단실무과정』

한국과학기술진흥회, 『VIBROTEC 89 진동측정과 분석기술』 심포지엄교재, 1989.

한국전력공사, 『회전기계의 상태감시 및 분석』, 1996.

한국표준과학연구원, 『국제단위계 해설』, 1992.

한일엔지니어링(주), 『펌프의 소음진동 및 밸브』, 파이프, vent의 소음대책

현대경영개발원, 『진동 및 음향에 의한 설비진단기술 세미나』

환경부, 『소음·진동환경개선 중장기 계획』, 2001.

B&K, 『소리의 측정』

B&K, 『소음·진동의 기초이론(소음편)』

B&K, 『소음·진동의 기초이론(진동편)』

B&K, 『소음진동분석실무』

B&K, 『Basic Introduction to the Sound & Vibration』

B&K, 『Frequency analysis』

C. M. Harris, 『Shock and Vibrarion Handbook, McGRAW-HILL』, 1997.

F. S. Tse etc., 『Mechanical Vibrations』, Allyn and Bacon, Inc., 1978.

G. M. Ballou, 『Handbook for Sound Engineers』, Focal Press, 1991.

KTM Engineering Inc., 『회전기계 진단기술』

찾|아|보|기

설비진단기술

2010년 3월 20일 1판1쇄
2024년 3월 10일 1판6쇄

저 자 : 최부희
펴낸이 : 이정일

펴낸곳 : 도서출판 **일진사**
     www.iljinsa.com

(우) 04317 서울시 용산구 효창원로 64길 6
전 화 : 704-1616 / 팩스 : 715-3536
이메일 : webmaster@iljinsa.com
등 록 : 제1979-000009호 (1979.4.2)

값 **18,000원**

ISBN : 978-89-429-1142-4